中国轻工业"十三五"规划教材

食品包装学

路飞　陈野　主编

U0259810

中国轻工业出版社

图书在版编目（CIP）数据

食品包装学/路飞，陈野主编 . —北京：中国轻工业出版社，2023.7
中国轻工业"十三五"规划教材
ISBN 978 - 7 - 5184 - 1764 - 3

Ⅰ. ①食…　Ⅱ. ①路… ②陈…　Ⅲ. ①食品包装—高等学校—教材
Ⅳ. ①TS206

中国版本图书馆 CIP 数据核字（2018）第 189105 号

责任编辑：马　妍　　责任终审：劳国强　　整体设计：锋尚设计
策划编辑：马　妍　　责任校对：吴大朋　　责任监印：张　可

出版发行：中国轻工业出版社（北京东长安街 6 号，邮编：100740）
印　　刷：三河市国英印务有限公司
经　　销：各地新华书店
版　　次：2023 年 7 月第 1 版第 4 次印刷
开　　本：787×1092　1/16　印张：14.25
字　　数：335 千字
书　　号：ISBN 978 - 7 - 5184 - 1764 - 3　定价：38.00 元
邮购电话：010 - 65241695
发行电话：010 - 85119835　传真：85113293
网　　址：http：//www. chlip. com. cn
Email：club@ chlip. com. cn
如发现图书残缺请与我社邮购联系调换
230887J1C104ZBQ

本书编委会

主　编　路　飞（沈阳师范大学）

　　　　陈　野（天津科技大学）

参编人员　（按姓氏拼音字母排序）

　　　　韩春阳（沈阳农业大学）

　　　　李书红（天津科技大学）

　　　　任建军（沈阳师范大学）

　　　　孙炳新（沈阳农业大学）

　　　　孙剑锋（河北农业大学）

　　　　王洪江（黑龙江八一农垦大学）

前言 | Preface

食品包装是食品工业中的重要环节，与食品加工、贮藏、流通与消费等环节密切相关。对于商品化的食品来说，所有贮藏和加工过程都依赖于有效合理的包装。当今食品消费的环节中，食品包装在食品安全方面也表现出更为重要的作用。食品包装是一门多学科交叉的综合应用学科，涉及食品科学、包装材料、生物化学、食品机械、包装技术等方面。随着食品新产品的开发及市场的需求，对食品包装学科的发展也提出了新的要求。

本教材涵盖食品包装材料及包装制品、食品包装安全与测试以及食品包装原理与技术等内容。全书共十一章，内容包括：第一章食品包装概论；第二章食品包装材料及包装制品；第三章收缩与拉伸包装技术原理与应用；第四章真空包装技术原理与应用；第五章活性与智能包装技术原理与应用；第六章无菌和抗菌包装技术原理与应用；第七章纳米包装技术原理与应用；第八章气调包装技术原理与应用；第九章智能包装、贮藏和流通的一体化；第十章其他食品工程包装新技术；第十一章食品包装安全与测试。

本教材由路飞（沈阳师范大学）、陈野（天津科技大学）担任主编。编写分工如下：第一章、第六章由天津科技大学陈野编写；第二章、第三章由沈阳农业大学韩春阳编写；第四章由沈阳农业大学孙炳新编写；第五章由黑龙江八一农垦大学王洪江编写；第七章由天津科技大学李书红编写；第八章、第十章由沈阳师范大学路飞编写；第九章由河北农业大学孙剑锋编写；第十一章由沈阳师范大学任建军编写。作者均为从事"食品包装"相关课程教学与研究的教师与专家。

本教材力求全面、系统、新颖，突出"工程"特色，偏重于在食品工程中应用的包装原理和技术的介绍，实用性强。在讲解传统食品包装技术的基础上，详细介绍应用于食品工程的新技术，以及最新的研究成果。

本教材可作为食品科学与工程、食品质量与安全、包装工程、粮食工程等相关专业本科生的教材，也可作为相关专业的研究生、科技人员、食品企业管理人员的参考书。

在本教材编写过程中，各位老师和专家们参阅了国内外有关专家学者的论著，认真细致地完成了编写工作。

由于编写水平有限，书中难免存在不足或缺陷，敬请读者批评指正，以便进一步修改、补充和完善。

编者
2018 年 12 月

| 目录 | Contents

食品包装概论

第一节 食品包装概述

包装是现代商品社会必不可少的组成部分，与人们的日常生活密切相关。包装的科学性、合理性在商品流通中显得尤为重要，包装的设计水平直接影响到商品本身的市场竞争力乃至品牌形象。食品包装作为一类特殊的包装，在保证食品原有价值和状态的过程中，起到越来越重要的作用。随着科学技术的发展和人们生活水平的提高，消费者对食品包装的要求也越来越高，食品包装在为人们提供方便的同时，其本身的安全及对环境污染等问题已引起人们的广泛关注。

一、 食品包装的含义

我国 GB/T 4122.1—2008《包装术语 第一部分：基础》中，包装的定义"为在流通过程中保护商品，方便贮运，促进销售，按一定的技术方法而采用的容器、材料及辅助物等的总体名称。也指为了达到上述目的而采用容器、材料及辅助物的过程中施加一定方法等的操作活动"。或者简单地说，包装是为了实现特定功能而对产品施加的技术措施。

对于现代包装，其基本含义可归纳为两个方面的内容：一是关于盛装商品的容器、材料及辅助物品；二是关于实施盛装和封缄等的技术活动。食品包装是指为在流通过程中保护食品、方便贮运、促进销售，按一定技术方法而采用的容器、材料及辅助物品的总称。也指为了达到上述目的而采用容器、材料及辅助物的过程中施加一定方法等的操作活动，而食品工程包装学是一门综合性的应用科学。它涉及化学、物理学、生物学等基础学科及包装材料、包装机械等专业知识。

二、 食品工程包装的功能

包装对商品流通起着极其重要的作用，包装的合理性直接影响商品质量的可靠性和稳定性，对食品进行的包装有以下四方面的作用。

1. 保护食品

包装最重要的功能是保护商品。食品在生产流通中会受到各种因素的影响，对食品产生破坏的因素有自然因素和人为因素，自然因素包括：光线、氧气、湿度、温度、水分、微生物等可引起食品氧化、变色、腐败、污染等；人为因素包括：冲击、振动、跌落、承压、盗窃等可引起食品变形、破损、变质等。因此，食品包装应首先根据包装产品的定位，分不同食品、不同流通环境，对包装功用有不同的要求。如饼干易碎、易吸潮，其包装应耐压防潮；油炸豌豆极易氧化变质，要求其包装能阻氧避光；而生鲜食品为维持其生鲜状态，要求包装具有一定的氧气、二氧化碳和水蒸气的透过率。

2. 方便贮运

包装能为生产、流通、消费等环节提供方便：方便厂家及物流部门搬运装卸、存储保管、商店陈列销售，也方便消费者的携带、取用和消费。现代包装还注重包装形态的展示方便、自动售货及消费开启和定量取用的方便。

一般而言，产品没有包装就不能贮运和销售。分析产品的特性及其在流通过程中对食品产生破坏的因素来选择适当的包装材料和技术。

3. 促进销售

包装是提高商品竞争能力、促进销售的重要手段。精美的包装能在心理上征服消费者，增加其购买欲望；超级市场中包装更是充当着无声推销员的角色。随着市场竞争由商品内在质量、价格、成本竞争转向更高层次的品牌形象竞争，包装形象将直接反映一个品牌和一个企业的形象。

4. 提高商品价值

现代食品包装设计已成为企业营销战略的重要组成部分。企业竞争的最终目的是使自己的产品为广大消费者所接受，而产品包装包含了企业名称、标志、商标、品牌特色以及产品性能、成分容量等商品说明信息，因而包装形象比其他广告宣传媒体更直接、更生动、更广泛地面对消费者。

三、 食品工程包装的分类方法

食品工程包装是采用工业化技术，在食品生产中对食品进行包装的操作。食品包装种类很多，常见的分类方法有以下四种。

（一） 按在流通过程中的作用分类

1. 销售包装

销售包装又称小包装或商业包装，不仅具有对商品的保护作用，而且更注重包装的促销和增值功能，通过包装装潢设计手段树立商品和企业形象，吸引消费者、提高商品竞争力。瓶、罐、盒、袋及其组合包装一般属于销售包装。

2. 运输包装

运输包装俗称大包装，具有很好的保护功能以及方便贮运和装卸的功能，外表面对贮运注意事项应有明显的文字说明或图示，如"防雨""易燃""不可倒置"等。瓦楞纸箱、木箱、金属大桶、各种托盘、集装箱等，属于运输包装。

（二）按包装结构形式分类

1. 贴体包装

将产品封合在用塑料片制成的、与产品形状相似的型材和盖材之间的一种包装形式。

2. 泡罩包装

将产品封合在用透明塑料片材料制成的泡罩与盖材之间的一种包装形式。

3. 可携带包装

在包装容器上制有提手或类似装置，以便于携带的包装形式。

4. 组合包装

将同类或不同类商品组合在一起进行适当包装，形成一个搬运或销售单元的包装形式。

5. 热收缩包装

将产品用热收缩薄膜裹包或装袋，通过加热使薄膜收缩而形成产品包装的一种包装形式。

6. 托盘包装

将产品或包装件堆码在托盘上，通过扎捆、裹包或黏结等方法固定而形成包装的一种包装形式。

（三）按包装技术方法分类

包装可分为真空充气包装、气调包装、脱氧包装、防潮包装、罐头包装、无菌包装、热收缩包装、热成型包装、缓冲包装等。

（四）按包装材料和容器分类

包装可分为纸包装容器、塑料包装容器、金属包装容器、复合材料软包装容器、组合容器、玻璃容器、陶瓷容器和木容器等。

食品包装方法没有统一的模式和固定的方法，可根据被包装食品的特点选择合适的包装材料和包装方法。

第二节　食品工程包装的一般要求与发展趋势

食品包装与现代生活息息相关，现代社会生活离不开包装，包装的发展也深刻地改变和影响着人们的生活。

一、食品工程包装的一般要求

首先要了解食品本身特性及所要求的保护条件，这就要求了解食品的主要成分、特性及其在加工和贮运流通过程中可能发生的化学反应；其次，应研究影响食品中主要成分（尤其是脂肪、蛋白质、维生素等）的敏感因素，包括：光线、氧气、温度、微生物、物理机械力学等方面的影响因素。只有掌握了被包装食品的生物、化学、物理学特性及其敏感因素，确定其要求的保护条件，才能正确选用包装材料、包装工艺技术来进行包装操作，达到保护的目的。

此外，食品包装材料种类繁多、性能各异，只有了解了各种食品包装材料和容器的包装性能，才能根据包装食品的防护要求选择合理的包装材料。如需高温杀菌的食品应选用耐高温的包装材料，达到延长食品保质期的目的。

二、 食品工程包装的技术要求

食品包装技术的选用与包装材料密切相关，也与包装食品的市场定位等因素密切相关。同一种食品可采用不同的包装技术，而达到相同或相近的效果，但成本不同。例如，易氧化的食品可采用真空或充气包装，也可采用封入脱氧剂进行包装，但后者的包装成本较高。对于被包装物品的特殊防护要求，如防潮、防水、防霉、防锈、保鲜、灭菌等，在包装工艺过程中均有相应的工序，采取特殊的技术措施。

三、 评价包装质量的标准体系

评价食品包装质量的标准体系主要包括以下几个方面：

（一） 包装能提供对食品良好的保护

一般情况下，食品极易变质，包装能否在设定的食品保质期内保证食品质量，是评价包装质量的关键。对产品的保护主要体现在以下两个方面：

一是对包装材料或容器的检测。检测项目包括：包装材料或容器的氧气透过率、水蒸气透过率、二氧化碳透过率、透光率；薄膜类材料的耐折性、耐撕裂强度、断裂伸长、拉伸强度、软化温度、脆化温度；黏合部分的剥离强度和剪切强度；包装材料与内装食品间的反应；印刷油墨和增塑剂等有害成分向食品的迁移量；包装容器的耐霉实验和耐锈蚀实验等。二是对已装入食品的包装件的检测。检测项目包括：耐跌落试验、耐压缩试验、耐振动试验、耐冲击试验等。

（二） 食品包装检测

包装检测项目非常多，但并非每一包装都要进行如此多的测试。对于给定的包装究竟要进行哪些测试，应根据食品的特性及其敏感因素、包装材料种类及国家标准和法规要求而定。例如：装食品的金属罐通常需要测定内涂料在食品中的溶解情况；对氧气敏感的袋装食品应测定透氧率；防潮包装应测水蒸气透过率。

四、 食品工程包装的发展趋势

食品包装的目的是保证食品的质量和安全性，为用户使用提供方便，突出商品包装外表及标识，提高商品价值。其中防止食品变质，保证食品质量是食品包装最重要的目的。现代社会结构和生活方式的变化，对产品范围、包装形式和包装材料都会产生很大的影响。社会的信息化对食品包装也提出了新的要求，因为出现了新的商店经营形式，引入了电子结账和销售系统。以规模大和运作路线（过程）长为基础的包装工业在计算机网络化的社会中必须向规模小、灵活性大和运作路线短的方向改革。我国是食品生产和出口大国，但长期以来，食品工业的包装技术和工艺相对滞后，处于一流产品、二流价格、三流包装的境地，因此，必须加大科技投入，改进食品包装技术及工艺，以改变目前包装落后的局面。

（一）食品的保鲜包装

当前，追求日益完美的保鲜功能已成为食品包装的首选目标。除无菌包装的广泛使用外，具有能除氧保鲜功能的包装也应运而生。日本昭和生化公司将 $Ca_3(PO_4)_2$ 的矿物浓缩液渗透于吸水纸中形成包装袋，将果蔬等食品放入这种纸制包装材料中，果蔬可从矿物浓缩液中得到营养供给，$Ca_3(PO_4)_2$ 也可吸收果蔬释放的乙烯和 CO_2，抑制叶绿素分解，起到维持鲜度的效果。美国也推出一种用天然活性陶土及聚乙烯（PE）塑料制成的新型水果保鲜袋，气体和水蒸气可通过包装袋流动，用此包装袋包装果蔬，保鲜期可增加一倍以上。英国和德国联合开发了在容器和盖子内壁采用除氧材料的包装，通过这些除氧材料消耗掉多余的氧气以达到保鲜目的，延长产品保质期。美国还推出了具有吸氧功能的 Smart Cap 复合盖作为啤酒瓶盖，可将啤酒的保质期从 3～4 个月延长到 4～6 个月。

（二）食品包装的方便化

1. 自冷、自热型食品包装

为方便消费者食用，利用光能、化学能及金属氧化原理，使食品在短时间内实现自动加热或自动冷却，满足室外工作者、旅游者、老人及儿童的需要。如美国的自冷式饮料罐，内装为压缩 CO_2 的小容器，在开启时 CO_2 体积迅速膨胀，可在 9s 内使饮料温度下降到 4℃ 左右。日本利用生石灰与水混合产热的原理，开发了清酒的自热包装，可在 3min 内将一罐清酒加热到 58℃。日清公司利用金属氧化原理开发了一种自热方便罐头，可使罐内面条在 5min 内煮熟。还有食品保温纸，可将光能转化为热能，把纸包装放在阳光照射的地方就可将食物加热。

2. 热敏显色包装

为方便婴儿喂奶和老人服药，热敏显色包装的开发日趋重要。在聚乙烯中注入热敏性化学元素即可制成热敏性显色包装材料。用这种包装材料制成的包装容器在盛装不同温度食品时会显示出不同颜色。消费者在使用时只需察看一下包装的颜色即可判断此食物是否适合食用。

3. 易开、易封型食品包装

过去的食品包装容器往往为追求密封性而将包装容器制作得十分严密，开启极不方便且开启具有破坏性，食品开封后必须及时食用完。随着工艺的改进和材料的更新，易开、易封型包装容器以其使用方便而迅速发展。一方面，以易开、易封材料如复合塑料薄膜、铝板等部分取代过去的马口铁皮；另一方面，用易拉罐、自封袋、易开罐及旋转式玻璃瓶部分取代过去的圆罐、卷封式玻璃瓶，这样不仅满足了消费者开启的方便，而且也使食品得到较好的保存。除此之外，目前为满足运动员在运动中不必停下就可饮用的要求，美国 Portola 包装公司设计并生产了一种按拉式瓶盖，该瓶盖设计有抿吸瓶嘴，将之夹在自行车的水瓶夹架上可供消费者在骑车时饮用。

4. 小型食品包装

随着休闲食品、旅游食品等的发展，小型食品包装也备受青睐。食品包装小型化可方便消费者携带和食用，避免了食品的携带和再保存的不便。许多大包装食品内部也采用个体包装，既方便取食，又卫生安全，同时保证了食品品质。

（三）食品包装轻量化

为方便消费者携带，同时减少包装材料的使用，降低成本，食品包装正逐步向轻量化转变，如用涂覆聚偏二氯乙烯（PVDC）的聚酯（PET）瓶或聚萘二甲酸乙二醇酯（PEN）瓶盛装啤酒替代目前的玻璃瓶，采用拉伸冲拔及深冲拔工艺降低易拉罐的厚度。目前美国以 PET 为基础树脂，开发出 PETLTE 聚酯树脂制成新容器以替代市场上非晶形 PET 容器，性能好，重量轻。

🔍 **思考题**

1. 食品包装的定义是什么？
2. 食品包装有哪些功能？它们之间有什么相互作用关系？
3. 如何评价食品包装？
4. 食品包装质量的标准体系主要包括哪几个方面？

参考文献

[1] Richard Coles, Derek McDowell, Mark J Kirwan. 食品包装技术[M]. 蔡和平等译. 北京：中国轻工业出版社, 2012.

[2] 高福成. 现代食品工程高新技术[M]. 北京：中国轻工业出版社, 1997.

[3] 高愿军, 熊卫东. 食品包装[M]. 北京：化学工业出版社, 2008.

[4] 横山理雄等. 食品与包装[M]. 李明珠译. 北京：化学工业出版社, 1989.

[5] 章建浩. 食品包装技术[M]. 北京：中国轻工业出版社, 2015.

食品包装材料及包装制品

[学习目标]

1. 掌握用于食品包装的各种常用包装材料的特性和主要性能指标。
2. 熟悉各种包装材料的用途和各种包装容器的质量检测方法等内容。

第一节　纸类包装材料及包装容器

自从东汉蔡伦发明造纸术，纸和纸板的生产制造与应用已有近 2000 年的历史。纸张的发明对于促进人类文明和科学技术的交流、传播、继承和发展具有十分重大的意义，同时随着造纸工业的快速发展，为纸和纸板进入包装工业创造了基本条件，随着造纸技术的进步，对纸和纸板进行涂布、浸渍、改性和复合等一系列深加工，使纸包装材料的性能更好地满足了商品包装的要求，其应用领域也更加广泛。目前纸和纸板已成为用量最大、品种最多、最具广阔发展前景的包装材料之一。

一、　纸包装材料的特点

纸和纸板是人们日常生活和工业生产中不可缺少的材料，在包装工业中占有重要的地位。作为包装材料，纸、纸板及其制品占整个包装材料的 40% 以上，发达国家甚至达到 50% ，这是因为纸包装材料具有独特的优点。

1. 原材料来源广、生产成本低

纸和纸板的生产原材料均来自大自然，资源丰富，能够再生，适合机械化大规模生产，而且生产成本低廉，1t 包装纸制成的包装容器可替代 $10 \sim 12 m^3$ 木材制成的木包装箱，而生产 1t 纸和纸板仅需要消耗木材 $3 \sim 4 m^3$。

2. 具有优良的保护性能

纸包装容器与其他包装容器相比，既具有良好的机械强度，又有较好的缓冲性能，还具有隔热、遮光、防潮、防尘等优良保护性能，能很好地保护内装商品。

3. 易于加工贮运

纸和纸板易于裁切、折叠、黏合，形成形状各异、功用不同的纸箱、纸盒、纸袋等包装容器，既适合机械化加工和自动化生产，又可以通过手工制造出造型优美的包装。由于纸包装材料的可折叠性，使其在贮运过程中既可节省空间又能降低贮运成本。

4. 印刷适性好

由于纸包装材料表面平整，具有较好的油墨吸收性，采用各种印刷方式，均能印刷出精美图案，有利于商品促销。

5. 安全无毒

纸包装材料无毒、无味、无污染，安全卫生；经过严格工艺技术条件控制生产的不同品种纸包装材料，能够满足不同卫生要求的商品包装。

6. 绿色环保，易于回收处理

造纸原料是可再生资源，同时纸包装材料又可以回收利用，因而纸包装产生的废弃物非常少，即使丢弃后也能在短期内降解，不会污染环境；所以使用纸包装材料能有效降低包装材料生产过程及废弃物对自然环境的影响。

7. 复合性能好

纸和纸板与其他材料如塑料、铝箔等均具有较好的复合性能，复合后包装功能更加完善，综合不同材料的优良特性，广泛应用于对包装材料性能要求较高的包装领域。

正是由于纸包装材料的上述特性，在强调绿色包装和可持续发展的形势下，越来越受到人们的欢迎和重视，包装材料中纸包装的用量与比例也在逐年上升。

二、 包装用纸和纸板

（一）纸包装材料的包装性能

1. 强度性能

强度性能是指在外力作用下，材料本身发生破裂时所能承受的最大应力，也是纸和纸板的物理力学强度。如纸袋纸的抗张强度和撕裂度，纸板的耐破度，瓦楞纸板的戳穿强度等。包装材料的强度性能对商品的保护作用尤为重要。强度大小主要决定于纸的原材料种类、品质、加工工艺、表面状况和环境温湿度等。由于植物纤维具有较大的吸水性，当环境湿度增大时，纸的抗拉强度和撕裂强度会下降，从而影响纸和纸板的强度。环境温湿度的变化会引起纸和纸板水分平衡的变化，最终使其强度性能发生变化。

2. 阻隔与吸收性能

纸和纸板属于多孔性纤维材料，对气体、光线和油脂等具有一定的渗透性，且其阻隔性受环境温湿度的影响较大。阻隔性能包括透气度、水蒸气透过率、透光率等指标；吸收性能主要是指吸水性、油墨吸收性、施胶度等。这些性能对于防潮包装、防锈包装、保鲜包装等尤为重要。

3. 抗弯曲及抗压缩性能

纸和纸板抗弯曲及抗压缩性能是制造包装箱、盒的重要指标，它包括挺度、环压强度、边压强度、平压强度等。

4. 表面性能

纸和纸板的表面性能包括粗糙度、平滑度、印刷表面强度以及掉毛、耐磨、黏合等性能。表面性能对最终的印刷效果具有较大影响。

5. 光学性能

纸和纸板的光学性能反映了其对投射光线的反射、透射和吸收的能力，给人的感官视觉就是纸张白度、透明度、光泽度和颜色等性能指标，绝大部分包装用纸对光学性能都有具体要求，尤其用于高档商品包装的铸涂纸板和用于制作标签的铜版纸，对纸张白度、光泽度要求很高。

6. 印刷适性

包装纸和纸板必须具有良好的适印性能，才能制造出外观精美的包装。随着商品竞争日趋激烈，对包装装潢的印刷效果要求越来越高。目前在印刷方式上，除了传统的平版和凹版印刷外，还广泛采用丝网印刷、柔性版印刷、凹凸压印、烫金等印刷工艺；任何一种印刷方式，都要求纸和纸板有良好的油墨吸收性、表面均一性、尺寸稳定性等，只有这样才能印制出精美的包装图案。

7. 卫生安全性能

对于特殊用途的纸和纸板，除了一般性能以外，在卫生安全性能方面还有专门的要求，如用于食品、药品、化妆品等包装用纸，必须检测安全卫生性，包括重金属含量、荧光物质、大肠杆菌检出水平等，应当控制在安全的范围内。不同用途的包装纸和纸板对卫生安全性能要求不同。

（二）　包装纸和纸板的种类

根据国家标准，纸和纸板一般是按定量与厚度来区分的，将定量小于 $225g/m^2$、厚度小于 0.1mm 的称为纸；定量大于 $225g/m^2$、厚度大于 0.1mm 的称为纸板。

包装纸和纸板的种类繁多，根据加工工艺可分为包装纸、包装纸板、加工纸和纸板等几大类。

1. 包装纸

用来制造纸袋、裹包和包装标签等纸包装制品的纸张，主要品种有牛皮纸、纸袋纸、瓦楞原纸、铜版纸、鸡皮纸、食品包装纸和中性包装纸等。

（1）牛皮纸　牛皮纸是用硫酸盐木浆抄制的高级包装用纸，具有高施胶度，因其坚韧结实似牛皮而得名。牛皮纸常用作纸盒的挂面、挂里以及制作要求坚牢的档案袋、纸袋等。

（2）羊皮纸　羊皮纸又称植物羊皮纸或硫酸纸，是用未施胶的高质量化学浆纸，在 15～17℃条件下浸入 72% 硫酸中处理，待表面纤维胶化，即羊皮化后，经洗涤并用 1～4g/L 碳酸钠碱液中和残酸，再用甘油浸渍塑化，形成质地紧密坚韧的半透明乳白色双面平滑纸张。由于采用硫酸处理而羊皮化，因此也称硫酸纸。羊皮纸具有良好的防潮性、气密性、耐油性和机械性能。它是一种半透明的具有高度防油、防水、不透气性、湿强度大的高级包装用纸。食品包装用羊皮纸可以用于乳制品、油脂、鱼肉、糖果点心、茶叶等食品的包装。

（3）纸袋纸　类似于牛皮纸，大多以针叶木硫酸盐纸浆来生产，因此纸袋纸机械强度很高，一般用来制作水泥、农药、化肥及其他工业品的包装袋。为适合灌装时的要求，纸袋纸要求具有一定的透气性和较大的伸长率。

（4）瓦楞原纸　又称瓦楞芯纸。是构成瓦楞纸板波纹状中芯所用的原料纸。

（5）铜版纸 又称涂布印刷纸，它是以原纸涂布白色涂料制成的高级印刷纸。主要用于印刷高级书刊的封面和插图、彩色画片、各种精美的商品广告、样本、商品包装、商标等。

（6）鸡皮纸 鸡皮纸是一种单面光且光泽度较高、比较强韧的平板薄型包装纸。其原料为漂白硫酸盐木浆或未漂白亚硫酸盐木浆掺用少量草浆，其生产过程和单面光牛皮纸生产过程相似，要进行施胶、加填和染色。由于其强度不如牛皮纸，故称鸡皮纸。

（7）食品包装纸 食品包装纸分为以下三种类型。第一类食品包装纸为糖果包装原纸，常为卷筒纸，经印刷、上蜡加工后供糖果包装和商标用。分 A，B，C 三个等级，A 和 B 等级供机械包糖用，C 等级供手工包糖用；第二类食品包装纸为冰棍包装原纸，经印刷、涂蜡加工后作为冰棍包装纸。分 B，C 两个等级，B 等供机械包装冰棍和雪糕用，C 等供手工包装用。要求用漂白木浆或草浆生产，不允许采用废旧纸或回收的废纸做原料，不允许使用荧光增白剂或对人体有影响的化学助剂；第三类食品包装纸为普通食品包装纸，是一种不经涂蜡加工，直接用于入口食品包装用的食品包装用纸，在食品零售市场应用广泛。有双面光和单面光两种，分为 B，C，D 三个等级。

（8）玻璃纸 玻璃纸又称赛璐玢，是一种天然再生纤维素透明薄膜，它是用高级漂白亚硫酸盐木浆经过一系列化学处理制成黏胶液，再成型为薄膜而成。玻璃纸是一种透明性极好的高级包装材料，可见光透过率达 100%，质地柔软、厚薄均匀，有优良的光泽度、印刷性、阻气性、耐油性、耐热性，且不带静电，主要用于糖果、糕点、化妆品、药品等商品美化包装，也可用于纸盒的开窗包装。

2. 包装纸板

普通包装纸板主要用来制造加工成纸盒、纸管、纸桶或其他包装制品，常用的纸板有白纸板、黄纸板、箱纸板、灰纸板、茶纸板、标准纸板、厚纸板等品种，多用来包装普通商品。

（1）白纸板 白纸板是一种白色挂面纸板，有单面和双面两种，其结构由面层、芯层、底层组成。单面白纸板面层通常是用漂白的化学木浆制成，表面平整、洁白、光亮，芯层和底层常用半化学木浆、废纸浆、化学草浆等低级原料制成；双面白纸板底层原料与面层相同。白纸板主要用于销售包装，具备良好的印刷、加工和包装性能。经彩色印刷后可制成各种类型的纸盒、纸箱，起保护商品、装潢美化商品的促销作用，也可用于制作吊牌、衬板和吸塑包装的底板。

（2）箱纸板 箱纸板是以化学草浆或废纸浆为主要原料的纸板，是制造瓦楞纸板、固体纤维板或纸板盒等产品的表面材料。以本色居多，表面平整、光滑，纤维紧密、纸质坚挺、韧性好，具有较好的耐压、抗拉、耐撕裂、耐戳穿、耐折叠和耐水性能，印刷性能好。

（3）标准纸板 标准纸板是一种经压光处理，适用于制作精密、特殊模压制品以及较重制品的包装纸板，颜色为纤维本色。纸板要求表面平整不翘曲且全张厚度必须均匀一致。其原料一般为本色硫酸盐木浆和褐色磨木浆的混合浆料。

（4）黄纸板 其表面呈黄色、用途广泛的纸板，具有一定的强度，通常使用稻麦草以烧碱或石灰法制浆，轻度打浆，生产工艺简单，成本和产品质量要求不高。常用于廉价产品的包装。

3. 加工纸和纸板

为了增加纸和纸板的包装适性，对纸和纸板进行表面涂布、浸渍、改性、复合及其他加工技术处理后得到的产品称为加工纸。加工纸主要品种有羊皮纸、玻璃纸、防锈纸、保鲜纸、防油纸、真空镀铝纸；加工纸板包括涂布纸板、复合纸板、瓦楞纸板、蜂窝纸板等品种。

（1）涂布纸板 涂布加工纸板是在纸板表面涂上一层涂料、药剂或镀上一层薄膜，改善纸张的表面性能与外观，提高其包装适印性能及保护性能，达到耐水、耐油、防潮、防水、防黏、防腐和装饰性优良等效果的纸板。

（2）复合纸板　是指为增加纸板的某些性能，如热封、高阻隔性等，而与塑料薄膜或金属箔复合而形成的复合材料。

（3）瓦楞纸板　将瓦楞原纸加工成瓦楞形状以后按一定的方式与箱纸板黏合在一起而形成的多层纸板。瓦楞纸板是生产运输包装的最主要的包装材料，其结构示意图见图2-1，常用瓦楞的楞型及参数见表2-1。

表2-1　　　　　　　　　　　　　　常用瓦楞纸板楞型及参数

楞型	瓦楞高度/mm	瓦楞宽度/mm	瓦楞个数/（个/300mm）
A	4.5~5.0	8.0~9.5	34±3
C	3.5~4.0	6.8~7.9	41±3
B	2.5~3.0	5.5~6.5	50±4
E	1.1~2.0	3.0~3.5	93±6
F	0.6~0.9	1.9~2.6	136±20

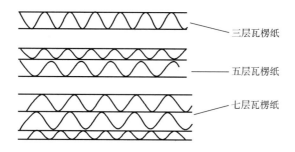

图2-1　瓦楞纸板结构示意图

（4）蜂窝纸板　蜂窝纸板是根据自然界蜂巢结构原理制作的，它是把瓦楞原纸用胶黏结方法连接成无数个空心立体正六边形，形成一个整体的纸芯，并在其两面黏合面纸而成的一种新型夹层结构的环保节能材料，结构示意图见图2-2。

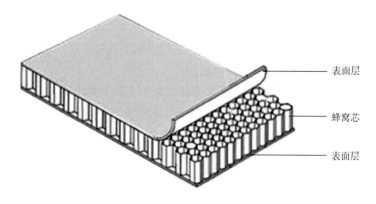

图2-2　蜂窝纸板结构示意图

三、　纸和纸板的性能及测试方法

纸和纸板的各项技术指标的优劣不仅决定纸包装材料质量的高低，而且也直接关系到对商品的保护程度以及商品的货架寿命，因此评估测试纸和纸板的相关性能，是设计、制造和使用纸包装材料与容器的关键步骤和重要依据。

（一）　包装纸和纸板测试前的采样与预处理

1. 取样步骤

在生产和实际使用中，通常采用随机抽样检测的方法来评价批量产品的质量，为确保抽检的试样具有代表性，必须对采样方法与检测条件进行统一、严格的规定。

（1）平板纸取样　从整批材料中随机抽取数件包装完好、无损伤的纸和纸板，然后从中抽取一定的张数作为检测样品，按照国家标准的规定，平板纸采样数量 1000 张以下取 10 张，1000～5000 张取 15 张，5000 张以上取 20 张。切成试样时从每张纸上各取一个样品，为保证其随机公正性，每个样品的切取部位应不相同。

（2）卷筒纸取样　从卷筒纸外部去掉全部受损伤的纸层，从未损伤的纸层开始再去掉 3～5 层，沿卷筒的幅宽划切一刀，其深度要满足取样所必需的张数，让切取的纸样与纸卷分离。然后从每张样品上切取一个试样，试样长为卷筒的全幅宽，试样宽均为 400mm。

2. 纵横向、正反面判别

（1）纵横向判别　判断纵横向是为了在制造包装容器时，更好地利用纸张纵横向性能的差异来制造出性能良好的产品，如利用纸张纵向机械强度高的特点，使制成的纸袋的受力方向为纵向；利用纸和纸板的横向浸润后容易弯曲的特点来合理搭配瓦楞纸板的芯层和面层，以防止瓦楞纸板翘曲。

判断纸和纸板的纵横向可用如下方法：

①试条弯曲法：从纸张互相垂直的方向各裁下一条 15mm×200mm 的试样条，将其重叠后用手指捏住一端，使另一端自由地向左方或右方弯曲；如果两个纸条末端分开，下面的纸条为横向，因为纸张横向机械强度（挺度）低于纵向，反之下面的纸条则为纵向。

②浸润卷曲法：切取与试样原始边平行，大小为 50mm×50mm 的方形试片，并在上面标明原始方向，然后将试片漂浮于水面上，试样卷曲时，与卷轴平行的方向为纵向。浸湿后的纸烘干时弯曲也具有同样的特点。

③撕裂法：将纸和纸板撕裂时平滑裂口为纵向，锯齿状裂口为横向。

④测试法：一般抗张强度大的方向为纵向，伸长率大的为横向。

⑤观察纤维方向：根据纸页成型时大多数纤维沿纵向排列的特点，通过观察纤维走向来判断纸和纸板的纵横向，在显微镜底下观察时更加明显。

（2）正反面判别　判断正反面主要是为了测试纸和纸板表面吸水性、光学性能、平滑度等。主要方法有：

①直观法：折叠一张试样，观察两面的相对平滑性，从造纸网的菱形压痕中往往可以认出网面。观察时将试片水平放置，让日光入射角度与纸面成 45°，视线也与纸面成 45°即可，也可借助显微镜来观察辨别网痕。此外用水或稀溶液浸湿纸面，放置几分钟后也可以看到清晰的网痕。

②撕裂法：一手拿试样，使纵向与视线平行且试片表面呈水平，用另一手将纸向上拉，这

样它首先在纵向上撕，然后将撕纸的方向逐渐转向纸的横向，向纸的外边撕去。将纸片另一面向上，仍按上述方法撕纸。比较两次撕裂线上的纸毛，可以看到一条线上比另一条线上的要明显得多，特别是纵向转向横向时的曲线处，纸毛明显的一面为网面。

③浸水干燥法：浸水卷曲时内弧为正面，干燥时则相反。

3. 试样的预处理与检测环境

纸和纸板的含水量对其物理性能有十分明显的影响，为了能准确地反映和比较各种纸包装材料的性能，除了测试纸和纸板的水分外，其他性能指标的测试一般都要在恒温恒湿的标准大气中进行。

（1）标准大气 根据国家标准规定，测量纸和纸板性能时的标准大气温度为 (23 ± 1)℃、相对湿度（50% ±2%），测试时偏离标准温湿度的时间在 15min 内不应多于 1min。

（2）试验环境的控制 实验室内除了温湿度达到规定要求外，还要确保室内空气良好地循环对流，每 5min 完全转换一次空气。

（3）试样的预处理 取下的试样置于标准大气中至少要经过 5～48h 以后才能进行测试。如果试样水分较大，进入标准大气室前还须进行干燥处理，使其中的水分含量低于标准大气处理后的纸幅中水分，以避免因纸板水分平衡滞后造成测试误差。

（二） 纸和纸板性能测试

1. 定量

定量是纸和纸板每平方米的质量，单位为 g/m^2。用精度为 0.01g 的天平称量出试样质量，然后计算出定量。纸和纸板的物理性能（抗张强度、耐破度、撕裂度、环压强度等）都与定量有关。为了使同一类型的纸张强度具有可比性，需要将有些物理性能换算为抗张指数、裂断长、耐破指数、撕裂指数和环压指数等，其间都涉及纸和纸板的定量。

2. 厚度

厚度是指纸和纸板等材料在两侧压板间规定压力 (100 ± 10) kPa 下直接测量的结果，单位用 mm 表示。厚度是影响纸和纸板技术性能的一项关键指标，测量厚度要用纸张厚度测量仪，将规格为 100mm×100mm 的试样置于测量头与测量砧板之间，稳定后可直接从百分表上读出所测试样的厚度。

3. 紧度

紧度又称表观密度，是指纸和纸板单位体积的质量，单位为 g/cm^3。

4. 水分

纸和纸板在 100～105℃ 下烘干至恒重时，所减少的质量与试样原质量之比称为水分，单位为%。

5. 抗张性能

抗张性能是包装纸和纸板最重要的力学性能之一，可以用抗张强度、裂断长、抗张指数和伸长率来表示。

测试时切取 15mm×250mm 试样纵、横向各 10 条，将试样夹调至 180mm（测试纸板时为 100mm），逐条测试，记录下抗张力大小与伸长值，然后计算出平均值。

①抗张强度：纸和纸板横截面长度所能承受的最大张力，单位用 kN/m 表示。抗张强度可用式（2 - 1）计算：

$$S = \frac{\overline{F}}{L_W} \qquad (2-1)$$

式中　S——抗张强度，kN/m；

　　　$\overline{F}$——平均抗张力，N；

　　　L_W——试样宽度，mm。

②抗张指数：抗张强度除以定量称为抗张指数，单位为 N·m/g。如式（2-2）所示。

$$I = \frac{S}{G} \times 10^3 \qquad (2-2)$$

式中　I——抗张指数，N·m/g；

　　　S——抗张强度，kN/m；

　　　G——定量，g/m²。

③伸长率：伸长率是指纸和纸板断裂时的伸长对原试样长度的比率，用%表示。伸长率表明纸张的韧性，伸长率对于提高包装适性十分重要，伸长率越大，保护性能越好；纸板的伸长率大有利于在压痕和折叠时不破裂。

伸长率可用式（2-3）计算：

$$\delta = \frac{l_1 - l_0}{l_0} \times 100\% \qquad (2-3)$$

式中　δ——伸长率，%；

　　　l_1——试样断裂时长度，mm；

　　　l_0——试验的原长度，mm。

④断裂长：宽度一致的纸和纸板在自身重量作用下断裂时的长度称为裂断长，以 m 或 km 表示，断裂长可用式（2-4）计算：

$$L_B = \frac{\overline{F} \times 10^3}{9.8 \times L_W \times G} \qquad (2-4)$$

式中　L_B——断裂长，km；

　　　$\overline{F}$——平均抗张力，N；

　　　L_W——试样宽度，mm；

　　　G——定量，g/m²。

6. 耐破度

耐破度是指纸和纸板所能承受的均匀增大的最大压力，用 kPa 表示。实际上耐破度是抗张强度、伸长率及撕裂度等强度指标的综合反映，虽然目前存在着以抗张强度取代耐破度评价包装材料强度性能的趋势，但耐破度仍是评价纸和纸板性能的可靠手段，因为在纸包装制品使用时，往往会受到类似的力的破坏作用。耐破度除以定量得到耐破指数，单位为 kPa·m²/g。

7. 耐折度

纸或纸板在一定张力下所能经受往复折叠一定角度（纸 180°，纸板 135°）而不折断或开裂的次数称为耐折度，用次表示。耐折度能直接反映纸和纸板制成包装以后的使用性能，如纸箱、纸盒摇盖的可折叠次数与耐折度关系十分密切。

8. 撕裂度

撕裂预先切口的纸和纸板至一定长度时所做的功称为内撕裂度，由于撕裂长度是固定的，为（43±0.5）mm，因此一般用力来表示撕裂度的大小。

撕裂指数是表示撕裂度大小的另一种方法，它是将内撕裂度除以纸张定量所得到的结果，单位为 $mN \cdot m^2/g$。

9. 挺度

挺度是在一定条件下，弯曲一端夹紧的试样至 15° 时的力矩，单位为 $mN \cdot m$。挺度表示纸板弯曲时面层的伸长能力和内层的承压能力，是包装纸板的重要性能。通常纸和纸板挺度与原料结构、组成及厚度有十分密切的关系。纸板的挺度与厚度的立方成正比，与长度的平方成反比。刚性纸包装容器要求使用的材料有较高的挺度，如箱纸板、白纸板、黄纸板制成纸箱、纸盒后使用时承受外界较大的压力，如果挺度小则很容易变形，影响包装质量。

10. 施胶度

施胶度表示纸和纸板的憎水抗润湿性能，一般采用墨水划线法，即用标准墨水在纸面上划出由粗到细的线条，不扩散也不渗透时线条宽度即为施胶度，单位为 mm，施胶度对许多包装纸和纸板是一个重要的测试项目，尤其是纸袋纸、牛皮纸、白纸板等。

11. 平滑度

平滑度是指在一定真空度下，一定容积的空气通过受一定压力的试样表面与玻璃面间隙所需要的时间，单位为 s。平滑度是评价包装纸和纸板印刷装潢效果的重要指标，纸张表面越光滑，与玻璃间的接触就越紧密，空气通过时受到的阻力就越大，因而需要的时间就越长，即试样的平滑度就越高。

12. 瓦楞纸板边压强度

将矩形瓦楞纸板（25mm×100mm）置于耐压强度测定机两压板之间，并使试样的瓦楞方向垂直于两压板，然后对试样加压力，直至压溃为止。读取的最大压力称为边压强度，单位为 N/m。测试时应用导块支持试样使之垂直竖立，待加压至 50N 时再移开导块。

13. 瓦楞纸板平压强度

切取样器，取直径为 5.13cm 的圆形试样，在耐压强度测定器上垂直于瓦楞纸板表面加压，直至瓦楞压溃时的最大压力，即为平压强度，单位为 Pa 或 kPa。

14. 瓦楞纸板戳穿强度

纸板的戳穿强度是指用一定形状的角锥穿过纸板所需的功，即包括开始穿刺及使纸板撕裂弯折成孔所需的功，用 J 表示。戳穿强度与耐压强度一样，都是反映瓦楞纸板抗拒外力破坏的能力。与耐压度表现的静态强度不一样，戳穿强度所表现的是瓦楞纸板动态强度，比较接近纸箱在运输、装卸时的实际受力情况，因此各国更加重视检验瓦楞纸板的戳穿强度。

15. 瓦楞纸板黏结强度

瓦楞纸板黏结强度是指瓦楞芯纸与面纸或里纸的结合强度。测试时将针形附件插入试样，对针形附件施压，使其作相对运动，直至被分离部分分开，单位为 N/m。测试黏结强度的原理如图 2 - 3 所示。试样规格为 25mm×80mm，瓦楞纵向为试样插入针形附件，则能将与芯纸黏结强度较低的面纸分离下来；如果按图 2 - 3（2）方式，则是将预定的面层纸分离。原则上黏结强度等于纸页纤维自身结合强度即可。

四、包装纸箱

瓦楞纸箱以其保护性能优良，价格低廉，可折叠等优点，已经成为用途最广的包装纸箱，通常作为运输包装使用，但有时也可以作为销售包装使用。

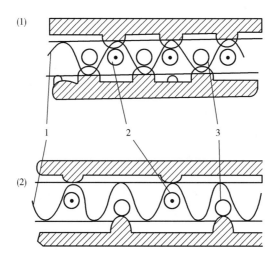

图2-3 瓦楞纸板黏合强度测试示意图

（1）双面分离 （2）单面分离

1—瓦楞芯纸 2—上针插件 3—下针插件

（一）瓦楞纸箱的分类

瓦楞纸箱的箱型通常用四位数字表示，前两位代表箱型种类，后两位代表其在此类箱型中的不同变化样式，结合国际瓦楞纸箱的分类标志，GB/T 6543—2008《运输包装用单瓦楞纸箱和双瓦楞纸箱》中将瓦楞纸箱分为以下几大类：

（1）02系列瓦楞纸箱 由一页纸板裁切成箱坯，经黏结、钉接或胶带黏合后可折叠。运输及贮存时呈平板状，使用时封合上下摇盖成箱。02系列瓦楞纸箱是使用最广泛的一种瓦楞纸箱，其常见的基本箱型见图2-4。

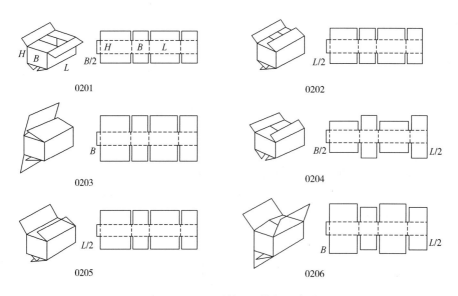

图2-4 02系列箱型及箱坯示意图

（2）03系列瓦楞纸箱　03系列瓦楞纸箱为套合型纸箱，由独立的箱体和箱盖组成，成型后箱盖可以完全覆盖箱体，图2-5所示为0310箱型示意图。

（3）04系列瓦楞纸箱　04系列瓦楞纸箱为折叠型纸箱，由一片纸板组成，并且不需要黏合剂，只要折叠即能成型，使用时先包装商品，折叠后用打包带捆扎即成包装件，适合于生产线上成件或成块的商品包装。图2-6所示为0420箱型示意图。

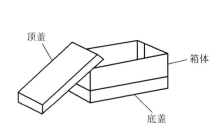

图2-5　0310箱型示意图

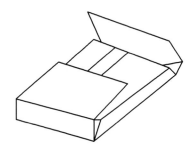

图2-6　0420箱型示意图

（4）05系列瓦楞纸箱　05系列瓦楞纸箱为滑盖型纸箱，通常由内箱和外箱组成，使用时内箱通过相对滑动套入外箱，见图2-7。

（5）06系列瓦楞纸箱　一般由三片瓦楞纸板制成，一片制成箱体，另两片作为箱的两端板使用，成箱时多采用钉接。也可采用胶合板、木板等作为端板，形成组合箱，可大大增强其抗压强度，见图2-8。

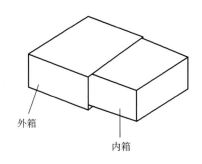

图2-7　0502/0503箱示意图

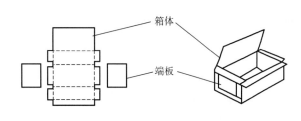

图2-8　0601箱坯和箱型示意图

（6）07系列瓦楞纸箱　07系列瓦楞纸箱为自锁底瓦楞纸箱，由一片瓦楞纸板构成，只使用少量黏合剂，对纸箱底部襟片进行预黏合，运输、贮存时呈平板状，使用时撑开箱体即可快速自动成型，并且不需要再对纸箱底部进行封合。图2-9所示为0713箱型示意图。

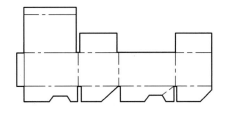

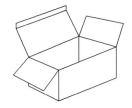

图2-9　0713箱型示意图

（7）09系列 09系列为内衬件，包括隔垫、隔框、衬垫、垫板等。盒式纸板、衬套周边不封闭，放在纸盒内部，用于分隔多个被包装的产品，以提高保护性和箱底的强度等。图2-10所示为0933常见内衬隔板的示意图。

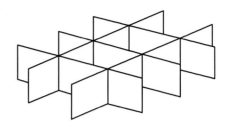

图2-10 0933内衬隔板示意图

（二）瓦楞纸箱的质量检测

瓦楞纸箱的质量直接关系到对内装产品的安全保护性能，因此在出厂前瓦楞纸箱都要经过相应质量检测，确定其质量是否达到使用要求。

1. 外观质量

（1）尺寸 箱体的内尺寸与设计尺寸的误差保持在大箱±5mm，小箱±3mm范围内。

（2）封闭质量 要求成箱后四角无漏洞，对应盖板无参差和离缝。

（3）摇盖折叠次数 要求摇盖开、合180°往复5次以上，压痕处无开裂。

（4）印刷质量 要求图文清晰、色度一致、叠印准确。印刷位置误差，大箱小于7mm，小箱小于4mm。

2. 纸箱抗压强度及其影响因素

瓦楞纸箱的抗压强度是其作为运输包装的最重要质量指标，纸箱抗压强度大小直接影响到纸箱的可堆码高度和对商品的保护性能。测试时将瓦楞纸箱封好后，放到瓦楞纸板箱抗压试验机的两压板之间，缓慢加压直至将其压溃，此时的压力即为该纸箱的抗压强度，单位为N或kN。

（1）预定纸箱抗压强度 纸箱要求有一定的抗压强度，是因为包装商品后在贮运过程中堆码在底层的纸箱受到上部纸箱的压力，为了不被压塌，必须具有合适的抗压强度。纸箱预定的抗压强度可用式（2-5）计算：

$$p = KW(n-1) \qquad (2-5)$$

式中 P——纸箱耐压强度，N；

W——纸箱装货后重量，N；

n——堆码层数；

K——堆码安全系数。

堆码层数 n（取正整数）可以根据堆码高度 H 与单个纸箱高度 h 求出：

$$n = \frac{H}{h} \qquad (2-6)$$

堆码安全系数根据货物堆码的天数来确定，我国规定：

贮存期小于30d，取 $K=1.6$；

贮存期30~100d，取 $K=1.65$；

贮存期大于100d，取 $K=2.0$。

考虑到运输方式和条件（汽车、火车、船运、集装箱、有无托盘等），预定抗压强度还应适当修正。

（2）根据原材料计算纸箱抗压强度 预定了纸箱抗压强度以后，应选择合适的箱板纸、瓦楞原纸来生产瓦楞纸板，避免盲目生产造成浪费。

根据原纸的环压强度计算出纸箱的抗压强度有许多公式，但其中使用较多的是 Kellicutt 公式，它适合于用来估算 0201 型纸箱抗压强度，如式（2-7）所示：

$$P = P_x \left\{ \frac{(ax_z)}{\left(\frac{Z}{4} \right)} \right\}^{\frac{2}{3}} ZJ \tag{2-7}$$

式中　P——纸箱抗压强度，N；

　　　P_x——综合环压强度，N/cm；

　　　ax_z——瓦楞常数；

　　　J——楞型常数；

　　　Z——纸箱周长，cm。

其中

$$P_x = \frac{\sum R_1 + \sum R_m \times \gamma}{100} \tag{2-8}$$

式中　R_1——箱纸板、夹层的环压强度，N/m；

　　　R_m——瓦楞芯纸的环压强度，N/m；

　　　γ——压楞系数。

（3）纸箱抗压强度的确定方法　由于受生产过程中各种因素的影响，最后选定原材料生产的纸箱抗压强度不一定与估算结果完全一致，因此最终精确确定瓦楞纸箱抗压强度的方法是将纸箱恒温恒湿处理以后用瓦楞纸箱抗压试验机测试。对于无测试设备的中小型厂，可以在纸箱上面盖一木板，然后在木板上堆放等量的重物，来大致确定纸箱抗压强度是否满足要求。

（4）影响纸箱抗压强度的因素

①原材料质量：由 Kellicutt 公式即可看出，原纸是决定纸箱抗压强度的决定因素。但瓦楞纸板生产过程中其他条件的影响也不容忽视，如黏合剂用量、楞高变化，浸渍、涂布、复合加工处理等也会影响最终的纸箱抗压强度。

②水分：纸箱用含水量过高的瓦楞纸板制造，或者长时间贮存在潮湿的环境中，都会降低其耐压强度。瓦楞纸板含水量越高，纸箱抗压强度越低。因此对于在潮湿环境下流通的纸箱，最好进行防潮加工。

③箱型和楞型：箱型是指箱的类型（02 类、03 类、04 类等）和同等类型箱的尺寸（长、宽、高）比例，它们对抗压强度也有明显的影响。有的纸箱箱体由双层瓦楞纸板构成，耐压强度较同种规格的单层箱明显提高；在相同条件下，箱体越高，稳定性越差，耐压强度降低。不同楞型的瓦楞纸板抗压强度不同，制成纸箱抗压强度也有明显的差异。

④印刷与开孔：印刷会降低纸箱抗压强度。有透气要求的商品包装在箱面开孔，或在箱侧冲切提手孔，都会降低纸箱强度，尤其开孔面积大，偏向某一侧等，影响更为明显。由于印刷压力的影响，印刷工艺会降低纸箱抗压强度，相同纸箱印刷面积越小，叠印次数越少，其抗压强度越高。

⑤加工工艺偏差：在制箱过程中压线不当（过深或过浅），开槽过深，接合不牢等，也会降低成箱抗压强度。

3. 纸箱动态性能试验

对于一些特定商品的包装，如陶瓷、玻璃制品、电器、仪器等，还要检验纸箱对商品的缓冲保护性能，即模仿运输、装卸过程中的极端情况，将纸箱按实际操作包装商品以后，进行动态耐久性或破坏性实验。

（1）跌落试验　将包装商品后的纸箱按不同姿态（角跌落、棱跌落、面跌落）从规定高度跌落，检验跌落一定次数后纸箱内包装商品的状态或纸箱破损时跌落的次数。

（2）斜面冲击试验　将纸箱固定在滑车上，然后将其从一定长度的斜面（10°）上滑下，最后撞击在挡板上，它类似于运输过程中的紧急刹车情况。

（3）振动试验　将纸箱包装商品后置于振动台上，使其受到水平、垂直方向的振动作用，或者同时受到双向振动，经一定时间后检查商品情况或纸箱破坏时经过的时间。

（4）六角鼓回转试验　将纸箱放入装有冲击板的六角回转鼓内，按规定转数、次数转动，然后检验商品和纸箱破坏情况。

上述动态试验都是破坏性的，提高纸箱和商品的抗破坏能力可在包装商品时使用缓冲衬垫、隔板或其他保护措施。此外有些特殊产品或贮运环境特殊的包装纸箱，还需要作喷淋、耐候等试验。

五、 包装纸盒及其他包装容器

纸盒是纸板经过折叠、黏贴或其他方法构造成型的纸制包装容器。纸盒包装可以形成精美造型，并且具有优良的印刷适性，可以提高商品的销售竞争力。传统的纸盒只能用来包装固体、干燥粉粒料或成件商品，近年来随着复合材料加工技术的发展，液体商品如饮料、牛奶、果汁和调味品也可用纸盒来包装，并且由于其良好的造型和外观，应用市场越来越大。

（一） 纸盒分类

由于纸盒的造型和结构设计往往要由被包装商品的形状与特点来确定，故其式样和类型远较瓦楞纸箱多得多。通常纸盒可按下列四种方法分类：

1. 按外形与结构分类

按照纸盒的外形，可分为长方体、正方体、多面体、圆型、异型纸盒等。按照结构可分成折叠式和黏贴纸盒。按成盒方式可分为黏结式、钉接式和插接自锁式等。

2. 按使用原材料分类

制造纸盒的原料主要是纸板，按使用的纸板不同纸盒可分为瓦楞纸盒、白纸板盒、卡纸板盒和色纸板盒等。用白纸板作为面纸的瓦楞纸板，不仅能通过印刷使之具有装潢精美的外观，而且还有较高的抗压强度与挺度，适合于制作小型电器、IT 产品的运输与销售包装。

3. 根据用途分类

根据用途可将纸盒分成普通纸盒和纸容器两类，纸容器是专指用于液体如饮料、牛奶、果汁包装的纸盒，要求使用复合纸板或浸渍纸板，具有良好的防水、阻隔、热封和对内装物有良好的保护等性能。

4. 根据生产工艺分类

根据生产工艺可分为机制纸盒和手工纸盒，绝大多数纸盒采用机械化生产制造。但一些特殊商品包装纸盒，由于考虑到成本等多种因素，盒体常采用厚度大、挺度高的草纸板制造，然后用花纸、绒布、皮革等装饰材料手工裱糊盒面，获得不同质感的装饰性纸盒。

（二）常见折叠纸盒

折叠纸盒是指把较薄（通常是0.3～1mm）的纸板经裁切和压痕后，主要通过折叠组合方式成型，在装填内装物之前可以平板状折叠堆码进行运输和贮存的包装容器。常用的折叠纸盒根据其结构特点，可分为管式折叠纸盒和盘式折叠纸盒。

1. 折叠纸盒特点

（1）成本低，强度较好，具有良好的展示效果，适宜大批量生产。

（2）与粘贴纸盒和塑料容器相比，占用空间小，运输、仓贮等流通成本低廉。

（3）在包装机械上的生产效率高，可以实现自动张盒、装填、折盖、封口、集装、堆码等。

（4）结构变化多，应用范围广。能进行盒内间壁，摇盖延伸、曲线压痕、开窗、POP（point of purchase advertising，购买点广告）广告版、展销台等多种新颖处理。

但通常折叠纸盒刚性小，易变形，内装物重量不宜过大。盒型尺寸不宜过大，多为20～30cm。

2. 管式折叠纸盒

由一页纸板经裁切压痕后折叠、襟片黏结，盒盖、盒底采用摇翼折叠组装固定或封口的一类纸盒，其盒坯基本结构见图2-11。

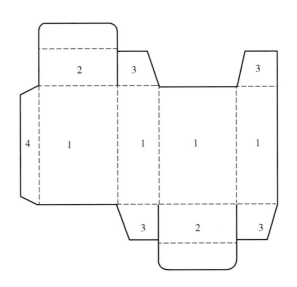

图2-11 管式折叠纸盒盒坯基本结构图
1—体板 2—盖板 3—盖板襟片 4—黏合襟片

管式折叠纸盒在基本结构不变的前提下，其盒盖结构设计包括锁口式、插锁式、正揿封口式、黏合封口式、显开口式、连续摇翼窝进式等；盒底结构设计包括锁底式、插锁式、自锁底式、间壁封底式等。根据不同需要在设计时可选择不同的盒盖、盒底结构，除此以外盒体上还可以设计开窗、提手等结构。锁口式管式折叠纸盒盒坯示意图见图2-12；插锁式管式折叠纸盒盒坯示意图见图2-13；锁底式盒底结构示意图见图2-14；自锁底式盒底结构示意图见图2-15。

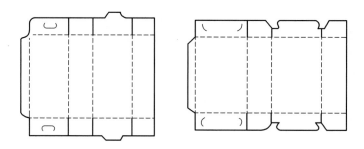

图2－12　锁口式管式折叠纸盒

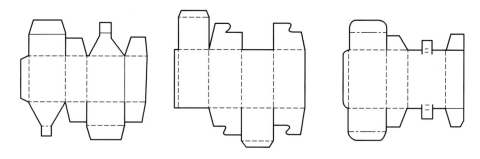

图2－13　插锁式管式折叠纸盒

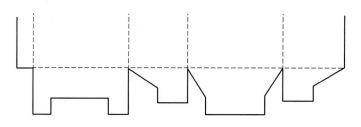

图2－14　锁底式盒底结构

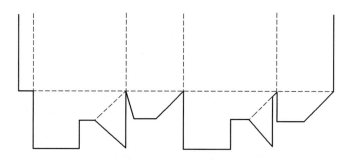

图2－15　自锁底盒底结构

3. 盘式折叠纸盒

盘式折叠纸盒从造型上定义为盒盖位于最大盒面上的折叠纸盒,也就是说高度相对较小。这类盒的盒底负载面大,开启后观察内装物的可视面积也大,有利于消费者挑选和购买。与管式折叠纸盒所不同,这种盒型在盒底几乎无结构变化,主要的结构变化在盒体位置。普通盘式折叠纸盒坯结构及成型示意图见图 2 - 16;锁合方式的盘式折叠纸盒盒坯结构示意图见图 2 - 17;插别盖式盘式折叠纸盒结构示意图见图 2 - 18。

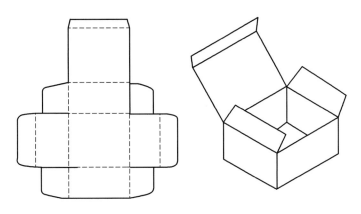

图 2 - 16 盘式折叠纸盒盒坯结构及成型示意图

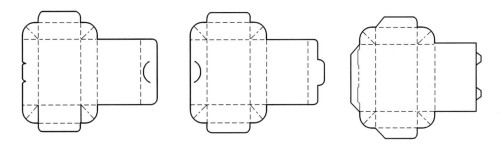

图 2 - 17 锁合方式成型盘式折叠纸盒盒坯结构示意图

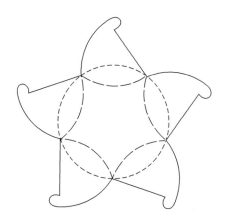

图 2 - 18 插别盖盘式折叠纸盒盒坯结构

（三） 折叠纸盒设计的原则

1. 整体设计三原则

（1）主要装潢面是消费者首先观察到的面。

（2）观察或取物时由前向后。

（3）大多数消费者右手开盖。

2. 结构设计三原则

（1）黏合襟片应尽量连接在后板上。

（2）盖板应连接在后板上。

（3）主要底板应当连接在前板上。

3. 装潢设计三原则

（1）纸盒包装的主要装潢面应设计在纸盒前板（管式盒）或盖板（盘式盒）上，说明文字及次要图案设计在端板或后板上。

（2）当纸盒包装需直立展示时，装潢面应考虑盖板与底板的位置，整体图形以盖板为上，底板为下（此情况适宜于内装物为不宜倒置的各种瓶型包装），开启位置在上端。

（3）当纸盒包装需水平展示时，装潢面应考虑消费者用右手开启的习惯，整体图形以左端为上，右端为下，但开启位置在右端。

（四） 纸袋

纸袋是由至少一端封合的、单层或多层扁平管状的纸包装制品，用途极为广泛，通常以牛皮纸或纸袋纸作为原材料。根据用途可分为销售包装纸袋和运输包装纸袋。

1. 销售包装纸袋

销售纸袋常用来包装食品、服装、鞋帽、纺织品、日用品、小商品等，结构简单，一般用黏合剂黏接成袋。销售包装纸袋形状多样，根据其结构特点可分为三类：尖底袋、角底袋和手提袋，如图 2 - 19 所示。

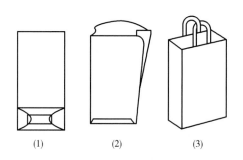

（1）　　　　　　（2）　　　　　　（3）

图 2 - 19　销售包装纸袋结构示意图
（1）角底袋　（2）尖底袋　（3）手提袋

（1）**角底袋**　角底袋装满物料后可立放，打开底口方便，有的还在袋口处单侧切出缺口。袋底有四边形与六角形两种，为了增加底部牢固，有时在底部再黏贴一层加强纸。

（2）**尖底袋**　尖底袋分为尖底平袋和尖底带 M 型褶边袋，尖底平袋类似于信封，经纵向搭接和底部翻折黏接成型，根据需要可制成开窗式、中央带圆孔、带抠手等样式。与平袋比较，带 M 型褶边袋容积大，打开袋口容易，装物方便。

（3）手提袋　手提袋分为购物袋和广告礼品袋，都设置有提手。购物袋要求强度高，可进行印刷装潢，一般用牛皮纸制成，在提手处设有加强筋。广告礼品袋一般采用高克重铜版纸制成，印刷后美观大方。手提袋可以多次反复使用。

2. 运输包装纸袋

用于水泥、农药、化肥、砂糖、食盐和豆类等的大包装纸袋，称为运输包装纸袋。一般可分为两类：一类为轻载袋，由一或两层纸制成，既可作为外包装，也可作为内衬与塑料编织袋组合使用；另一类是重载贮运袋，由三层以上的纸构成，主要用于装填大量散装物品。为了防潮，有时在纸袋中层加入塑料膜层或沥青防潮纸。

（五）纸杯和纸桶

1. 纸杯

纸杯是以漂白木浆制成的白纸板经印刷、涂蜡或树脂后模切、卷取成型的，它用于快餐、牛乳、冰淇淋、果冻等食品的包装，也作为一次性卫生饮料杯使用，具有轻便、成本低、废弃物易于处理等优点。

纸杯以包装食品为主，如果流通期短，在薄纸板表面进行涂蜡处理即可，流通期长时，应采用浸蜡处理，浸蜡前应尽量除去纸板中的水分，以提高制品的刚性及耐水性。

盛装热饮料的纸杯，不能用涂蜡和浸蜡处理，而应涂布耐温较高的聚乙烯，必要时采用复合纸板，这些纸板具有热封性，装入冰淇淋、果冻等食品后还可热合加盖。纸杯的成型工艺过程：首先将印刷、耐水加工以后的纸板在模切机上切出杯体和杯底纸片，制杯机将杯体接合处上胶，在杯状模具上卷取形成杯体；杯底经翻转后套入杯体底部，粘在杯体上，卷边模具将杯体与杯底接合的缘口部分翻卷并压紧，形成密封底部，最后将杯口翻边形成弧形口缘，以增加杯口部刚度与耐水性。

2. 纸桶

纸桶的外形与纸杯一致，但体积尺寸大于纸杯，多用于粉末、半固体、固态块状商品及需要防潮包装的各种物料，一般用多层纸或纸板卷制而成，生产方法与纸杯相同。

第二节　塑料包装材料及包装容器

塑料是可塑性高分子材料的简称，它可以制成软包装袋、中空容器、片材、缓冲材料等。特有的优良性能使其在包装中用途极为广泛，是目前最重要的包装材料之一。

一、塑料包装材料的主要应用及特点

（一）塑料包装材料的主要应用

1. 薄膜

包括单层薄膜、复合薄膜和薄片，这类材料做成的包装也称软包装，主要用于包装食品、药品等。其中单层薄膜的用量最大，约占薄膜的2/3，其余的则为复合薄膜及薄片。制造单膜最主要的塑料品种是低密度聚乙烯，其次是高密度聚乙烯、聚丙烯和聚氯乙烯等。

薄膜经电晕处理、印刷、裁切、制袋、充填商品、封口等工序来完成商品包装。薄膜经双轴拉伸热定型，可制成收缩薄膜，这种薄膜有较大的内应力，包装商品后迅速加热到接近树脂的黏弹态，则薄膜会产生30%～70%的收缩。

厚度为0.15～0.4mm的透明塑料薄片，经热成型制成吸塑包装，又称泡罩包装，广泛应用于食品、药品或其他小商品的包装。

2. 塑料容器

（1）塑料瓶、桶、罐及软管　容器使用的材料以高、低密度聚乙烯和聚丙烯为主，也可以使用聚氯乙烯、聚苯乙烯、聚酯、聚碳酸酯等树脂，容器容量可以任意调节。耐化学性、气密性及抗冲击性好，自重轻，运输方便，破损率低。如聚酯吹塑薄壁瓶，透气性低，能承受压力，已普遍用来盛装碳酸饮料和饮用水等。

（2）杯、盒、盘、箱等容器　以高、低密度聚乙烯、聚丙烯以及聚苯乙烯的片材，通过热成型或其他方法制成，主要用于包装食品。

3. 缓冲包装材料

主要用聚苯乙烯、低密度聚乙烯、聚氨酯和聚氯乙烯制成的泡沫塑料。泡沫塑料按发泡程度和交联与否，分硬质和软质两类，按泡沫结构，分闭孔和开孔两种，具有良好的隔热和缓冲防震性，主要用作包装箱内衬。

4. 密封材料

包括密封剂和瓶盖衬、垫片等，是一类具有黏合性和密封性的液体稠状糊或弹性体，以聚氨酯或乙烯—醋酸乙烯为主要成分，常用作桶、瓶、罐的封口材料。

5. 带状材料

包括打包带、撕裂膜、胶带、绳索等。塑料打包带是用聚丙烯、高密度聚乙烯做带坯，经单轴拉伸取向、压花而成的带状材料。

（二）塑料材料的特点

1. 密度小、力学性能好

塑料的密度一般为0.9～2.0g/cm^3，只有钢的1/8～1/4，以材料单位质量计，强度比较高；制成同样容积的包装，使用塑料材料将比金属材料轻得多，可节省运输费用。

2. 适宜的阻隔性与渗透性

塑料材料的阻隔性与渗透性与其自身特性，生产工艺，厚度等参数有关，并且可以通过控制生产工艺条件，进行调节。选择合适的塑料材料可以制成阻隔性适宜的包装，用于包装对阻隔性能要求较高的食品等。

3. 化学稳定性好

塑料对一般的酸、碱、盐等介质均有良好的抗耐能力，可抵抗来自被包装物和包装外部环境的水、氧气、二氧化碳及各种化学介质的腐蚀。

4. 良好的加工性能和装饰性

塑料包装制品可以用挤出、注射、吸塑等多种方法成型。塑料薄膜还可以很方便地在高速自动包装机上自动成型、灌装、热封，且生产效率高。经过电晕处理后，大部分塑料薄膜都能在凹版印刷机上印刷出精美图案。

5. 光学性能优良

大部分塑料包装材料具有良好的透明性，制成包装容器可以清楚地看清内装物，起到良好的展示和促销效果。

6. 卫生性良好

聚合物树脂本身几乎是没有毒性的，可以放心地用于食品包装。但部分树脂的单体（如聚氯乙烯的单体氯乙烯等）及生产过程中的添加剂含量过高时，在使用中才有迁移到被包装的食品中的危险。只要严格按照相关法规及标准生产，就完全能够保证其安全性。

二、 塑料的基本概念、 组成及结构性能

塑料是以单体为原料，通过加聚或缩聚反应聚合而成的高分子化合物，俗称塑料或树脂，可以自由改变成分及形体样式，由合成树脂及填料、增塑剂、稳定剂、润滑剂、色料等添加剂组成。相对分子质量大是高分子化合物最基本的特性，通常高分子化合物的相对分子质量在5000以上。一般说来，高分子化合物具有较好的强度和弹性，而低分子化合物则没有。

高分子化合物包括有机高分子和无机高分子化合物两大类。有机高分子化合物又可分为天然与合成高分子化合物。例如松香、淀粉、纤维素、蛋白质和天然橡胶等，属于天然有机高分子化合物。由人工合成方法制得的有机高分子化合物称为合成有机高分子化合物。例如塑料、合成橡胶、合成纤维等，都属于合成有机高分子化合物。无机高分子化合物则在它们的分子组成中没有碳元素，例如硅酸盐材料、玻璃、水泥、陶瓷等。

（一） 基本概念

1. 单体、聚合度、平均分子质量

高分子化合物的分子质量虽然很大，但它的化学组成一般并不复杂。它们都是由一种或几种简单的低分子化合物重复连接而成。高分子化合物又称为高聚物。物质由低分子化合物到高分子化合物的转变过程，称为聚合。聚合以前的低分子化合物称为单体。聚乙烯树脂的聚合可表示如下：

$$n\text{CH}_2\!=\!\text{CH}_2 \longrightarrow \text{+CH}_2\!-\!\text{CH}_2\text{+}_n$$

高分子化合物是由特定的结构单位多次重复组成的。其中特定的结构单位称为链节。特定结构单位的重复个数，称为聚合度。

在聚合过程中，要使同一种高分子化合物的各个分子所含链节数相等是很困难的，因此各个高分子的分子质量也就不同，这样高分子化合物都是由许多化学结构组成相同、分子链链节数不等的同系高分子组成的混合物，这种性质称为高分子的多分散性。

高分子化合物的分子质量指的是平均分子质量（链节分子质量×聚合度）。平均分子质量的大小及分布情况对于高分子化合物的性质有很大影响，是高分子化合物的一项重要技术指标。在工业生产上需控制分子质量的大小及其分布情况以得到预期性能的高聚物。

2. 聚合反应类型

高聚物是由一种或几种被称作单体的简单化合物聚合而成。由低分子物质合成高聚物的基本方法有两个：加成聚合反应（简称加聚反应）和缩合聚合反应（简称缩聚反应）。

（1）加聚反应　加聚反应的单体一般都是含有双键的有机化合物，例如烯烃和二烯烃等。高聚物的原子是以共价键相连接的。高聚物经过光照、加热或催化剂处理等引发作用，就可以把双键打开，第一个分子便和第二个分子连接起来，第二个分子又和第三个分子连接，一直连成一条大分子链。这样的化学作用使分子和分子一个一个相加起来成为一个大分子，所以称为加聚反应。例如，乙烯在引发剂的作用下，打开双键，逐个地连接起来便成为聚乙烯。

参加加聚反应的单体可以是一种，也可能是两种或多种。前者称为均聚，得到的产物是均

聚物；后者称为共聚，生成的是共聚物。共聚物的多种单体的键接形式有以下几种：

①无规共聚：AB 两种结构单元无规律排列；

—AABABBBABBBBBA—

②交替共聚：AB 两种结构单元有规律地键接；

—AABBAABBAABBAABB—

③嵌段共聚：AB 两种不同成分的均聚链段彼此无规律键接；

—AABBBBBAABBBBABBBBBAABBBB—

④接枝共聚：在一种高聚物主链上键接另一种成分的侧链。

一般说来，凡是带有双键的有机化合物，原则上都可以发生加聚反应。加聚反应是目前高分子合成工业的基础，约有 80% 的高分子材料是由加聚反应而得。

（2）缩聚反应 缩聚反应是由相同或不同的低分子物质聚合，在生成高聚物的同时常有水、氨气、卤化氢、醇等低分子物质析出。所得到的高聚物，其组成与原料物质的组成不同。例如，通过二元酸和二元醇的酯化作用，得到聚酯。

根据所用单体的不同，缩聚反应可分为均缩聚和共缩聚两种。

①均缩聚反应：含有两种或两种以上官能团的一种单体进行的缩聚反应称为均缩聚反应。

②共缩聚反应：含有不同官能团的两种（及两种以上）单体进行的缩聚反应称为共缩聚反应。

缩聚反应有很大的实用价值，酚醛树脂、环氧树脂以及许多其他塑料等都是用缩聚反应合成的。

（二）高分子链的结构与性质

高分子是由原子以共价键结合而成的长链大分子，它不一定是伸展着的直链，而是具有各种形状。由高分子链组成的高聚物，性质取决于其化学结构、分子质量、链的形状和柔性以及结合力等因素。

1. 高分子链的组成与形态

按照高分子链的几何形状分类，可以分成线型和体型两种结构。聚乙烯就属于线型。这种结构是由许多链节连成一个长链，其分子直径与长度之比可达 1:1000 以上。这样长而细的结构，如果没有外力作用，是不可能成为直线状的，因此通常它们卷曲成不规则的线团状。有一些高分子化合物的大分子链可以带有一些小的支链，但是这两种都是属于线型结构。具有线型结构的高分子化合物，它们的物理特性具有弹性和塑性，在适当的溶剂中可以溶胀或溶解，升高温度时则软化、流动。

如果分子链和分子链之间有许多链节相互交联起来，成为立体结构，则称为体型结构。体型结构的高分子的形成是按三维空间进行的，像一张不规则的网，因此也称为网状结构。具有体型结构的高分子化合物，主要特点是无弹性和塑性，脆性大，不溶于任何溶剂（有些会发生溶胀），分解温度低于熔化温度，因此不能熔融。

根据取代基的不同位置，高分子又有不同的立体结构，分别为全同立构，即取代基全部处于主链的一侧；间同立构，即取代基相间地分布在主链的两侧；无规立构，即取代基在主链两侧作不规则的分布。

立体构型对高分子化合物的物理、机械性能影响很大。例如，无规立构的聚苯乙烯由于结构规整性差而不能结晶，耐热性较差，80℃即开始软化，但是它的透明性好，易于加工，应用比较广泛。全同立构的聚苯乙烯，结构规整，结晶度高，熔点高，综合性能较好。

2. 高分子间的作用力

（1）主价力（化学键）　高聚物的大分子中各原子是由共价键结合起来的，称之为主价键或主价力。分子中两原子核间的位置决定了主价键的键长，分子形成能或解离能就是主价键的键能。键长和键能对高聚物的性能，特别是熔点、强度有着重要影响。

（2）次价力　分子之间的作用力主要有范德华力和氢键。范德华力是存在于分子间或分子内的非键结合力，它是一种相互吸引的作用力，包括静电力、诱导力、色散力。上述这些分子间的作用力都是一些物理吸引力，称为次价力。它与发生化学作用而结合的力（主价力）相比较要小得多。次价力虽小，但在高分子中却起相当大的作用。因为组成聚合物的分子非常大，若大分子链上每个结构单元产生的次价力等于一个单体分子的次价力，其全部次价力就等于甚至大于其主链的主价力。通常聚合物的聚合度高达几千到几万，因此高分子的次价力常常超过主价力。所以在聚合物拉伸时，常常是先发生分子链断裂，而不是先发生分子链之间的滑脱。

（3）分子间作用力对聚合物性能的影响　高分子间的作用力影响聚合物的许多物理和化学性能。极性较小的碳氢化合物（聚乙烯等），由于分子间力小而具有良好的柔性；如果在分子链上没有大的侧基，运动就比较自由，显示出较好的弹性；带有极性基团则分子间力大，如果又有大的侧基，影响了分子链的运动，就具有一定的硬度和强度；如果带有强极性基团则分子间力（如氢键）更大，再加上分子结构比较规整，这样的聚合物便具有很高的强度和其他力学性能。

三、　食品包装常用塑料材料

（一）聚乙烯

聚乙烯（Polyethylene，PE）是包装中用量最大的塑料之一，其分子结构式为：

$$\text{+CH}_2\text{—CH}_2\text{+}_n$$

聚乙烯是乙烯通过加成反应得到的一组聚合体的总和。聚乙烯为无臭、无毒、外观呈乳白色的蜡状固体。

主要性质如下：①分子结构为线型或支链型结构，结构简单规整、对称性好、易于结晶，材料柔软性好，不易脆化。②分子中既无活性反应基团，又无杂原子，因此化学稳定性极好，在常温下几乎不与任何物质反应。虽然常温下不溶于任何一种已知的溶剂，但对烃类、油类的稳定性较差，可能发生溶胀或变色。在70℃以上能溶于二甲苯、四氢萘和十氢萘等溶剂。③优良的耐低温性能，在低温下性能变化极小。④阻湿性好，但具有较高的透气性。⑤热封性好，广泛应用于复合材料的热封层。⑥由于聚乙烯分子无极性，极性油墨等对其附着力较差，导致适印性不好，故在印刷前应进行表面处理。同样，在聚乙烯薄膜与其他薄膜进行干法复合前，也需要进行表面处理，以增加印刷或复合的牢固度。

聚乙烯的品种较多，在使用中通常将聚乙烯按密度和结构的不同分为低密度聚乙烯

（LDPE）、中密度聚乙烯（MDPE）、高密度聚乙烯（HDPE）和线性低密度聚乙烯（LLDPE）等。

1. 低密度聚乙烯

LDPE 是一种非线性热塑性聚乙烯，密度范围为 $0.915 \sim 0.942 g/cm^3$，结晶度 $6000 \sim 8000$；低密度聚乙烯中支链较多，并对透明性、柔软性、可热封性和易加工性有较大的影响，这些特性真正取决于分子质量的平衡、分子质量的分布和分子的交联；其机械强度、阻气性、耐溶剂性都比高密度聚乙烯差；但它的柔软性、断裂伸长率、耐冲击性、透明度则比高密度聚乙烯好。

低密度聚乙烯加工方式有许多种，可以吹膜、流延、挤出涂布、挤出吹塑和注塑。低密度聚乙烯的最主要的产品是薄膜，大约55%的低密度聚乙烯被加工成薄膜。与其他材料相比，低密度聚乙烯具有优秀的阻湿性。低密度聚乙烯可普遍应用于食品、服装包装袋、阻湿层、日用品包装和收缩缠绕膜等，以及复合薄膜中的热封层。

2. 中密度聚乙烯

MDPE 密度范围 $0.930 \sim 0.945 g/cm^3$，相对低密度聚乙烯来说，有较好的强度、挺度和阻隔性能。中密度聚乙烯的生产过程类似于低密度聚乙烯，加工温度稍高于低密度聚乙烯。

3. 高密度聚乙烯

HDPE 含支链少，密度范围 $0.940 \sim 0.976 g/cm^3$。使用温度可达 $120℃$，耐寒性能良好。由于密度和结晶度高，故其机械强度、阻隔性、耐热性等性能均好于低密度聚乙烯。多用来制造食品包装用瓶、罐、桶等中空容器，也可制成薄膜或复合膜。

4. 线性低密度聚乙烯

LLDPE 在结构上介于高密度聚乙烯和低密度聚乙烯之间的一种聚乙烯。是低密度聚乙烯和中密度聚乙烯的主要竞争对手，密度范围 $0.918 \sim 0.935 g/cm^3$。高密度聚乙烯是由长链构成，没有或只有短的支链。由于高密度聚乙烯分子的立构规整性，不会因为支链影响其结晶度，而低密度聚乙烯支链多且较长，线性低密度聚乙烯介于两者之间。在相同相对分子质量时，线性低密度聚乙烯比低密度聚乙烯有更长的主链，更好的规整性，也表现出更优越的性能。所以实际上线性低密度聚乙烯有更高的结晶度，与低密度聚乙烯和高密度聚乙烯相比，线性低密度聚乙烯有更好的热封性。

（二）聚丙烯

聚丙烯（Polypropylene，PP）也是包装中最常用的塑料品种之一，无毒、无味、无臭的乳白色蜡状物，其结构式为：

$$\left[\begin{array}{c} CH-CH_2 \\ | \\ CH_3 \end{array} \right]_n$$

聚丙烯是以丙烯单体进行聚合的热塑性聚合物。聚丙烯外观与聚乙烯相似，但聚丙烯的密度为 $0.90 \sim 0.91 g/cm^3$，是目前常用塑料中最轻的一种。通常有均聚聚丙烯、无规共聚聚丙烯和间规聚丙烯三类。聚丙烯有很高的耐热性及机械性能。聚丙烯树脂常用于制造薄膜和容器。

其主要特性如下：①透明度比聚乙烯高，结晶度越低，透明度越高。②密度小，力学性能稳定，且有良好的表面光泽。③具有相对较高的耐热性，短期使用度可达到 $150℃$，长期使用温度可达 $100 \sim 120℃$，可做蒸煮袋。④化学稳定性好，在 $80℃$ 以下能耐酸、碱、盐及很多有机溶剂，在很多溶剂和洗涤剂中不易发生应力开裂。⑤耐低温性差，不适合在低温下使用。⑥印刷适性低，印刷前需经过表面处理。

1. 均聚聚丙烯

受结晶及聚合条件的影响，最终聚合物的分子结构存在等规、间规及无规三种不同的丙烯单体的立体构型。等规聚丙烯是最常用的聚丙烯形式，有良好的耐溶剂性能。等规聚丙烯可以通过添加某些助剂来阻止晶体的增大来增加透明度，与低密度聚乙烯及高密度聚乙烯相比，聚丙烯密度低，熔点高；聚丙烯的机械性能、拉伸强度、屈服强度、压缩强度、挺度和硬度等都优于聚乙烯，尤其是具有较好的刚性和抗弯曲性；耐化学性极好，耐热性良好，在无外力作用下，加热到150℃也不变形，能经受高温消毒；聚丙烯的阻湿性极好，阻气性优于聚乙烯，但耐低温性不如聚乙烯；由于同样的原因，聚丙烯的印刷性与黏合性不好，在印刷或黏合前需进行表面处理。

聚丙烯的这些特性决定了均聚聚丙烯有很广的应用。例如，聚丙烯薄膜可以包装食品，其通过吹膜和流延两种方法制成，双向拉伸提高了薄膜的光学性能和强度；聚丙烯薄膜通常通过不同的涂层来改善其热封性、阻隔性及光学性能，同时镀铝聚丙烯膜有很低的透气及透湿性能。双向拉伸的聚丙烯薄膜（BOPP）其透明性、阻隔性等均优于未拉伸的聚丙烯薄膜（CPP），从而广泛地应用于复合薄膜的制造。高挺度与易拉伸性能使均聚聚丙烯非常适合缠绕及拉伸应用；聚丙烯还可用来制造瓶、罐及各种形式的中空容器。利用聚丙烯的优良抗弯性和回弹性，可制作一体铰链盖，同时具有很好的耐热性，可以用这种材料制成耐热的微波食品容器以及耐蒸煮容器。

均聚聚丙烯有极好的流变性和很好的加工性能，可用来作为注塑材料。但是，均聚聚丙烯在加工和使用中较聚乙烯更容易受光和热的作用而氧化降解。因此，应该加一些抗氧剂来阻止氧化。

2. 无规共聚聚丙烯

无规共聚聚丙烯通常含有1.5%～7%的乙烯，在分子链上乙烯单体位置的无规律，阻碍了顺式聚丙烯的分子链的有规立构和高结晶，因此无规共聚聚丙烯具有低结晶度、低熔点、高透明度及柔软性等性能；无规共聚聚丙烯相对均聚聚丙烯较轻，其密度0.89～0.90g/cm³，具有更好的耐低温冲击强度；无规共聚聚丙烯对酸、碱、醇及低沸点的碳氢化合物有很好的耐化学性；无规共聚聚丙烯可用来吹膜或注塑，拉伸薄膜可以作为收缩膜包装；由于其优良的阻湿性能，常应用于食品、药品及服装等商品的包装。

3. 间规聚丙烯

其立体结构中甲基侧链交替规整地排列在主链两侧，是一种低结晶度、高弹性的热塑性树脂。密度为0.88g/cm³，具有良好的柔性、韧性和透明度。物化性质与等规聚丙烯相近，其抗冲击强度为等规聚丙烯的两倍，但刚性和硬度则仅及后者的一半。间规聚丙烯可吹塑、挤塑成薄膜、片材，也可以注塑成型，应用广泛。

（三）聚氯乙烯

聚氯乙烯（Polyvinyl chloride，PVC），化学结构式为：

$$\begin{array}{c} +CH-CH_2_n \\ | \\ Cl \end{array}$$

聚氯乙烯大分子中含有的C—Cl键有较强的极性，大分子间的结合力较强，故聚氯乙烯分子柔顺性差，且不易结晶。为改进其加工和使用性能，聚氯乙烯中通常要加入增塑剂，增塑剂小于5%称为硬质PVC，密度为1.30～1.58g/cm³；增塑剂大于30%称为软质PVC，密度为

$1.16 \sim 1.35 g/cm^3$。

PVC 的主要特性如下：①性能可调：可制成从软到硬不同机械性能的塑料制品。②化学稳定性好：在常温下不受一般无机酸、碱的侵蚀。③光学性能较好：可制成透明性、光泽度皆好的制品。④由于聚氯乙烯分子中含有 C－Cl 极性键，具有较好的印刷适性。⑤耐热性较差，受热易变形。纯树脂加热至 85℃ 时就有氯化氢析出，并产生氯化氢刺激气体，故加工时必须加入热稳定剂。制品受热还会加剧增塑剂的挥发而加速老化。在低温作用下，材料易脆裂，故使用温度一般为 $-15 \sim 55℃$。⑥阻气、阻油性好，阻湿性稍差。⑦纯的聚氯乙烯树脂本身是无毒聚合物，但若树脂中含有过量的未聚合的氯乙烯单体时，在制成食品包装后，若所含的氯乙烯通过所包装的食品进入人体，可对人体肝脏造成损害，还易产生致癌和致畸作用。因此，我国规定食品包装用 PVC 的氯乙烯单体含量应小于 $5mg/kg$，食品包装用压延聚氯乙烯硬片中未聚合的氯乙烯单体含量必须控制在 $1mg/kg$ 以下。

PVC 薄膜的氧气阻隔性适合维持肉类需要的氧气量，这对保持肉类的红色和新鲜外观是必要的，冷冻的家禽和托盘包装的家禽也用聚氯乙烯拉伸薄膜来包装。聚氯乙烯也用来包装新鲜的水果和蔬菜，制作用于牛乳、乳制品、食用油的包装瓶，用于鱼类和鱼类产品的包装。PVC 还可用于制造化妆品瓶、药品包装袋等。

（四）聚偏氯乙烯

聚偏氯乙烯（Polyvinylidene chloride，PVDC），二氯乙烯均聚物，分子结构对称，易于结晶，化学结构式为：

$$\left[\begin{matrix} & Cl \\ & | \\ -C & -CH_2- \\ & | \\ & Cl \end{matrix}\right]_n$$

PVDC 的均聚物流动性很差，因为它与增塑剂的相容性和吸收性较差，所以不能用添加增塑剂的办法来提高其流动性。PVDC 熔点为 $185 \sim 220℃$，与其分解温度（$210 \sim 225℃$）十分接近，所以熔融加工成型是很困难的。在生产上采用与氯乙烯单体共聚的办法来改善 PVDC 的性能。

商品名为萨冉（Saran）的树脂就是偏氯乙烯和氯乙烯的共聚物，制造薄膜用共聚物中的偏氯乙烯含量在 80%～90%，多为悬浮法生产，其特点为杂质少，透明度高；用作涂料、黏合剂的共聚物中偏氯乙烯含量通常在 70% 以下，常采用乳液法聚合。

改性的 PVDC 具有很好的包装特性：①极高的阻气、阻湿性能，且受环境温湿度影响很小。②耐温性优良，适用于高温杀菌和低温冷藏。③化学稳定性好，不受酸、碱和普通有机溶剂的侵蚀。④透明度高，光泽性良好，印刷适性好。⑤收缩性能好，收缩率可达 30%～60%。⑥绝缘性能优良。

聚偏氯乙烯树脂有如下品种：F 树脂（带丙烯腈的共聚物）、水乳胶和挤出树脂。挤出树脂在熔融下易加工，可以用于多层共挤容器、挤出薄膜和片材等，可以被用来涂布塑料薄膜（如聚酯等），还可以被用于软包装的单层和多层（挤出和流延）结构中，阻隔性较 F 树脂和聚偏氯乙烯乳胶要差。

聚偏氯乙烯树脂具有较高的阻气、阻氧和阻水性能，故主要应用在要求高阻隔性的场合，主要用于制造薄膜和热收缩薄膜来包装肉类或其他食品、药品等。单层薄膜广泛用于日用品包装，与聚烯烃通过共挤制成多层薄膜常用于包装肉类、乳酪和其他对水、气较敏感的食品包装，这种结构通常包含10%~20%的偏氯乙烯共聚物，主要是提供材料的阻隔性能，还可与其他薄膜复合制成复合薄膜包装食品。偏氯乙烯共聚物还常被用作半刚性、热塑性容器的阻隔层。乳液法聚偏氯乙烯涂覆在其他纸张、薄膜或塑料容器的表面，提高了纸张和塑料薄膜甚至半刚性容器聚对苯二甲酸乙二酯（PET）瓶的阻隔性能，延长食品的保质期。

需要注意的是纯的聚偏氯乙烯树脂和纯的聚氯乙烯树脂一样本身都是无毒的，但树脂中含有的偏氯乙烯单体对人体有害，长期接触有致癌作用。故当用作食品包装材料时，也要求其中的单体含量小于1mg/kg。

（五）聚苯乙烯

聚苯乙烯（Polystyrene，PS）的化学结构式为：

$$\left[CH—CH_2 \right]_n$$

聚苯乙烯大分子主链上带有体积较大的苯环侧基，使得大分子的内旋受阻，故大分子的柔顺性差，且不易结晶，属线型无定型聚合物。

聚苯乙烯的一般性能如下：①力学性能好、密度低、刚性好、硬度高，但脆性大、耐冲击性能差。②耐化学性能好，不受一般酸、碱、盐等物质的侵蚀，但易受有机溶剂如烃类、酯类等的侵蚀，且溶于芳烃类溶剂。③连续使用温度不高，但耐低温性能良好。④阻气、阻湿性差。⑤具有高透明度，有良好的光泽性，染色性良好，印刷、装饰性好。⑥无色、无毒、无味，尤其适用于食品包装。

聚苯乙烯有以下品种：

1. 通用聚苯乙烯（GPPS）

通用聚苯乙烯具有优良的光学性能。线型结晶聚苯乙烯的玻璃化温度范围74~105℃，所以在室温下易脆，呈刚性。通用聚苯乙烯具有三个优良特性：耐热温度高、流动性高、几乎不含添加剂，它常被用来做发泡塑料和热塑成型原料，用于注塑透明包装盒、高品质化妆品器皿和光盘包装、透明的食品盒、果盘、小餐具等。高流动性聚苯乙烯树脂的相对分子质量较小，含3%~4%矿物油添加剂，从而使结晶聚苯乙烯更加柔软、结晶温度降低。它的典型应用是医用器皿、餐具和热塑成型的共挤片材。中流动性聚苯乙烯树脂的相对分子质量适中，含1%~2%矿物油添加剂，它常被用于吹塑瓶和食品、医药包装。

2. 增强聚苯乙烯（HIPS）

增强聚苯乙烯包含了能加强和改善阻隔性能的橡胶，不透明，易热塑成型，典型的包装应用有冷藏乳制品。增强聚苯乙烯的缺陷在于低温阻隔性差、高透氧率、易发生紫外光（UV）变质，耐油性、耐化学性差，容器对食品的保香性能也不好。

3. 发泡聚苯乙烯（EPS）

发泡聚苯乙烯是一些特殊的发泡结晶聚苯乙烯珠粒，主要应用于各类电器的缓冲包装、食品包装以及鲜鱼的活体包装箱等；聚苯乙烯的发泡制品还用于保温，低发泡片材用于制作一次性使用的快餐盒、快餐盘。

聚苯乙烯薄膜经拉伸处理后，可制成热收缩薄膜，用于食品的收缩包装。当温度低于0℃时，聚苯乙烯的薄膜水蒸气渗透率迅速下降，故非常适于食品包装后的低温贮存。

（六）聚酯

人们常将聚对苯二甲酸乙二酯（Polyethylene terephthlate，PET）简称为聚酯。由对苯二甲酸二甲酯与乙二酯交换或以对苯二甲酸与乙二醇酯化先合成对苯二甲酸双羟乙酯，然后再进行缩聚反应制得。属结晶型饱和聚酯，为乳白色或浅黄色、高度结晶的聚合物，表面平滑有光泽。聚酯化学结构式为：

$$\left[O-\overset{\overset{O}{\|}}{C}-\overset{}{\bigcirc}-\overset{\overset{O}{\|}}{C}-O-CH_2-CH_2\right]_n$$

聚酯（PET）具有优良的特性，具体表现：①有良好的力学性能，冲击强度是其他薄膜的3～5倍，耐折性好。②耐油、耐脂肪、耐稀酸、稀碱，耐大多数溶剂。③具有优良的耐高、低温性能，可在120℃下长期使用，短期使用可耐150℃高温，可耐 -70℃低温，且高、低温对其机械性能影响很小。④气体和水蒸气渗透率低，具有优良的阻气、阻水、阻油及阻异味性能。⑤透明度高，可阻挡紫外光，光泽性好。⑥无毒、无味，卫生性好，可直接用于食品包装。

PET 的应用范围主要有三大领域：纤维、片材和薄膜以及中空容器。

（1）纤维　世界上约50%的合成纤维是用聚酯（PET）制造的。

（2）片材和薄膜　PET 片材广泛应用于医药、食品包装的片材，还可以制成拉伸薄膜，用于各类产品的包装，以及经过镀铝或涂覆聚偏氯乙烯（PVDC）再与其他薄膜复合，制成复合薄膜。

（3）中空容器　PET 在包装中主要制成瓶类容器用于充气饮料及纯净水等液体产品包装，其特点是重量轻、强度高、韧性好、透明度高，拉伸取向后可耐较高的内压，化学稳定性好，阻隔性高。结晶的 PET 树脂是目前较好的耐热包装材料，主要用于微波食品容器，以及热灌装食品的包装。

（七）聚萘二甲酸乙二酯

所谓聚萘二甲酸乙二酯（Poly ethylene naphthalene，PEN）就是苯环换成了萘环的聚酯，其化学结构式为：

$$H-\left[O-\overset{\overset{O}{\|}}{C}-\overset{}{\bigcirc\bigcirc}-\overset{\overset{O}{\|}}{C}-O-CH_2-CH_2\right]_n OH$$

虽然 PEN 有与 PET 非常类似的结构，但萘环结构使 PEN 几乎在所有的性能方面都优于PET。在 PET 树脂的阻隔性和耐热性达不到要求的应用领域，PEN 则显示出明显的优势：PEN 对氧气的阻隔性比 PET 高4倍，对二氧化碳的阻隔性高5倍，对水的阻隔性高3.5倍。PEN 的耐热性较好，玻璃化温度为121℃，此外，PEN 的拉伸强度比 PET 高35%，弯曲模量高50%，且加工性能好，成型周期更短。

但 PEN 具有较高的熔融温度（272℃），且价格较高，限制了其作为包装材料的广泛使用，一个较好的方法就是将 PEN 与 PET 共聚或者共混。

PEN 和 PET 虽然化学结构相似、性能相近，然而 PEN 和 PET 并不完全相容，通过引发并控制两组分的酯交换反应就可以达到增加 PEN 和 PET 的相容性目的，使 PEN/PET 共混物在熔融加工过程中由非均相体系变为均相体系。

PEN/PET 共混物的组成比在 15∶85 ~ 85∶15 的范围内，仍保持结晶聚合物的性能，共混物要求在高剪切力下混合后再加工。目前在包装上的典型应用是盛装药品和化妆品的吹塑容器和可蒸煮消毒的果汁瓶、啤酒瓶等。

（八）聚碳酸酯

聚碳酸酯（Polycarbonate，PC）的化学结构式如下：

$$\left[\!\!\begin{array}{c} O-\!\!\langle\ \rangle-\!\!\underset{\underset{CH_3}{|}}{\overset{\overset{CH_3}{|}}{C}}-\!\!\langle\ \rangle-\!\!O-\overset{\overset{O}{\|}}{C} \end{array}\!\!\right]_n$$

聚碳酸酯为一种线型聚酯，呈无色或微黄色透明的无定形塑料，主要特性如下：①耐高温性能好，在高温下仍具有高强度，可在 130℃ 下长期使用。耐低温性能也很好，脆化温度低于 −100℃，其他力学性能尤其是冲击韧性也非常优良，但耐应力开裂性能差。②聚碳酸酯耐稀酸，耐脂肪烃、醇、油脂和洗涤剂，溶于卤代烃，易与碱作用。③薄膜对水、水蒸气和空气的渗透率高，若需阻隔性时，必须进行涂覆处理。④无毒、无味、无臭，具有透明性，透光率可达 93%。作为透明材料，表面不易划伤。⑤耐候性较好，在热、辐射、空气、臭氧环境中有良好的稳定性，制品在户外暴露一年，性能几乎不变。

聚碳酸酯在包装上主要以薄膜形式用于蔬菜、肉类等需要呼吸的食品，还可制成纯净水桶、婴儿奶瓶以及瓶、碗、盘类食品包装。

（九）聚乙烯醇

聚乙烯醇（Polyvinyl alcohol，PVA）化学结构式为：

$$\left[\!\!\begin{array}{c} CH\!-\!CH_2 \\ | \\ OH \end{array}\!\!\right]_n$$

聚乙烯醇的单体乙烯醇不稳定，因此聚乙烯醇不能由单体直接聚合而得，而是先用醋酸乙烯酯聚合成聚醋酸乙烯酯，然后将其醇解，制得聚乙烯醇。通过控制醇解物上的乙酰氧基数量，可制得不同性能的聚乙烯醇，故实际上聚乙烯醇的化学结构式也可以为：

$$\left[\!\!\begin{array}{c} CH_2\!-\!CH \\ | \\ O \\ | \\ CH_3\!-\!C\!=\!O \end{array}\!\!\right]_m\!\!\left[\!\!\begin{array}{c} CH_2\!-\!CH \\ | \\ OH \end{array}\!\!\right]_n$$

聚乙烯醇大量地被用于制造涂料和黏合剂。当它作塑料使用时，通常以薄膜形式应用于食品包装，聚乙烯醇薄膜具有如下特性：①机械性能好，抗拉伸强度达 34.3MPa，平均断裂伸长率可达 450%，耐折、耐磨。②无毒、无臭、无味，化学稳定性好。③阻气性和阻香性极好，但因分子内含有羟基，具有较大的吸水性，故阻湿性差，且随着吸湿量的增加，其阻气性能急剧下降，因此常与高阻湿性薄膜复合，用作高阻隔性食品包装材料。④未增塑的聚乙烯醇的使用温度达 120 ~ 140℃。⑤透明度达 60%，光泽度达 80%。

（十）乙烯 – 乙烯醇共聚物

乙烯 – 乙烯醇共聚物（Ethylene – Vinyl Alcohol Copolymer，EVOH）是乙烯和醋酸乙烯酯共聚水解产物。聚乙烯醇具有很高的气体阻隔性能，但它的吸湿性大，有的品种还溶于水并难以加工。通过乙烯醇和乙烯的共聚合，高气体阻隔性能保留下来了，而耐湿性和可加工性也得到了改善。

乙烯－乙烯醇共聚物的化学结构式如下：

$$\text{—}CH_2\text{—}CH_2\text{—}\!\!\overset{}{\underset{m}{}}\!\!\text{—}CH_2\text{—}\overset{}{\underset{\underset{OH}{|}}{CH}}\text{—}\!\!\overset{}{\underset{n}{}}$$

EVOH 的性质依赖于共聚单体的相对浓度，如果乙烯的成分增加，EVOH 的性能就趋近于聚乙烯，如果乙烯醇的成分增加，则性能就更趋近于聚乙烯醇的性能。

EVOH 树脂的最突出的特性就是能提供对气体的高阻隔性能，使其在包装中能充分提高保香和保质作用，因为 EVOH 共聚物分子中存在较多的羟基，所以 EVOH 是亲水和吸湿的。当相对湿度大于 80％ 时，其透气性会大大增加，如果将 EVOH 薄膜与高阻湿性薄膜（如 PE 膜）复合，则能使 EVOH 薄膜仍保持最高的阻隔性，所以 EVOH 通常不单独使用，而是作为复合材料的中间高阻隔层。

EVOH 具有非常好的耐油性和耐有机溶剂能力，将 EVOH 在 20℃ 浸泡于一般溶剂中一年，其增重为零；EVOH 还有非常好的保香性能。它的这些性质使得它被优先选作油性食品、食用油等要求高阻隔性能的食品的包装材料。

（十一）尼龙

聚酰胺（Polyamide，PA）的商品名为尼龙（Nylon），是分子主链上含有酰胺基团的线型结晶聚合物，它是由内酰胺或由二元胺与二元酸缩聚而成，其名称是根据胺与酸中的碳原子数或内酰胺中的碳原子数来命名的，如：

$$\text{—}NH\text{—}(CH_2)_5\text{—}CO\text{—}\!\!\overset{}{\underset{n}{}} \qquad\qquad \text{尼龙 }6$$

$$\text{—}NH\text{—}(CH_2)_7\text{—}CO\text{—}\!\!\overset{}{\underset{n}{}} \qquad\qquad \text{尼龙 }8$$

$$\text{—}NH\text{—}(CH_2)_6\text{—}NH\text{—}CO\text{—}(CH_2)_4\text{—}CO\text{—}\!\!\overset{}{\underset{n}{}} \qquad \text{尼龙 }66$$

尼龙是一种线性的、具有热塑性的缩聚聚酰胺，具有透明性、热成型、强度高及在较宽的温度范围内保持高挺度的性能。然而，由于其结构组成的原因，尼龙表现出很强的水蒸气敏感性，这一特点与 EVOH 相似，在相同温度条件下，尼龙的吸水量与湿度存在一定的关系。

不同种类的尼龙，由于其结构上的相似性，使其性能上有许多共同之处：①由于主链上有强极性的酰胺基团，可形成氢键，分子链较易整齐排列，故表现为机械性能优异，结晶度较高，表面硬度大，耐磨且有自润滑性和较高的冲击韧性。②耐低温性能好，又具有一定的耐热性。③吸水性大，环境湿度的变化易影响尼龙制品的尺寸稳定性和阻隔性能。④有较好的阻气性，但阻湿性差。⑤无毒、无臭、耐候性好而染色性差。⑥化学稳定性好，耐溶剂、油类及稀酸等。

由于 $C\!=\!O$ 和 NH 基团之间存在较强的氢键作用，使得尼龙大分子链与链之间能紧密的结合在一起，形成高结晶度、高熔融温度的可塑性树脂，如尼龙 66，其熔点为 269℃，尼龙具有很高的耐穿刺性能、冲击强度和温度稳定性。

尼龙在包装中主要以薄膜形式应用，为提高薄膜性能，一般对薄膜进行拉伸。由于尼龙的熔融加工性能好，在大多数的包装应用中，尼龙通常被用于制造挤出薄膜，也可以通过流延或吹胀工艺得到。在整个薄膜加工过程中，通过不同温度的处理可以得到不同结晶度的尼龙。当加大冷却率，使薄膜没有充足的时间形成结晶，可以得到更低结晶度的薄膜。在非定型加工过程中，这种处理可以得到高透明度的薄膜。尼龙可以与其他塑料材料生产共挤材料，一方面可以提高复合材料的机械性能，另一方面，可以弥补尼龙对水分含量的敏感性。

（十二） 塑料分类标志

塑料分类标志或称合成树脂识认码、塑料材质编号、塑料材料编码与塑料编码，是美国塑料工业协会于 1988 年所发展出来的分类编码方式。

绝大多数的塑料皆可回收，但需要根据聚合物种类而分类。规范使用塑料分类标志可以有效降低塑料分类、回收、利用的难度。塑料分类标志的符号包含了顺时针转的箭头，形成一个完整的三角形，并将编码包围于其中。通常在三角形之下会标上代表塑料材料的缩写。当该标志的编码被省略时，这个符号就变成通用的循环再造标志，用来指一般可回收的材料。在这个状况下，"其他"（OTHER）用来指使用过的材料。具体分类标志见图 2-20。

图 2-20　塑料分类标志

四、 塑 料 助 剂

（一） 塑料助剂的要求

为了便于塑料材料的生产加工及相关性能的提升，通常在塑料制品的生产及加工过程中要添加塑料助剂。选择塑料助剂时的注意事项如下。

1. 相容性

助剂只有与树脂间有良好的相容性，才能使助剂长期、稳定、均匀地存在于制品中，有效地发挥其功能。如果相容性不好，则易发生迁移现象。但是有一些改善制品表面性能的助剂则要求稍有迁移性，以便在制品的表面发挥作用。

2. 耐久性

耐久性是要求助剂长期存在于制品中而基本不损失或很少损失，而助剂的损失主要通过三条途径：挥发、抽出和迁移。这主要与助剂的分子质量及在介质中的溶解度有关。

3. 对加工条件的适应性

某些树脂的加工条件较苛刻，如加工温度高，此时应考虑所选助剂是否会分解，助剂对模具、设备有无腐蚀作用等。

4. 制品用途对助剂的制约

不同用途的制品对助剂的气味、毒性、电气性、耐候性、热性能等有不同的要求。例如装食品的塑料包装制品，因要与食品接触，故要求无毒，因此所用助剂与一般包装用的塑料制品助剂是不同的。

5. 助剂配合中的协同作用和对抗作用

在同一树脂体系中，两种或两种以上助剂并用，如果它的共同作用大大超过它们单独应用的效果总和，称为"协同作用"。也就是比单独使用某一种助剂的作用大十几倍甚至几十倍。但如果配合不当，有些助剂间可能产生"对抗作用"，也称反协同作用。这样会削弱每种助剂的功能，甚至使某种助剂失去作用，这一点应特别注意，如炭黑与硫代酯类抗氧剂配合使用，对聚乙烯有着良好的协同作用，但与胺类或酚类抗氧剂并用就会产生对抗作用，削弱彼此原有的稳定效果。

（二） 常用塑料助剂

1. 增塑剂

增塑剂，是指添加到树脂中，使树脂在成型时流动性增大而改善加工性能，并可使制成后的制品柔韧性和弹性增加的物质。

增塑剂一般要求无色、无毒、挥发性低、能和树脂混溶。常用的增塑剂大多是低熔点的固体或高沸点的黏稠液体，与被添加的聚合物有良好的相容性，可以分布在高分子链之间，降低大分子之间的作用力，从而在一定温度和压力下使分子链更容易运动，达到改善加工成型性能的目的。增塑剂能够降低聚合物的成型熔融温度、弹性模量和二级转变温度，但不影响大分子的化学本质。常用增塑剂有数百种，按化学组成进行分类，可分为邻苯二甲酸酯、脂肪族二元酸酯、石油磺酸苯酯、磷酸酯、环氧化合物和含氯化合物等。

2. 稳定剂

聚合物在外界环境作用下，使用性能发生不可逆劣变，这一现象被称为老化。在加工、贮存、使用过程中，聚合物经受热、氧、光、气候等条件作用，性能不断劣化，最后失去使用价值。聚合物稳定剂的基本目的是阻缓老化速度，延长其使用寿命。聚合物的老化与抗老化是一个非常复杂的问题，受到聚合物内在因素和外界条件的影响。对聚合物添加稳定剂以增加其抗老化性是行之有效的方法。常见的稳定剂有三种。

（1）热稳定剂　热稳定剂是为改善树脂热稳定性而添加的助剂。聚氯乙烯最明显的缺点是热稳定性差，当在160~200℃的温度下加工时，聚氯乙烯会发生剧烈的热降解，从分子链上脱下氯化氢小分子，形成分子链上不稳定的自由基，给分子链造成双键、支化点等缺陷。热降解中形成的自由基还可能引起断链或交联等其他反应。自由基与氧接触后，发生自动氧化过程，也会造成分子断裂或交联，而且脱出的氯化氢对聚氯乙烯还有催化降解的作用。因此我们在加工聚氯乙烯制品时，必须添加热稳定剂。

（2）光稳定剂　高分子材料在阳光、灯光及高能射线的照射下，会迅速发生老化，表现为发黄、变脆、龟裂、表面失去光泽，力学性能大大降低等，甚至最终失去使用价值。在这个复杂的破坏过程中，紫外线是对高分子材料起老化作用的主要原因。

各种聚合物对紫外线破坏的敏感波长不同。例如对PC破坏性最大的紫外光波长是295nm；而对PE破坏性最大的波长是300nm附近；对PP破坏性最大的波长是310nm；使PS老化速率最大的紫外光是318nm；PVC老化最敏感波长是320nm。聚合物的光老化是在紫外线和氧参与下的一系列复杂反应的结果，由于聚合物材料的分子结构和化学性质不相同，光氧化机理也各有差异，但一般认为它是由光能引发的自动氧化过程。在光氧化作用下，聚合物分子链断裂、交联，致使其力学性能发生劣变，同时，含碳基团分解产物和发色团的形成又加深了其颜色变化。

为了保护高分子材料制品免受紫外线与氧的破坏，延长它们的使用寿命，将光稳定剂添加于塑料材料中，使它们在树脂中吸收紫外线的能量，尤其是吸收波长为290~400nm的紫外线能量，并将所吸收的能量以无害的形式转换出来，以抑制或减弱光降解的作用，提高材料耐光性。由于光稳定剂大多数都能够吸收紫外光，故又称为紫外线吸收剂。

（3）抗氧剂　在塑料制品的制造、加工、贮存及应用过程中，氧几乎与大多数聚合物都能发生反应而导致其降解或交联，从而改变材料的性能。少量的氧就能使这些高分子材料的强度、外观和性能发生剧烈的变化。在热加工和日照之下，氧化速度更快。塑料的氧化反应是一个自动催化过程，反应初期为氢过氧化物，它在一定条件下，分解成自由基，该自由基又能与大分子烃或氧反应生成新的自由基，周而复始，使氧化反应按自由基链式反应进行。绝大多数塑料的氧化都是按这一机理进行的。光能和热能既是产生初期自由基的能源，又能够加速氢过氧化物的分解，从而加快了氧化的进行。因此，通常又将聚合物的氧化分为热氧化和光氧化。这种反应的结果则是性能老化。这类反应如果不被阻止，可以很快使聚合物氧化并失去使用价值。不同的塑料对氧的稳定性是不同的，有些塑料中无需加入抗氧剂，有的则必须加入抗氧剂。

3. 润滑剂与脱模剂

高聚物在熔融之后通常具有较高的黏度，在加工过程中，熔融的高聚物在通过窄缝、浇口等流道时，聚合物熔体必定要与加工机械表面产生摩擦，有些摩擦对于聚合物的加工中是很不利的，这些摩擦使熔体流动性降低，同时严重的摩擦会使制品表面变得粗糙，缺乏光泽或出现流纹。为此，需要加入润滑剂以提高润滑性、减少摩擦、降低界面黏附性能。

润滑剂除了改进流动性外，还可以起熔融促进剂、防粘连和防静电剂、脱模剂、爽滑剂等作用。

润滑剂可分为外润滑剂和内润滑剂两种，外润滑剂的作用主要是改善聚合物熔体与加工设备的热金属表面的摩擦。它与聚合物相容性较差，容易从熔体内往外迁移，所以能在塑料熔体与金属的交界面形成润滑的薄层。内润滑剂与聚合物有良好的相容性，它在聚合物内部起到降低聚合物分子间内聚力的作用，从而改善塑料熔体的内摩擦生热和熔体的流动性。常用的外润滑剂是硬脂酸及其盐类；内润滑剂是低相对分子质量的聚合物。

在塑料制品的生产中，经常会遇到一些粘连现象，比如在塑料薄膜生产中，两层膜不易分开，这给自动高速包装带来困难。为了克服它，可向树脂中加入少量增加表面润滑性的助剂，以增加外部润滑性，一般称作抗粘连剂或爽滑剂。一般润滑剂的分子结构中，都会有长链的非极性基和极性基两部分，它们在不同的聚合物中的相容性是不一样的，从而显示不同的内外润滑的作用。

4. 着色剂

塑料着色在塑料加工过程中是很重要的一个步骤。塑料包装制品能否受到消费者普遍欢迎，除了要看其性能是否优良之外，其外观也是一项重要因素。制品的着色可以使产品绚丽多彩，提高包装产品的商业价值，同时它还具备其他一些重要作用，如以不同色彩的制品区分其使用功能及性能，使之明晰可辨；着色剂选用合适，可以改善制品的耐候性、力学强度、电性能、光学性能及润滑性能等。所以在进行着色剂色彩搭配的同时，要注意其分子结构对制品性能的影响，在加工中可以达到事半功倍的效果。

着色剂可分为染料和颜料两大类，其主要区别在于溶解性及在塑料中的分散程度。染料可溶于水、油、有机溶剂等，分子内一般都含有发色基团和助色基团，具有强烈的着染能力，且色谱齐全。在塑料中呈分子态分布。但因其耐热性、耐光性和耐溶剂性差，在塑料加工温度下容易分解、变色，甚至易从塑料中渗出、迁移而造成串色或污染，故用于塑料制品生产的不多。一般油溶性、醇溶性染料可酌情使用。染料着色的优点是色彩透明鲜艳、用量少。

颜料不溶于水和溶剂，在塑料中分散成细微颗粒，起遮盖作用而着色。颜料可分为无机颜料和有机颜料两类。无机颜料具有优良的耐热性、耐光性和耐溶剂性，原料易得且价廉，但其透明度和鲜明度差，色泽较暗淡。有机颜料则介于有机染料和无机颜料之间，其耐光、耐热和分散性虽不及无机颜料，但色彩艳丽、透明感强。

5. 抗静电剂

静电现象是在塑料材料的生产和应用中常常碰到的。当塑料制品因摩擦而产生静电时，由于其电阻很高，吸水性低，静电不易消去，积累的静电压很大，高达几千伏甚至几万伏，由此引起的放电对生产是很不利的。如包装电子元件的塑料膜，由于静电而容易损坏元件。摩擦过程中电荷不断产生，也不断消失，其消散的主要途径有三个：摩擦物的体积传导、表面传导和向空中辐射。

抗静电剂添加于塑料中或涂覆于制品表面，能够降低塑料制品的表面电阻和体积电阻，适度增加导电性，从而防止制品上积聚静电荷，也称作静电防止剂或静电消除剂。

实际使用的抗静电剂多是表面活性剂，而且主要是离子型表面活性剂，又可分类为外涂型、内加型两类，外涂型抗静电剂通过刷涂、喷涂等方法涂敷于制品表面，它们见效快，但易被清洗、摩擦掉，只适合短期使用；另一种是将抗静电剂加入到塑料内部；使其均匀分散于整个聚合物中，成型后逐渐迁移到制品表面、形成抗静电层。在刚成型后，效果较差，经过一段时间后，效果逐渐明显，呈现永久性，不过抗静电剂的迁移性随聚合物种类和成型条件不同而有差异，而且与其他添加剂的相容性也不相同。内外两种抗静电剂之间并无明显界限，往往是一种化合物可两者兼用。

6. 防雾剂

透明的塑料薄膜、片材或板材，在潮湿环境中，当湿度达到露点以下时，会在其表面凝结一层细微水滴，使表面模糊雾化，阻碍了光波的透过。例如利用薄膜包装产品时，也会因结雾而看不见内装物，而且产生的雾滴还容易造成内装物的腐烂损坏。

防雾剂是一些带有亲水基的表面活性剂，可在塑料表面取向，疏水基向内，亲水基向外，从而使水易于湿润塑料表面，凝结的细水滴能迅速扩散形成极薄的水层或大水珠顺薄膜流下来。这样就可避免小水珠的光散射所造成的雾化，防止凝结的水滴洒落到被包装物上面，损害被包装物。

按照防雾剂加入塑料中的方式，可将防雾剂分为内加型和外涂型两类。内加型防雾剂是在配料时加入到树脂中，其特点是不易损失、效能持久，但对于结晶性较高的聚合物难以获得良好的防雾性；外涂型防雾剂是溶于有机溶剂或水中后，涂于塑料制品的表面，使用简便、成本低，但耐久性差，易被洗去或擦掉，只有在内加型防雾剂无效的场合或不要求持久性时使用。

防雾剂的化学组成主要是脂肪酸与多元醇的部分酯化物。常用的多元醇是甘油、山梨糖醇及其酸酐，常用的脂肪酸是碳链长度为 11 或 12 的饱和酸或不饱和酸、碳原子数为 24 以上的脂肪酸也可使用。一般来说，中链脂肪酸的酯化物初期防雾效果好；长链脂肪酸的酯化物持久防雾效果好。实际上防雾剂往往是多种酸的混合酯，许多多元醇的脂肪酸酯缺乏亲水性，通过环氧乙烷加成，可提高亲水性，增大初期防雾性和低温防雾性。

第三节　金属包装材料及包装容器

金属包装材料是指将金属压延成薄片，用于商品包装的一种材料。与其他包装材料相比，金属包装材料具有高的强度、刚度、韧性，组织结构致密性和良好的加工性等特点，此外金属包装材料易于印刷、装潢性能优异，同时也是一种优良的可循环再生材料，环保性能好。所以，金属材料在现代商品包装中仍然获得广泛应用。

一、 金属包装材料的性能特点及分类

（一） 金属包装材料的性能特点

1. 具有极佳的阻隔性能

金属包装材料具有极佳的阻隔性能，包括阻气性、防潮性、阻光性、保香性等，能长期保持食品的质量和风味不变。因此，在食品包装中应用可使食品具有较长的保质期，并且更好地保持其原有风味。

2. 优良的力学性能

金属包装材料具有较高的耐压强度，即使壁很薄时也不易破损，同时还表现为耐高温高湿、耐虫害、耐腐蚀等。这些特点使得用金属容器包装的商品便于运输、贮存和装卸，使商品的销售半径大为增加。

3. 优良的加工性能

金属材料具有较好的延展性，加工性能好，加工技术工艺比较成熟，可以轧成各种厚度的板材、片材和箔材，板材还可以通过冲压、轧制、拉伸、焊接等方式加工成各种形状的包装容器；箔材还可以与塑料、纸等包装材料进行复合，并且适于机械化连续自动生产，生产加工效率高，如马口铁三片罐生产线，速度可达1200罐/min，铝质两片罐生产线的速度可达3600罐/min。

4. 表面装饰性好

由于金属材料本身具有较好的光泽度并且易于印刷装饰，可以通过表面设计、印刷、装饰提供理想美观的包装形象，同时具有较强的质感，能够吸引消费者，起到促进销售的作用。

5. 废弃物可回收利用

金属包装容器由于其耐用性通常在使用后可进行二次利用，例如作为盛放容器使用。消费者废弃的金属包装容器一般可以回炉再生，循环使用，既节约资源，又减少环境污染，属于绿色环保包装材料。

6. 原料资源丰富

铁和铝作为主要的金属包装材料在自然界中含量极为丰富，且已大规模工业化开采和生产。

7. 化学稳定性差

表现为自然环境中易锈蚀，耐酸碱的能力较弱，耐蚀性不如玻璃和塑料，因此金属包装材料通常需在表面覆盖一层防护物质，以防止来自外界和被包装物的腐蚀破坏作用，同时也要防止金属中的有害物质迁移对商品的污染。

8. 相对成本较高

与纸、玻璃和复合包装材料相比，金属包装容器的价格较高，所以通常不用于低价商品的包装。

（二） 金属包装材料的分类

金属材料的种类很多，但用于包装的金属材料品种并不多，主要有：钢铁、铝、铜、锡、锌等。其中使用较多的主要是钢材、铝材及其合金材料。包装用金属材料的形式主要有金属板材、带材、金属丝、箔片等。板材和箔材可按厚度来区分，一般将厚度小于0.2mm的称为箔材；大于0.2mm的称为板材。金属板材和带材多为厚度在0.2~1mm的薄板材料。金属薄板主要用于制造罐、盒、筒、桶类包装容器；金属薄带主要用于包装捆封；金属丝用于捆扎或制作包装用钉；金属箔材具有金属组织致密度高的特定性能，主要为铝箔，箔材主要用于与纸、塑料等材料制成具有特殊性能的复合包装材料。钢材和铝材根据涂层和厚度又可分为以下几类。

1. 钢材

包装用的钢材主要是低碳薄钢板，具有良好的塑性和延展性，制罐工艺性好，有优良的综合防护性能，但冲拔性能没有铝材好。钢质包装材料的最大缺点是耐蚀性差，易锈蚀，必须采用表面镀层和涂料等方式才能使用。按照表面镀层成分和用途的不同，钢质包装材料主要有下面几种：

（1）低碳薄钢板　是指厚度不大于3mm、碳含量小于0.25%的薄钢板，可直接制成金属容器，表面进行涂层处理后可用于制作食品和饮料罐。

（2）镀锡薄钢板　是一种双面镀有纯锡的低碳薄钢板，根据镀锡工艺不同，又可分为热浸镀锡板和电镀镀锡板。

（3）镀锌薄钢板　是在低碳钢板上镀一层0.02mm以上厚度的锌保护层。致密的锌层使钢板防腐能力大大提高。

（4）镀铬薄钢板　是一种双面镀有铬和铬系氧化物的低碳薄钢板。

（5）运输包装用钢材　主要用于制造运输包装用大型容器，如集装箱、钢罐、钢桶等以及捆扎材料。

2. 铝材

铝材的主要特点是质量轻、无毒、无味、可塑性好、延展性好、冲拔性能优良，在大气和水汽中化学性质稳定，不生锈、表面洁净有光泽。但是在酸、碱、盐介质中不耐蚀，故表面也需要涂料或镀层才能用作食品容器。包装用铝材主要以下面几种形式使用。

（1）铝板　为纯铝或铝合金薄板，是制罐材料之一，可部分代替马口铁。

（2）铝箔　采用纯度在99.5%以上的电解铝板，经过压延制成，厚度在0.2mm以下。

（3）镀铝薄膜　采用真空镀膜法在塑料膜或纸张表面镀上极薄的铝层，厚度约30mm。因为是在塑料膜和纸上镀上极薄的铝层，所以其隔绝性能比铝箔差，但耐刺扎性优良。

二、 常用金属包装材料

（一） 铁基包装材料

1. 低碳薄钢板

常用的薄钢板厚度为0.5~2mm，要求表面平整、光滑，厚度匀称，允许有紧密的氧化铁薄膜，不得有裂痕、结疤等缺陷。工艺分为热轧薄钢板和冷轧薄钢板。具有良好的加工性，连接简单、安装方便、质轻并具有一定的机械强度及良好的密封效果。

2. 镀锡薄钢板

镀锡薄钢板（也称镀锡板、马口铁）是传统的制罐材料，它有光亮的外观，良好的耐蚀性和制罐加工性能，易于焊接，适于表面装饰和印铁。但其冲拔性能不如铝板，因此大多制成以焊接和卷封工艺成型的三片罐结构，也可以做成冲拔罐。镀锡薄钢板除大量用于罐头工业外，还可制作用于包装化妆品、糖果、饼干、茶叶、乳粉等的罐、听、盒。另外它也是玻璃、塑料等瓶罐的良好制盖材料。

3. 镀锌薄钢板

镀锌薄钢板（俗称白铁皮）是制罐材料之一，它主要用于制作工业产品包装容器；还可用于制作某些油类、油漆、化学品、洗涤剂等方面的包装容器。

4. 镀铬薄钢板

镀铬薄钢板又称无锡钢板，是镀锡薄钢板（马口铁）的替代材料，其耐蚀性和焊接性等均比马口铁差，但其价格相对较低，故大量用于腐蚀性较小的啤酒罐、饮料罐及食品罐的罐盖等。

（二）铝基包装材料

1. 铝基包装材料的特点

铝材是钢以外的另一大类包装用金属材料。由于它除了具有金属材料固有的优良阻隔性能、气密性、防潮性、遮光性之外，还有许多其他特点，所以在某些方面已取代了钢质包装材料。近年来，铝材在包装方面的用量越来越大。

铝作为包装材料与其他金属材料相比具有如下特点：①密度小：铝的密度为 $2.7g/cm^3$，仅为镀锡薄钢板的 1/3，便于运输和贮存，可节约运输费用。②加工性好：铝具有很好的延展性，非常适合于各种冷、热加工，冲拔压延成薄壁容器或薄片，并且具有二次加工性能和易开口性能，易于冲压成各种复杂的形状。③表面性能好：铝材料表面光泽，光亮度高，不易生锈，易于印刷，具有良好的装潢效果。④热传导率高：铝的热传导率仅次于金、锡、铜，适合于热加工食品包装和冷冻食品包装。⑤再循环性能好，再加工能耗低。⑥应用范围广：能与其他材料如纸、纸板及塑料薄膜等复合成复合材料，如镀铝薄膜等。

铝质包装材料在使用中也存在一些不足，例如，耐腐蚀性差，酸性食品如水果等会与铝发生化学反应；焊接性能差，容器成型加工局限性大；机械强度相对较低，铝的薄壁容器受碰撞时易于变形；非磁性金属，在制罐过程中不能有效使用磁力进行高速机械传送；相对成本较高。

2. 常用铝基包装材料

铝质包装材料主要有纯铝板、合金铝板、铝箔和镀铝薄膜等。

（1）铝和铝合金薄板 工业纯铝的铝含量为 99% 以上，纯铝板质软，强度低，故较少作为包装材料，由于其富有延展性，适于生产很薄的铝箔、包装铝管等。铝板是一种新型的制罐材料，加工性能优良，但焊接较困难，因此铝板均制作成一次冲拔成型的两片罐。铝罐轻便美观，外壁不生锈，罐身无缝隙不泄漏，且由单一金属制成，保护性能好，用于鱼、肉类罐头无硫化斑，用作啤酒饮料罐无风味变化等现象。现在铝冲拔罐在欧洲应用较多，约占金属罐的 1/3，主要用于销售量很大的啤酒饮料罐，一般制成易开罐形式。非食品包装的喷雾罐中也有部分为铝罐。铝罐的一个缺点是强度较低，较易碰凹。为了改善其强度和硬度，工业上多采用以铝为基材，加入一种或多种其他元素组成的铝合金，常用的有铝镁合金和铝锰合金，又称为防锈铝合金，其特点是耐蚀性强、抛光性好、能保持长期光亮的外观，故广泛用于制作金属容器。

铝合金薄板基本相当于低合金钢的强度，可用于生产冲拔罐和薄壁拉伸罐等两片罐和易开盖和饮料瓶盖等。铝合金薄板的力学性能，会影响其加工性能和容器的使用性能。所以在生产容器时，要根据容器的结构选择具有合适加工性能（如抗拉强度、塑性、伸长率等）的材料；

根据容器的使用情况来选择材料的厚度、强度、硬度等。

（2）铝箔　铝箔是应用于包装的金属箔中最多的一种。常用于包装糖果、食品、药品等。通常与其他包装材料复合使用以提高包装材料的阻隔性能，在包装中应用，铝箔具有以下特性：

①安全性：金属铝无味、无臭、无毒，因此铝箔在食品包装行业得到了广泛的应用。

②机械特性：用做包装的铝箔强度较差、延伸率小。铝箔厚度为 0.007～0.012mm，其拉伸强度为 40～50MPa，延伸率为 1.5%～2.7%；即使将铝箔的厚度增加到 0.05mm，也难有令人满意的机械特性。因此，一般铝箔不单独使用，而是与其他材料配合或制成复合材料使用。

③针孔特性：一般认为铝箔是无孔的，然而事实并非如此。随着铝箔厚度的减薄会出现不同数量的针孔，并且随厚度的减小，针孔数迅速增加。例如当铝箔厚度为 0.009mm 时，针孔为 400～500 个/m²；厚度为 0.007mm 时，针孔可达 1000 个/m² 以上，这是铝箔的缺点之一。

④透湿性：一般地说，铝箔具有优良的防湿性能，但是铝箔的阻湿性和防水性与铝箔的针孔数有着密切的关系。均匀分散的针孔，增加了铝箔的透湿性。

⑤保香性和防臭性：保香性和防臭性是阻湿性之外的重要特性，用于食品包装尤为必要。保香和防臭性能与透湿性相似，取决于针孔数量的多少。

⑥光反射性：铝箔有悦目的银白色金属光泽，是铝箔在包装中成为重要包装材料的原因之一，它的热传导率很高、散热性优良；此外，由于铝箔的热膨胀系数较小，因而成为较好的复合材料基材。

⑦化学特性：铝箔的原始材料是铝金属，一般纯度可达 99.4%～99.7%。而制造铝箔需要的纯度应在 99.7% 以上。出于安全的需要，要求铝箔含 Fe、Si 总量要低于 0.7%；含 Cu 量应低于 0.1%。另外铝箔的耐腐蚀能力也是有限的，一般情况下在 pH 为 4.8～8.5 范围内是安全可靠的，如果超过这样的范围，就必需采取涂敷保护层的措施。实际上，即使在 pH 为 4.8～8.5 的范围内，也常加涂保护层来增强铝箔的耐蚀能力，以保证应用的安全性。

（3）铝箔复合薄膜　铝箔复合薄膜属软包装材料，是由铝箔与塑料薄膜或薄纸复合而成。常用的塑料薄膜有聚乙烯、聚丙烯、聚酯、聚偏二氯乙烯、尼龙等。铝箔的厚度多为 0.007～0.009mm 或 0.012～0.015mm，复合后具有足够的阻隔作用。据统计，铝箔复合薄膜 70% 用于食品包装。

（4）镀铝薄膜　镀铝薄膜是镀金属薄膜中应用最多的一种，此外还有镀银、铜、锌薄膜等。镀铝薄膜具有铝箔复合材料相同的优良性能，但其铝用量大幅减少，所以成本也随之减低，目前在许多包装中已经取代了铝箔复合材料。

三、金属包装容器

金属包装容器与其他包装容器相比具有更高的力学性能，抗冲击能力强，且不易破损，同时又具有完美的阻隔性能，良好的加工性能，因而被广泛应用于食品、医药、化工、轻工等领域。金属包装容器的发展历史悠久，目前在金属容器中占比例较大的是金属罐，传统的金属罐是由罐身、罐盖和罐底三部分组成，通常称为三片罐。20 世纪 40 年代出现了两片罐，并快速发展，目前两片罐在食品、饮料及其他行业得到了广泛的应用。最初的两片罐制造材料主要为铝，随着工艺技术的不断发展，镀锡薄钢板等金属材料也可用于两片罐的制造。金属包装主要为食品、罐头、饮料、油脂、化工、药品及化妆品等行业提供包装服务，最大用户是食品工业，其次是化工产业，此外，化妆品和药品也占一定的比例。

（一）金属包装容器分类

金属包装容器的分类方法很多，可根据结构形状和容积大小、材质等分类，金属包装容器常见类型、结构特点、工艺特点及用途等见表 2-2。

表 2-2 金属包装容器常见类型特点及用途

类型	结构特点	形状	工艺特点	用途
金属罐	三片罐	圆柱形、方形或异形	电阻焊接	饮料罐、食品罐
			压接	食品罐、化学品罐
			粘接	饮料
	两片罐	圆柱形	冲拔罐	罐头
			深冲罐	
			薄壁拉伸罐	饮料
金属箱	三片或两片	长方体	电阻焊接	多用于贵重物品的运输包装
			压接	
			粘接	
金属桶	三片或两片	圆柱形、方形等	电阻焊接	食品原料及中间产品、化工原料等
			压接	
			粘接	
金属盒	两片	圆形、方形或异形	电阻焊接	日用化学品、食品
			冲压拉制	
金属软管	单片	管状（一段折合封闭，另一端为螺纹管口）	冲模挤压成型	日用品（牙膏等），食品
其他类型	各种结构	喷雾容器、盘状等	各种工艺	各种用途

（二）金属罐

金属罐在金属包装容器中所占比重最大，根据其组成结构可分为三片罐和两片罐，其代表性结构形状如图 2-21 所示。

1. 三片罐

三片罐是由罐盖、罐底和罐身三个主要部分连接而成的金属罐。三片罐根据罐身接缝处的连接方式又可分为锡焊罐、电阻焊罐、粘结罐。两片罐根据拉伸制造方法及罐高与罐径之比又可分为浅冲罐、深冲罐、变薄拉伸罐。由于金属罐的使用量大、使用范围广，因此国家制定了相应的标准，用于规范金属罐的设计、制造、使用和流通。金属罐的截面除了圆形以外，还有椭圆形、方形、矩形、梯形等，但圆罐所占比重最大。

2. 两片罐

两片罐由于其生产工艺特点，罐形种类较少，圆形两片罐最为常见，其规格尺寸见图 2-22 和表 2-3。

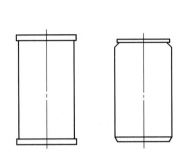

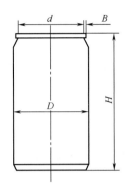

图 2-21 金属罐结构示意图　　　　　　图 2-22 两片罐尺寸代号

表 2-3　　　　　　　　　　　两片罐罐身主要尺寸和极限偏差　　　　　　　　　单位：mm

规格		206 型		209 型	
尺寸名称	符号	基本尺寸	极限偏差	基本尺寸	极限偏差
罐体外径	D	66.04	±0.18	66.04	±0.18
罐体高度	H	122.22	±0.38	122.22	±0.38
缩颈内径	d	57.40	±0.25	62.64	±0.13
翻边高度	B	2.22	±0.25	2.50	±0.25

两片冲压罐最重要的特点是，罐身的侧壁和底部为一整体结构，无任何接缝，所以具有很多优点。

（1）内装食品卫生质量高　罐内壁均匀完整，在罐体成型后，可以涂上一层均质完整的涂层，完全隔绝了可能污染内装物的金属污染源，大大提高了内装物的卫生安全性。

（2）内装物安全　罐内壁完整无接缝，同时有完整的内涂层保护，彻底消除了产生渗漏的可能性；同时，罐身无缝可使罐身与罐盖的封合更加可靠，气密性高，确保了内装物的安全。

（3）包装装潢效果好　两片冲压罐罐身无缝，外侧光滑均匀，宜于增强印刷装潢效果，便于设计美观的商标和图案；同时，二片罐通体外观线条柔和、流畅，具有良好的艺术效果。

（4）两片冲压罐与同容积的其他金属罐相比，具有重量轻、省材料的特点。

（5）成型工艺简单　按技术要求可一次冲压成型或连续多次冲压成型。成型速度快，可实现机械化、自动化、高速度、高效率的连续生产。

（三）金属桶

金属桶最早出现于美国，至今已有100多年的历史，在世界各国都得到了广泛的应用和发展。金属桶一般指用较厚的金属板制成的容量较大的容器（通常金属材料厚度大于0.5mm，容积大于20L），有圆柱形、方形等。按照金属桶材料的不同，可分为钢桶、铝桶、不锈钢桶等。金属桶具有良好的机械性能，能耐压、耐冲击、耐碰撞；有良好的密封性，不易泄漏；对环境有良好的适应性，耐热、耐寒；装取、贮运方便；有的金属桶可多次重复使用等。金属桶可用于贮运液体、浆料、粉料或固体的食品及化工原料等，包括易燃、易爆、有毒的原料。

金属桶在形状上主要有圆柱形、方形等，其中又以圆柱形的最为常见，本节以圆柱形金属桶为例，介绍金属桶的分类和制造工艺等。

圆形金属桶常见有以下几种。

1. 开口桶

开口桶是桶盖可装拆的钢桶，桶顶盖由封闭箍、夹扣或其他装置固定在桶身上。根据开口方式又分为全开口桶和开口缩颈桶，桶盖如图 2-23 所示。

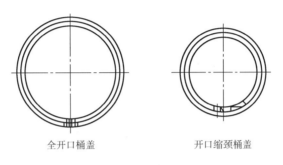

全开口桶盖　　　　　　　　开口缩颈桶盖

图 2-23　开口桶盖

2. 闭口桶

桶顶和桶底通过卷边封口与桶身合为一体，不可拆卸。闭口桶通常用来贮运液态产品，可分为小开口桶和中开口桶。小开口桶顶上设有两个带凸缘的孔（直径小于 70mm），稍大的孔为装卸孔，小孔为排气孔。中开口桶桶顶只有一个注入孔（直径大于 70mm），如图 2-24 所示。

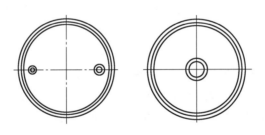

图 2-24　闭口桶盖

3. 钢提桶

钢提桶系为方便搬运，在桶身上设有提手的钢桶，一般钢提桶的容量较小，按桶盖形状可分为全开口紧耳盖提桶、全开口密封圈盖提桶、闭口缩颈提桶、闭口提桶，如图 2-25 所示。

全开口紧耳盖提桶　　　全开口密封圈盖提桶　　　闭口缩颈提桶　　　　闭口提桶

图 2-25　钢提桶类型

（四）金属软管

金属软管是由塑性、韧性好的金属制成的管状包装容器。其一端折叠压封或焊接，另一端形成管肩、管颈和管口，挤压管体可将内容物挤出。金属软管主要分为四类：铅锡管、纯锡管、铝管和铝塑复合软管。1840年法国人发明了锡制金属软管，用于包装绘画颜料，随后金属软管包装以其独有特点，被广泛应用于日化产品，如牙膏、鞋油、药膏、水彩和颜料等产品的包装。现在铝质软管及铝箔复合材料软管也用于果酱、果冻、调味品等半流体黏稠食品的包装。常见金属软管的结构如图2-26所示。

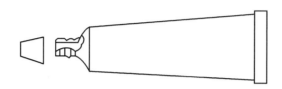

图2-26　金属软管结构示意图

金属软管可以进行高温杀菌。软管开启方便，可分批取用内装物，再封性好，未被挤出的内装物被污染机会比其他包装方式少得多。此外，金属软管还具有以下特点：①挤出内装物后，空气不易进入，可避免由此引起的氧化变质和污染问题。②具有金属光泽，产品外观美观大方。③质量轻，强度高，不易破损。④生产效率高。

（五）金属包装容器外观质量与基本性能检测

金属包装容器的质量，不仅对包装内容物的质量和保质期有很大影响，甚至也影响罐装产品的销售，所以制罐后，无论是三片罐还是两片罐，或是其他金属包装容器，通常要对容器进行各个方面的质量检测。

1. 外观检查

在自然光线下，用正常视力相距60cm目测检查。肉眼观察容器外表是否光洁，有无锈蚀、凸角、棱角及机械损伤引起的磨损变形、凹瘪现象；焊缝是否光滑、均匀、有无砂眼、锡路毛糙、堆锡、焊接不良、击穿等现象；检查外部印铁标签主要图案和文字是否清晰，卷开罐是否有划线等不良现象。

2. 尺寸检查

用专用或通用量具测量罐体的主要部分的尺寸，量具精度0.01mm。

3. 罐体内涂膜完整性试验

使用读数值为0.5mA的内涂膜完整性测试仪。在罐内加入电解液，液面距罐口3mm，读取第4s的电流值。电解液是用1000mL的10g/L氯化钠水溶液和4mL的50g/L二辛基丁二酸酯磺酸钠混合而成的。

4. 罐底耐压强度试验

使用读数值不大于10kPa的罐底耐压强度测试仪，读取罐底部变形的最大指示值。

5. 罐体轴向压力试验

使用读数值不大于10kN的罐体轴向承压力测试仪，读取罐体变形的最大指示值。

6. 内涂膜巴氏杀菌试验

使用恒温水浴箱，将试样放入温度为（68±2）℃的蒸馏水中，恒温30min后取出，检查内涂膜有无变色、起泡、脱落等现象。

7. 内涂膜附着力试验

用单面刀片在涂层表面划出长为15mm，间距为2mm的6道平行划痕，然后转90°用同样方法划割成正方格，划痕须齐直，并且完全割穿内涂膜，在方格上紧贴宽度为15mm，粘接力为（0.15±0.02）N/mm的粘胶带，快速从涂膜上撕下，检查涂层有无脱落。

8. 卷边外部质量检查

二重卷边顶部应平滑，下缘应光滑，卷边的整个轮廓须卷曲适当，卷边下缘不应存在密封胶膜挤出，整个卷边缝的宽厚应保持完全一致。

第四节　玻璃及陶瓷包装材料

一、玻璃包装材料

我国关于玻璃的定义为：玻璃是介于晶态和液态之间的一种特殊状态，由熔融体过冷而得，其内能和构形熵高于相应的晶态，其结构为短程有序和长程无序，性脆透明。

公元前1500年，埃及人首先制造出玻璃容器。此后，不断地有先进的玻璃和玻璃容器制造设备问世，玻璃工业逐步实现了机械化和自动化，玻璃容器因成本降低而得到普及应用，并广泛用于包装工业。

作为包装材料，玻璃具有多种优良特性：透明、坚硬耐压、高阻隔、耐蚀、耐热，具有优良的光学性质；能够用多种成型和加工方法制成各种形状和大小的包装容器；玻璃的生产原料丰富，价格低廉，易于回收再利用。玻璃一直是食品工业、化学工业、文教用品、医药卫生等行业的常用包装材料。目前，玻璃使用量占包装材料总量的10%左右。

（一）玻璃材料的包装特性

1. 化学稳定性

玻璃作为食品包装材料的一个突出优点是具有极好的化学稳定性。一般说来，玻璃高温熔炼后大部分形成不溶性盐类物质而具有极好的化学惰性，可抗气体、水、酸、碱等侵蚀，不与被包装的食品发生作用，具有良好的包装安全性，特别适宜食品、药品等对安全卫生性要求高的产品的包装。

2. 密度较大

包装常用的玻璃密度为2.5g/cm³左右，密度远大于除金属以外的其他包装材料。玻璃制品的壁厚尺寸较大，其重量大于同容量的金属包装制品，这些特点增加了玻璃制品及食品生产的运输费用，不利于包装食品的仓贮、搬运及消费者的携带。

3. 透明性好

玻璃具有极好的透光性，可充分显示内装食品的感官品质。

4. 耐高温

玻璃耐高温，能经受加工过程的杀菌、消毒、清洗等高温处理，能适应食品微波加工及其他热加工，但玻璃材料对温度骤变而产生的热冲击适应能力差，尤其是当玻璃较厚、表面质量差时，它所能承受的急变温差更小。

5. 高阻隔性

玻璃对其他物质的透过率几乎为 0，可以有效保护食品中的香气成分，这是它作为食品包装材料的一个突出优点。

6. 抗压强度高

玻璃抗压强度较高（200～600MPa），但抗张强度低（50～200MPa），脆性高，抗冲击强度低。

7. 原料丰富，易于加工成型，可回收再利用

生产玻璃的原材料来源丰富，价格低廉，还具有可回收再利用的特点，废弃玻璃制品可回炉熔融，再成型制品，可节约原材料、降低能耗。玻璃可加工制成各种形状结构的容器，而且易于上色，外观光亮，用于食品包装，美化效果好。

（二）包装用玻璃的品种

玻璃的种类很多，如平板玻璃、容器玻璃、器皿玻璃、装饰玻璃等。包装用玻璃主要是容器玻璃，用于制造各种饮料、食品、药品、化妆品、化学试剂的包装用瓶或罐。这类玻璃应具有一定的化学稳定性、热稳定性、强度和透明性或遮光性，价格比较便宜，便于回收再利用。在上述各类玻璃中，用作包装材料中较常见的是钠钙玻璃，其次是硼硅酸盐玻璃。

1. 钠钙玻璃

钠钙玻璃是钠钙硅酸盐玻璃的简称，是用途和用量最多的玻璃品种。钠钙玻璃容易熔制和加工，价格便宜，一般对耐热性、化学稳定性没有特殊要求的玻璃，如普通瓶罐玻璃、器皿玻璃、平板窗玻璃、照明玻璃等都使用这种玻璃。钠钙玻璃的主要成分是二氧化硅（SiO_2）、氧化钙（CaO）和氧化钠（Na_2O），由于含 Na^+ 较多，玻璃表面的 Na^+ 易与瓶中溶液里的 H^+ 交换，在玻璃表面生成 NaOH，与玻璃反应，破坏玻璃骨架，SiO_2 脱离玻璃网络并且逐渐向溶液中移动，污染瓶中溶液，所以钠钙玻璃只能用于粉状药品的包装，不过经表面处理后，钠钙玻璃的耐腐蚀性能会大大提高，可用于中性、酸性以及化学稳定性比较好的药液的包装。表 2-4 所示为几种钠钙玻璃瓶的化学成分。

表 2-4　　　　　　　　常见钠钙玻璃包装瓶的化学组成　　　　　　　　单位:%

玻璃瓶	SiO_2	Na_2O	CaO	Al_2O_3	Fe_2O_3	MgO
绿色啤酒瓶	68.0	15.7	8.5	3.6	0.51	2.3
棕色啤酒瓶	66.3	15.7	6.6	5.8	0.7	2.2
白酒瓶	71.5	15.0	7.5	3.0	0.06	2.0
水果罐头瓶	69.0	15.0	9.0	4.5	0.27	2.5
碳酸汽水瓶	65.0	11.0	11.0	8.0	0.50	4.5

2. 硼硅酸盐玻璃

硼硅酸盐玻璃一般称为硬质玻璃。这种玻璃化学稳定性好，热膨胀系数低，制造成本也较低。硼硅酸盐玻璃的主要成分是 SiO_2（81%）、B_2O_3（12%）和 Na_2O（4%）。由于含有氧化硼，且 Na_2O 含量较低，因此，化学稳定性非常好，能耐大多数化学药品的腐蚀，特别适用于易被污染的中性、酸性和碱性药液的包装，如注射液、盐水等，也适于高级化妆品的包装。硼硅酸盐玻璃的耐热性和耐冲击性都很好，常用于玻璃仪器、医用器皿、烤箱容器的制造。

（三） 玻璃包装的种类

玻璃包装容器通常称为玻璃瓶，其种类繁多，分类方法大致有以下几种：

（1）按制造方法分为模制瓶和管制瓶。

（2）按色泽可分为无色透明瓶、有色瓶和不透明的混浊玻璃瓶。

（3）按造型分有圆形瓶和异形瓶。

（4）按瓶口大小分，有窄口瓶（小口瓶）和广口瓶（一般以瓶口直径30mm为界划分）。

（5）按瓶口形式分有磨口瓶、普通塞瓶、螺旋盖瓶、凸耳瓶、冠形盖瓶、滚压盖瓶。

（6）按用途分有食品包装瓶、饮料瓶、酒瓶、输液瓶、试剂瓶、化妆品瓶等。

（7）按容积分有小型瓶和大型瓶（以容量5L为分界）。

（8）按使用次数还可分为一次用瓶和复用（回收）瓶。

（9）按瓶壁厚度可分为厚壁瓶和轻量瓶。

（四） 玻璃容器结构及制造

食品包装用玻璃制品的形式有多种多样，但主要结构均由五部分构成，包括瓶口、瓶颈、瓶肩、瓶身、瓶底，示意图如图2-27所示。

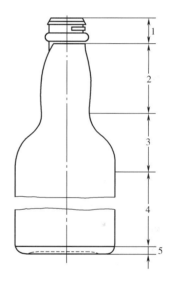

图 2-27　玻璃容器示意图

1—瓶口　2—瓶颈　3—瓶肩

4—瓶身　5—瓶底

1. 瓶口

瓶口是向瓶内灌装的通道和与瓶盖的盖封口。瓶口包括密封面、封口突起、瓶口环、瓶口合缝线和瓶口与瓶身接缝线几部分。瓶口的形式有多种，如卡口、螺纹口、王冠盖口和撬开口等。

2. 瓶身

瓶身是容器的主要部分，包括瓶颈、瓶肩、侧壁、瓶跟部、瓶身合缝等几部分。它的尺寸决定了容器的容量，结构形状影响容器的外观，同时对食品灌装操作和使用也有影响。

3. 瓶底

瓶底包括瓶底座和瓶底瓶身合缝。瓶底座端面为环形平面，使瓶立放平稳。瓶底向内凹成曲面，使瓶可更好地承受内压。瓶底端面或内凹面可设有点、条状花纹以增加瓶立放的稳定性、减少磨损，提高瓶的内压强度和水锤强度，降低瓶罐所受的热冲击。瓶底还可标注容器的制造日期、模具编号、商标等。

（五） 玻璃容器的强度及影响因素

1. 抗冲击强度

玻璃包装容器在使用过程中比较容易受到外力的冲击而破裂。玻璃瓶侧壁受到外力冲击时，在瓶壁上会产生三种主要应力：接触应力、弯曲应力和剪切应力。

（1）**接触应力**　在冲击接触点处产生接触应力，致使该点凹陷。在凹陷周围产生的抗张应力使凹陷部分成为圆锥形。接触应力是三种应力中最大的一种，但是它集中在一个很小的区域里，所以它不是造成玻璃瓶破损的主要应力。

（2）**弯曲应力**　当瓶壁受到外力冲击时，在与冲击点相对应的瓶壁内表面处产生弯曲应力，弯曲应力仅次于接触应力。但由于作用的区域很小，故也很少造成玻璃瓶的破损。

（3）剪切应力 也称铰接应力，是发生在冲击支点上的应力。剪切应力虽然很小但由于它作用在玻璃瓶的外表面上很大的区域里，故很容易引起表面上裂纹的扩展，使瓶子破裂。所以，铰接应力是引起瓶破裂的主要应力。

由于玻璃瓶受外力冲击而引起破损的影响因素比较多也比较复杂。一般随着玻璃容器壁厚的增加，其抗冲强度有所提高。瓶的抗冲击强度与瓶径大体上成正比。瓶身处的抗压强度比较大，瓶颈和瓶口处是抗冲强度的薄弱部位，瓶口最差。所以包装设计时，应尽量保护瓶口。

2. 内压强度

内压强度是玻璃瓶、罐重要的强度指标。啤酒和其他含气饮料及真空包装食品对玻璃瓶有较高的耐内压强度要求。例如，啤酒和汽水瓶等常温下的内压为 0.2～0.4MPa，考虑到安全因素，玻璃瓶实际耐内压试验压力应比上述值大 3～4 倍。除原料、生产工艺等因素外，玻璃瓶的耐内压强度还与壁厚、瓶形、玻璃表面状态等有关。

由薄壁圆筒强度理论可知，密封容器内压力主要在容器内产生环状应力和轴向应力，在同等条件下，轴向应力只有环状应力的一半，玻璃瓶的破裂基本是由环应力引起的。当玻璃瓶为圆筒形时，其内压强度 P_{max} 与壁厚 δ 关系如式（2-9）所示：

$$P_{max} = k \frac{2\delta}{d} \tag{2-9}$$

式中 P_{max}——最大内压强度，MPa；

δ——瓶壁厚度，cm；

d——瓶子内径，cm；

k——常数。

P_{max} 是用来衡量玻璃容器抵抗内压能力的指标。P_{max} 越大，玻璃容器的耐内压性越好。按照 Gehlholf - Tomas 方法计算得出玻璃的 k 为 64.96MPa，根据式（2-9）可计算出圆筒形玻璃瓶能承受的最大内压强度。

瓶形对耐内压强度影响很大。当瓶子为圆筒形时，内压在瓶面各部位均匀分布，耐压能力最强。对椭圆形或正方形等异形瓶，情况要复杂得多。一般来说，瓶子的结构越复杂，其抗内压强度越低。

3. 垂直载荷强度

玻璃瓶、罐在灌装、压盖、堆码过程中，都要受到垂直方向的载荷作用。玻璃瓶、罐垂直载荷强度即为玻璃瓶、罐承受垂直压力作用的强度指标。玻璃的垂直耐压强度很高，但在灌装压盖、堆码过程中，玻璃瓶往往会发生破裂，究其原因，可知玻璃瓶形状对垂直载荷强度影响较大。玻璃瓶在垂直荷载作用下，会在瓶肩部外表面上及瓶底边缘产生张应力，瓶子的外表面上有裂纹，瓶子就越容易发生破裂。瓶肩处的曲率半径越大，垂直荷载强度越大。

4. 翻倒冲击

翻倒冲击是指玻璃瓶放在某一平面上倒下时所受到的冲击力。玻璃瓶翻倒时所受到的冲击强度大小，与瓶的重量、重心位置和瓶的形状都有很大关系。瓶底大、重心低的瓶不易翻倒。

5. 玻璃瓶强度的影响因素

（1）缺陷 玻璃制造过程中的缺陷如气泡、微不均匀区和杂质等，会引起应力的局部集中，导致微裂纹的产生和增长，是制品被破坏时的主要断裂源。格里菲斯认为，当玻璃被加上载荷时，在裂纹的尖端处产生应力集中，故断裂过程首先从裂纹开始。根据计算可知气泡边缘部分的最大应力将超过平均应力 1 倍，造成局部区域的应力集中，当气泡边缘的最大应力达到强度极限时，就会使玻璃断裂，结石和条纹由于与主体玻璃组成不一致，易造成应力集中，也是强度上的薄弱区域。

（2）表面裂纹　一般玻璃表面都存在着宽 10~20nm，深度不小于 100nm 的裂纹，在显微镜下可以看到，是一种宏观缺陷。与玻璃内部的缺陷相比，表面微裂纹要脆弱得多。玻璃的破坏是从表面微裂纹开始的，当玻璃制品在受热或受载荷作用时，裂纹就会向纵深发展，从而导致整体的破裂。当玻璃表面与活性介质如水、酸、碱及某些盐类接触时，微裂纹会因这些活性介质的渗透而进一步扩展，造成强度进一步下降。玻璃表面的擦伤与磨损对强度有很大的影响，伤痕越大、越尖锐，强度降低就越显著。

（3）组成　在玻璃组成中氧化钙等氧化物对提高强度的作用较大，各种氧化物对玻璃抗张强度的提高作用可按下式排列：$CaO > B_2O_3 > Al_2O_3 > PbO > K_2O > Na_2O$。各类氧化物对玻璃耐压强度的提高，按 $Al_2O_3 > SiO_2 > MgO > ZnO > B_2O_3 > Fe_2O_3 > BaO$ 的顺序排列。在不同组成的玻璃中，石英玻璃强度最高，含二价金属离子的玻璃次之，含大量一价金属离子的玻璃强度最低。由于玻璃强度主要受外界环境和本身表面状态的影响，因此组成对强度的影响程度不如玻璃内部缺陷和表面状态的影响显著。

（4）温度和周围介质　一般来说，玻璃的强度随温度的升高而减小，其原因是随着温度的升高，出现了一些表面损伤的热起伏现象，使应力在缺陷处易于集中，增加了破裂的几率。根据对玻璃在 200~500℃ 的强度的测定，强度最低点位于 200℃ 左右，低于 200℃ 时，强度的值较大，可解释为水汽对表面作用的减小，而高于 200℃ 时，强度的增加，可解释为产生塑性变形的可能，从而缓和了裂纹尖端应力的集中。玻璃在湿空气或水中会降低强度。例如预先在真空中加工的玻璃试样，当相对湿度由 0 增加到 100% 时，可使强度降低 15%。

二、陶瓷包装材料

陶瓷的传统概念是指以黏土为主要原料与其他天然矿物质经过粉碎混炼成型、煅烧等过程而制成的各种制品。陶瓷制品是人类最早制造和使用的物品之一，距今已有几千年的历史。陶瓷也是最早被使用的包装材料之一。基于陶瓷制品独特的性能，在各种新材料、新工艺层出不穷的今天，陶瓷包装容器仍在现代产品包装中占有一席之地。

按陶瓷制品坯体的结构质地不同，陶瓷制品分为两大类：陶器和瓷器。陶器是一种坯体结构较为疏松，致密度较差的陶瓷制品，陶器通常有一定吸水率，断面粗糙无光，没有半透明性，敲之声音粗哑。瓷器的坯体致密，基本不吸水，半透明，断面呈石状或贝壳状。

（一）陶瓷原料

陶瓷的主要原料可归纳为三大类，即具有可塑性的黏土类原料、具有非可塑性的石英类原料和能生成玻璃相的长石、滑石、钙镁的碳酸盐等熔剂性原料。除此之外，还常常需用各种特殊原料作为助剂，如助磨剂、助滤剂、解凝剂、增塑剂、增强剂等；以及作为陶瓷釉料的各种化工原料。

1. 黏土类原料

黏土类原料是陶瓷的三大主要原料之一，包括高岭土、多水高岭土，烧后呈白色的各种类型黏土和作为增塑剂的膨润土等。在细瓷配料中黏土类原料的用量常达 40%~60%，在陶器和烙瓷中用量还可增多。

黏土是多种微细矿物质组成的混合体，是一种土状岩石，其粒径多数小于 $2\mu m$。随着黏土原料所含的矿物种类和组成的不同，以及杂质矿物质含量的多少，其化学组成变化很大。黏土在陶瓷中的作用主要有：

（1）塑化作用 黏土加水可以变成有可塑性的软泥，将其塑造成各种形状，烧后变得致密坚硬。这样一种性能，构成了陶瓷生产的工艺基础。

（2）结合作用 黏土是形成陶器主体结构和形成瓷器中晶体的主要来源，能赋予瓷器以良好的机械强度、介电性能、热稳定性和化学稳定性。

（3）成瓷作用 黏土是陶瓷坯体烧结时的主体，黏土的熔融温度具有一定范围，在某温度下，它不能完全熔化，因此在焙烧中能保持一定形状。焙烧后，黏土成为多孔性材料。黏土制品的性能与黏土的成分、原材料颗粒的大小、形状和尺寸分布有密切关系。不同成分的黏土可以制造不同品种的陶瓷制品，如陶瓷、粗陶瓷和瓷器。

2. 石英类原料

自然界中的二氧化硅结晶矿物统称为石英，有多种状态和不同纯度。陶瓷工业中常用的石英类原料有脉石英、砂岩、石英砂、燧石等。石英属于瘠性材料（减黏物质），可降低坯料的黏性，对坯料的可塑性起调节作用。在烧成时，黏土因失水而收缩很容易产生龟裂，石英对黏度的降低和加热膨胀性可部分抵消坯体收缩的影响。在瓷器中，大小适宜的石英颗粒可以大大提高坯体的强度，还能使瓷器的透光度和强度得到改善。一般在日用陶瓷中，石英类原料占 25% 左右。

3. 长石类原料

长石的主要成分是钾、钠、钙的铝硅酸盐。长石属于熔剂原料，高温下熔融后可以熔解一部分石英及高岭土分解产物，形成玻璃状的流体，并流入多孔性材料的孔隙中，起到高温胶结作用，并形成无孔性材料。在日用陶瓷中，长石类原料占 25% 左右。

4. 辅助原料

除上述三类主要原料外，有时还加入一些其他添加剂，如烧制骨瓷时要加入动物的骨灰，它可以增加半透明性和强度。碳酸盐类辅料如石灰石、菱镁矿可降低烧结温度，缩短烧结时间，也有增加产品透明度的作用。滑石等含水碳酸镁盐类辅料在降低烧结温度的同时，还能改善陶瓷的性能，如白度、透明度、机械强度、热稳定性。原料中的铁杂质是非常有害的，要预先净化除去。

（二）陶瓷包装容器的制造

陶瓷包装容器的制造工艺：

原料配制 → 泥坯成形 → 干燥 → 上釉 → 焙烧

（1）原料配制 根据对陶瓷容器的不同要求选择并按一定比例配制成泥坯原料。

（2）泥坯成形 将原料经手工、模铸或注浆等方法制成一定形状的型坯（泥坯）。

（3）干燥 通过自然干燥、热风干燥、微波干燥、辐射干燥等方法除去泥坯中的水分以达到所要求的程度。一般来说，施釉时应在 $2\% \sim 4\%$，烧成入窑时在 $2\% \sim 3\%$。

（4）上釉 为了增加陶瓷容器对气、液的阻隔性，表面需要上一层釉。釉料的化学成分和玻璃相似，主要由某些金属氧化物和非金属氧化物的硅酸盐组成。这些氧化物熔融体硬化时与坯体发生化学反应，牢固地结合在坯体上，并形成一层薄釉膜，保护坯体，增加坯体的阻气性、阻水性、保香性，提高陶瓷容器的耐化学性和阻止液体渗透性。釉层使坯体表面处于一定预加压应力状态，可提高陶瓷制品的使用强度。

（5）焙烧　以一定的升温速度将陶瓷杯加热至一定温度，并在一定的烧成气氛下（氧化、碳化、氮化等）将上釉泥坯烧结成不同要求的陶瓷容器。

焙烧分为以下四个阶段：

①低温阶段（室温~300℃）：由于干燥时不可能完全排除水分，所以烧成的第一步要排除坯体中的残余水分。

②分解及氧化阶段（300~950℃）：在600~800℃时，坯体矿物中的化合水要排除，故这个阶段也要把握加热速率，使坯体收缩均匀，不产生龟裂；此阶段还发生有机物和无机物等的氧化，碳酸盐、硫化物等的分解。

③玻化成瓷阶段（900℃~烧成温度）：上述氧化、分解反应继续进行。在900℃时原料开始熔融，即玻璃化，熔融产生的玻璃液可流动填充到干燥颗粒的空隙。在这个阶段，玻璃化程度要适当，适当的玻璃化不但可以增加制品强度，还可以使制品变为半透明，表面光滑，密度增加，使多孔制品变为无孔瓷器。但过度的玻璃化易使制品在高温下变软和塌陷。玻璃化程度与组成、时间和温度有关。加入助溶剂可降低液相形成温度。此阶段结束后，釉层玻化，坯体瓷化。

④冷却阶段（烧成温度~室温）：冷却初期，瓷胎中的玻璃相还处于塑性状态，可快速冷却，此时由快速降温而引起的热应力在很大程度上被液相所缓冲，不致产生有害作用。但降到固态玻璃转变温度附近时，必须缓慢降温，使制品截面温度均匀，尽可能消除热应力。不同的陶瓷制品，烧成温度相差很多，可在1000~1400℃变化。陶器通常在1100℃左右。

（三）陶瓷包装容器的分类

陶瓷包装容器按结构形式可分类如下：

（1）缸　敞口，造型为上大下小，内外施釉，属大型容器。

（2）坛　造型为上下两头小中间大，在外表面可制作结构性附件，如：耳、环等，以便于搬运，是一种可封口且容积较大的容器。

（3）罐　罐在造型上与坛相似，也是上下两头小中间大，可封口，但容积较小。

（4）瓶　是一种长颈、口小体大的容器。主要用于酒类的包装。

（四）陶瓷包装容器的检验与验收

陶瓷包装容器的检验项目主要有：

（1）外观与表面光洁度　陶瓷包装容器的外观、色彩、表面光洁度等外观质量，目前仍凭肉眼观察和触摸感觉来评定。

（2）尺寸精度和表面形状精度　陶瓷容器存在着干燥收缩与焙烧收缩，且纵、横向收缩度不一致，一般纵向收缩比横向收缩大1.5%~3%。不同的坯料收缩率范围相差很大，需靠实验数据和经验来掌握和控制，以达到要求的准确尺寸。

（3）相互位置精度　同轴度、平行度可用百分表检验，具体指标由供需双方商定。

（4）铅、镉溶出量　按照 GB 4806.4—2016《食品安全国家标准　陶瓷制品》的规定检测。

（5）釉面耐化学腐蚀性　釉面耐化学腐蚀性的测定按照 GB/T 5003—1999《日用陶瓷器釉面耐化学腐蚀性的测定》规定进行。

🔍 **思考题**

1. 常见的食品包装材料有哪几大类？
2. 纸包装材料有什么特点？常见纸包装材料有哪些？
3. 常见纸盒有哪几种？有何特点？
4. 常见纸箱有哪几种？
5. 塑料包装材料有何特点？
6. 阻隔性好的塑料包装材料有哪些？
7. 常用塑料助剂有哪些？有何作用？
8. 常见金属包装材料有哪些？
9. 金属包装材料有何特点？
10. 常见金属包装容器有哪几种？
11. 玻璃包装容器如何分类？
12. 影响玻璃包装容器强度的因素有哪些？
13. 简述陶瓷包装容器的制造过程。

参考文献

[1]Raija Ahvenainen.现代食品包装技术[M].崔建山,任发政,郑丽敏,葛克山译.北京:中国农业大学出版社,2006.

[2]董同力嘎.食品包装学[M].北京:科学出版社,2015.

[3]刘筱霞.金属包装容器[M].北京:化学工业出版社,2004.

[4]王德忠.金属包装容器结构设计、成型与印刷[M].北京:化学工业出版社,2003.

[5]王建清.包装材料学[M].北京:中国轻工业出版社,2017.

[6]杨大鹏.食品包装学[M].北京:中国纺织出版社,2014.

[7]杨福馨.食品包装学[M].北京:印刷工业出版社,2012.

[8]杨文亮,辛巧娟.金属包装容器——金属罐制造技术[M].北京:印刷工业出版社,2009.

[9]孙诚.包装结构设计:第3版[M].北京:中国轻工业出版社,2008.

第三章

收缩与拉伸包装技术原理与应用

[学习目标]

1. 掌握收缩和拉伸包装技术原理及材料的性能特点。
2. 了解相关新型材料及设备。
3. 掌握收缩与拉伸包装技术在食品包装中的应用。

第一节　收缩包装技术与应用

一、收缩包装技术

收缩包装就是用收缩薄膜裹包物品或内包装件，然后对薄膜进行适当加热处理，使薄膜收缩而紧贴于物品或内包装件的包装技术方法。热收缩包装始于 20 世纪 60 年代中期，70 年代得到迅速发展。收缩包装不仅可以用于销售包装，也可以用于运输包装，目前已成为应用最为普遍的包装技术之一。

（一）收缩包装的特点

收缩包装除了具有普通塑料薄膜包装的特点外，还具有以下特点：

（1）应用广泛　能用于包装一般方法难以包装的异形产品，例如各种水果蔬菜、水产品、玩具、小工具、电子产品等，还能适应各种形状与体积大小不同的物品，如各种包装容器的瓶口密封、集装托盘、汽车、赛艇等。

（2）包装具有高可视性　热收缩后紧贴产品，既可显示产品外观造型，又可有效防止灰尘污染等，起到促进销售的作用。对食品和新鲜果蔬包装时能贴紧食品表面，充分显示食品的颜色、质地和新鲜程度。

（3）具有集合包装作用　薄膜收缩后可以把零散的多种或多件产品方便地包装在一起，实现多件产品或不同类物品的配套集合包装，起到防盗、防散落、方便携带及使用等作用，并且方便运输和堆码，节省贮运车成本，有时甚至可以省去外包装盒，可替代部分纸盒包装及瓦楞纸箱包装，节省包装费用和包装体积。

（4）可延长食品的保鲜期　适用于食品的保鲜低温贮藏，防止冷冻食品的过度干燥，为超市和零售商提供了方便。

（5）较好的防护性能　有良好的密封防潮、防污、防锈作用，便于露天堆放，节省仓库面积。

（6）包装工艺和设备较简单　有通用性，便于实现机械化，方便与生产线联合配套使用，极大提高包装生产效率，节省人力和包装费用。

（7）可采用现场收缩包装方法来包装体积庞大的产品，工艺和设备简单。

（8）可作标签及封缄材料，无需胶黏剂，减少污染。用其制成的收缩标签及防盗用的瓶口封缄具有破坏性防伪包装作用，一旦开启不能恢复原状；收缩标签既能美化外包装，又能起到阻光和防止容器破碎时的飞溅，具有一定的保护性能。

（9）包装材料价格低廉，可节省包装费用；使用方便，用后废弃物可回收再利用，易处理，利于环保。

（二）收缩包装方式

热收缩包装作业首先将产品用收缩薄膜裹包起来，使用封切包装机热封必要的接口与缝，即完成所谓的预包装作业。然后将预包装的产品通过热收缩设备加热，使薄膜收缩包紧产品，即完成所谓的热收缩作业。

热收缩包装方式主要体现在预包装作业上，热收缩包装方式有以下几种：

1. 两端开放式

它是用筒状膜或平膜先将被包装物裹在一个套筒里然后再进行热收缩作业，包装完成后在包装物两端均有一个开放的收缩口。

（1）当采用筒状膜时，先将筒膜开口撑开，再借助滑槽将产品推入筒膜中，然后切断薄膜，如图3-1所示。这种方式比较适合于对圆柱体形物品裹包，如易拉罐、瓶罐的包装等。用筒状膜包装的优点是减少了1~2道封缝工序，外形美观，缺点是不能适应产品多样化要求，只适用于单一产品的大批量生产。

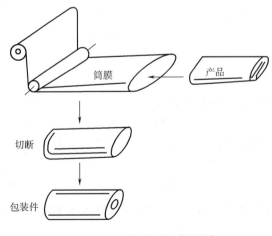

图3-1　两端开放式（筒膜）

（2）用平膜裹包物品，有用单张平膜和双张平膜裹包两种方式。薄膜要宽于物品，用双张平膜，即用上、下两张薄膜裹包，在前一个包装件完成封口剪断的同时，两片膜就被封接起来，然后将产品用机器或手工推向直立的薄膜，到位后封剪机构下落，将产品的另一个侧边封接并剪断，薄膜裹包的产品经热收缩后，包装件两端收缩形成椭圆形开口，其操作过程如图 3 - 2 所示，用单张平膜时，先将平膜展开，将被裹包产品对着平膜中部送进，形成马蹄形裹包，再热封搭接封口。

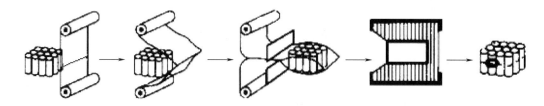

图 3 - 2　两端开放式（双平膜）

2. 四面密封式

将产品四周用平膜或筒状膜包裹起来，接缝采用搭接式密封。用于要求密封的产品包装。

（1）用对折膜可采用 L 型封口方，如图 3 - 3 所示，采用卷筒对折膜，将膜拉出一定长度置于水平位置，用机械或手工将开口端撑开，把产品推到折缝处。在此之前，上一次热封剪断后留下一个横缝，加上折缝共 2 个缝不必再封，因此用一个 L 型热封剪断器从产品后部与薄膜连接处压下并热封剪断。一次完成一个横缝和一个纵缝，操作简便，手动或半自动均可，适合包装异形及尺寸变化多的产品。

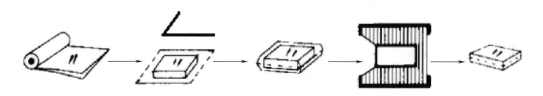

图 3 - 3　四面密封式（对折膜）

（2）用单张平膜可采用枕形袋式包装。这种方法是用单张平膜，先封纵缝成筒状，将产品推入其中，然后封横缝切断制成枕型包装或者将两端打卡结扎成筒式包装，操作过程如图 3 - 4 所示。

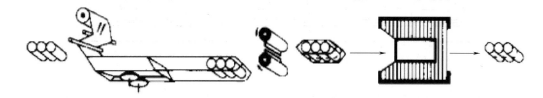

图 3 - 4　四面密封式（单张膜）

（3）用双张平膜四面密封式包装与两端开放式类似，只需在机器上配备两边封口装置即可完成，如图 3 - 5 所示。

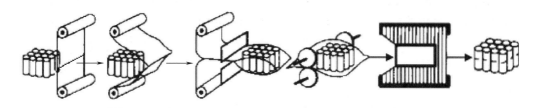

图 3 - 5　四面密封式（双张膜）

（4）用筒状膜裹包，则只需在筒状膜切断的同时进行封口、刺孔，然后进行热收缩，如图 3 - 6 所示。由于四面密封方式预封后，内部残留的空气在热收缩时会膨胀，使薄膜收缩困难，影响包装质量，因此在封口器旁常有刺针，热封时刺针在薄膜上刺出放气孔，在热收缩后小孔常自行封闭。

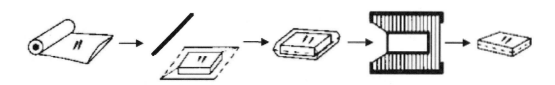

图 3 - 6　四面密封式（筒膜）

3. 一端开放式

托盘收缩包装是一典型实例，先将薄膜制成方底大袋，再将大袋自上而下套在堆叠商品托盘上，然后进行热收缩。如图 3 - 7 所示，将装好产品的托盘放在输送带上，套上收缩薄膜袋，由输送带送入热收缩通道，通过热收缩通道后即完成收缩包装。其主要特点是产品可以一定数量为单位牢固地捆包起来，在运输过程中不会松散，并能在露天堆放。

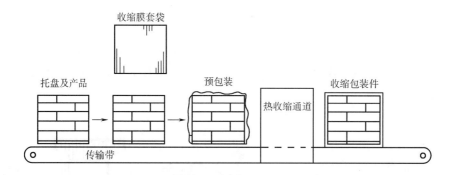

图 3 - 7　一端开放式（筒膜）

对于体积庞大的产品可采用现场收缩包装方法来包装。将筒状薄膜从薄膜卷筒上拉出一定长度，把开口端撑开套包在产品外面，封切薄膜的上部开口，然后使用手提枪式热风机，依次加热产品外的薄膜各部位，可以完成大型产品的热收缩包装。其操作过程如图 3 - 8 所示。

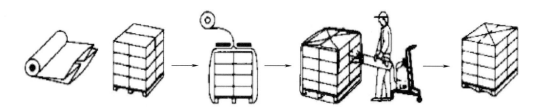

图 3-8 大型产品现场收缩包装

（三） 热收缩作业

热收缩所用设备称为热收缩包装机，也称热收缩通道，主要由传送带、加热通道和冷却装置等组成，如图 3-9 所示。热收缩操作时，将预包装件放在传送带上以规定速度运行进入加热通道，利用热空气吹向包装件进行加热，产品外部的薄膜自动收缩包紧产品，热收缩完毕后包装件传送出加热通道，自然冷却后从传送带上取下，也可根据产品大小、薄膜种类和薄膜热收缩温度，在送出加热通道后使用冷风扇加速薄膜冷却。加热通道是一个内壁装有隔热材料的箱形装置，加热通道为保证热风均匀地吹到包装物上，均采用温度自动调节装置以确保通道内温度恒定（温差在 ±5℃），如果通道空间很大时可采用强制循环系统进行热风循环。加热时，热风速、流量、输送器结构、出入口形状和材质等，对收缩效果均有影响。由于各种薄膜的性能不同，所以应根据各种薄膜的特点，选择合适的热收缩通道参数。表 3-1 所示为常用收缩薄膜与收缩通道的主要参数关系。

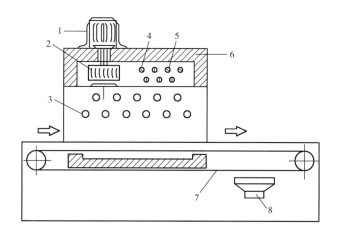

图 3-9 热收缩通道示意图

1—风扇电机 2—风扇 3—热风吹出口 4—加热元件 5—调温元件
6—保温层 7—传送带 8—冷却风扇

表 3-1　　　　　　　　　　常用收缩薄膜的热收缩通道参数

薄膜	厚度/mm	温度/℃	收缩时间/s	风速/（m/s）
聚乙烯	0.02 ~ 0.04	160 ~ 200	6 ~ 10	15 ~ 20
聚氯乙烯	0.02 ~ 0.06	140 ~ 160	5 ~ 10	8 ~ 10
聚丙烯	0.03 ~ 0.10	160 ~ 200	8 ~ 10	6 ~ 10
	0.12 ~ 0.20	180 ~ 200	30 ~ 60	12 ~ 16

二、 收缩包装材料种类及性能指标

（一） 收缩包装材料种类

塑料包括无定型塑料和结晶型塑料，在生产薄膜的过程中，塑料受热熔融，其大分子间的作用力减弱，大分子呈无序卷曲排列，即使在薄膜冷却后，只要其温度低于软化点时，大分子仍是无规则状态。若将其再加热至高聚物的高弹态温度时，对薄膜进行拉伸，大分子链就会沿外力作用方向即拉伸方向，进行有规则的定向排列。这时，对薄膜进行冷却，分子链段的定向就被"冻结"起来。当重新对薄膜进行加热时，由于分子链段重新获得能量，束缚力消失，已定向的分子链发生解取向，就会恢复到其原来的无序卷曲状态，宏观表现为薄膜沿原来拉伸方向收缩恢复到初始尺寸。这就是薄膜的热收缩性形成的原理及加工工艺过程。

收缩薄膜有平膜和筒膜两种，对于平膜，先制成片状，然后分别沿纵轴和横轴方向进行拉伸，称为二次拉伸法，或者同时进行两个方向的拉伸，称为一次拉伸；对于筒膜直接在吹胀成膜时进行一次或二次拉伸成型。

（二） 收缩包装薄膜的性能指标

1. 收缩率与收缩比

包括纵向和横向收缩率。收缩率决定了收缩包装的裹包、密封质量和可靠性。收缩率的测试方法是先测量薄膜的长度，然后将薄膜放在120℃的甘油中浸泡2s，取出后用冷水冷却，再测量其长度，两次长度之差除以原始长度，表示为百分数，即为收缩率。纵横两个方向收缩率的比值为收缩比。一般要求薄膜的纵向和横向收缩率均为50%，所以通常收缩比为1，但在特殊情况下，也有纵横收缩率不等的偏延伸薄膜。

2. 总收缩率

纵向收缩率与横向收缩率之和称为总收缩率。总收缩率值的大小表示薄膜收缩时收缩力和收缩速度的大小，总收缩率大的薄膜具有较强的收缩力和较高的收缩速度。薄膜的总收缩率取决于塑料的种类、成分和拉伸的大小。在其他条件相同时，双向拉伸越大、薄膜越薄，总收缩率越大。体积小、质量轻的物品可选择较薄的收缩薄膜，其总收缩率可大于100%；体积大、质量重的物品一般选用较厚的收缩薄膜，一般总收缩率为60%～80%。

3. 定向比

定向比是指收缩薄膜的纵向定向收缩分布率与横向定向收缩分布率之比。收缩薄膜的定向收缩分布率是以总收缩率的百分数来表示的纵、横两向收缩性能值，即

$$纵向定向收缩分布率 = （纵向收缩率/总收缩率） \times 100\%$$

$$横向定向收缩分布率 = （横向收缩率/总收缩率） \times 100\%$$

$$定向比 = 纵向定向收缩分布率/横向定向收缩分布率$$

因此，收缩薄膜两个方向的定向收缩分布率之和为100%。根据收缩薄膜纵、横两个方向收缩能力的差别，按定向比值可将其分为四类，分别适用于不同形体特点的物品的不同形式的包装需要。

（1） 超单向定向收缩薄膜　定向比 = 100/0～95/5，这种薄膜主要用于托盘集装物品的罩盖包装材料，其厚度在100μm以上。

（2） 高单向定向收缩薄膜　定向比 = 95/5～75/25，这种薄膜主要用于两端开放式套筒收缩包装。

（3）双向定向收缩薄膜　定向比 = 75/25 ~ 55/45，这种薄膜主要用于三边、四边封合的收缩包装。

（4）均衡定向收缩薄膜　定向比 = 55/45 ~ 45/55，这种薄膜主要用于盘、盆装食品罩盖收缩包装，可满足此类包装形式薄膜沿盘、盆边缘收缩，同时顶部各方向也加热均匀达到收缩的要求。

4. 收缩张力

收缩张力是指薄膜收缩后施加给包装物的张力。在收缩温度下产生收缩张力的大小，对产品的保护性关系密切。金属罐等刚性物品需要较大的收缩张力，而一些易碎或褶皱的商品收缩张力过大，就会损坏商品。因此，薄膜的收缩张力必须选择恰当。

5. 收缩温度

收缩薄膜加热到一定温度后开始收缩，温度升到一定程度停止收缩。在此范围内的温度为该薄膜的收缩温度。对包装作业来讲，包装件在热收缩通道内被加热，薄膜收缩产生预定张力时所需要的温度称为收缩温度。收缩温度范围大小是决定收缩薄膜进行收缩包装加工工艺性能的一个因素，收缩温度范围越大越有利于收缩包装的收缩加工。不同品种原料制成的收缩薄膜其收缩温度和收缩温度范围也不同。

收缩温度和收缩率有一定的关系，不同收缩薄膜在收缩包装时产生的收缩张力大小，在一定程度上取决于所采用的收缩温度，如果收缩温度过高，起始的收缩张力将较高，但在包装后期，其收缩力将下降，导致包装松弛。此外，用收缩薄膜包裹包装件时应紧贴安放，使其热收缩时所需的收缩力最小。如果薄膜的实际收缩率是它潜在收缩率的 10% ~ 15%，则薄膜收缩后其拉伸强度的降低将低于 20%，收缩包装后出现的松弛现象将减少。食品进行收缩包装时，尤其是热敏性食品，要求收缩薄膜的收缩温度越低越好，以免加热收缩时加热温度对食品质量带来不利影响。

6. 热封性

在进行加热收缩之前，包装件一般要进行两面或三面热封，而且要达到一定的封口强度，这要求收缩膜有较好的热封性能和足够的热封强度。

（三）常用收缩包装材料性能及用途

1. 常用收缩包装材料性能

目前市场上广泛使用的收缩包装薄膜主要有聚乙烯收缩薄膜（PE）、聚丙烯收缩薄膜（PP）、聚氯乙烯收缩薄膜（PVC）、聚苯乙烯收缩薄膜（PS），其收缩包装性能指标见表 3 - 2。

表 3 - 2　　　　　　　　　　常见收缩薄膜性能

收缩薄膜	厚度/mm	收缩张力/MPa	收缩率/%	收缩温度/℃	热封温度/℃
PE	0.025 ~ 0.051	0.3 ~ 6.9	20 ~ 70	88 ~ 149	121 ~ 204
PP	0.013 ~ 0.038	2.0 ~ 4.1	50 ~ 80	93 ~ 177	177 ~ 204
PVC	0.013 ~ 0.038	1.0 ~ 2.0	30 ~ 70	66 ~ 149	135 ~ 187
PS	0.013 ~ 0.051	0.1 ~ 0.4	40 ~ 80	88 ~ 177	149 ~ 204

2. 常用收缩薄膜

（1）聚乙烯（PE）　聚乙烯收缩薄膜包装特性如下：①阻水、阻湿性好，但阻气性能较差。②常温下稳定，不与一般的酸碱起作用，不溶于有机溶剂，但可溶胀，耐油性差。③有一定的抗拉强度和撕裂强度，柔韧性好。④耐低温性好，可适应冷藏食品、冷冻食品包装需要。但耐高温性差。⑤光泽度、透明性不高，热封性能和安全性能高，多用于运输包装。

聚乙烯收缩薄膜是所有收缩薄膜中用量最大的一种，其抗冲击强度大；无毒，热封时不产生气体，热封性能好；其强度、韧性、低温脆性均比聚氯乙烯膜和聚丙烯膜好；贮存稳定性好、规格适应性强，价格低廉。这种薄膜又分交联和非交联两种，前者收缩温度低，收缩应力大，强度高，包装效果好，但价格高；后者虽收缩应力较小，但能满足多数商品的包装需要。

这种薄膜的用途极广，广泛适用于酒类、易拉罐、矿泉水、各种饮料类等产品的整件集合包装。还用于大型物品的运输包装，如机器，玻璃瓶及纸张的托盘包装。PE 的光泽与透明性较 PVC 差，收缩温度高 20～30℃，因此，在热收缩通道后段需装鼓风冷却装置。

（2）聚丙烯（PP）　聚丙烯收缩薄膜的包装特性如下：①阻透性优于 PE，但因分子无极性，所以阻气性能仍然较低。②化学稳定性良好，在一定的温度范围内，在酸、碱、盐等环境中均具有较高的稳定性。③机械性能好，其强度、硬度、刚性都高于 PE，尤其具有良好的抗弯耐折性能。④耐高温性优良，可在 100～120℃ 范围内长期使用。但耐低温性差。⑤加工性能优良，收缩率大，但热封性能略差。

聚丙烯收缩薄膜的透明度、光泽度极好，可与玻璃纸媲美；收缩率大，可达 60%～80%；耐油性、防潮性良好；薄膜强度高，收缩应力大，但是，该薄膜的热封性能差，热封强度低；收缩温度高，且收缩温度的范围较窄。

这种薄膜无毒、价格较低，所以应用广泛，既可以包装食品，又可以包装日用品、化妆品、机器零件等，例如口香糖、香烟的包装膜等。为克服其热封性不好的缺点，它可以与聚乙烯复合成为复合收缩薄膜，不但改善了热封性，同时机械强度也大为增强。

常用的 PP 薄膜又可分为 OPP 和 BOPP，OPP 为单向拉伸薄膜，BOPP 为双向拉伸薄膜。BOPP 薄膜具有很好的包装性能，透明度非常高，收缩率、弹性模量、光泽度等均较好，常用于香烟等商品外包装，但由于其热封性较差，故只能用黏合剂黏结密封。

（3）聚氯乙烯（PVC）　聚氯乙烯收缩薄膜的包装特性如下：①阻气、阻油性能优于 PE。②化学稳定性优良。③机械性能好。硬质 PVC 有很好的抗拉性能和刚性，软质 PVC 抗拉强度相对较低，但柔软性和抗撕裂强度高于 PE。④耐高、低温性能差，一般使用温度为 -15～55℃。⑤热稳定性差，所以要加入稳定剂，以提高其加工性能。⑥着色性、适印性、透明性、光泽度较好。

聚氯乙烯收缩薄膜的透明度高，光洁度好、挺力强、美观；收缩温度较低，且温度范围大；在烘道内加热能立即收缩，适应作业性好；气密性优于聚乙烯薄膜；收缩应力大，收缩包装效果好，封闭处清洁干净。由于收缩温度低且收缩快，而被大量用于食品包装上，特别是对热较敏感的水果和蔬菜的收缩包装；它特别适合于重量较轻的小商品，如日用品、服装，以及货架商品的包装，包装后的商品既美观，又大方。其缺点是抗冲击强度低，在低温下易变脆，不适合用作运输包装，另外 PVC 热封时产生异味，封口强度较差，多用于中小物品的包装。

（4）聚偏二氯乙烯（PVDC）　聚偏二氯乙烯热收缩薄膜的包装特性如下：①优异的阻水性能，对水、水蒸气的渗透性极低。②优异的阻气性能。对各种气体渗透性极低，故保香、防潮性均非常好。③优异的耐油、耐化学腐蚀性。④热封性好，热封强度高；适印性好，耐磨，透明度和光泽度较高。

由于聚偏二氯乙烯熔点同分解温度十分接近，而且又不能像 PVC 那样使用热稳定剂来提高热稳定性，所以常将其同丙烯酸或氯乙烯的共聚物用于成型加工，故其加工温度范围较小，加工过程中要严格控制温度，一般常作为高阻隔复合材料的中间层使用，很少单独使用。

由于 PVDC 具有高阻隔性，所以在包装领域中日益获得广泛的应用，但因其价格较高，所以常作为复合材料的涂覆层或中间层使用，以提高材料的阻隔性能。目前国内 PVDC 主要用于肉类制品的包装材料，如各种香肠的肠衣，可大大提高其保质期。

（5）乙烯－醋酸乙烯酯共聚物（EVA）　　EVA 收缩薄膜的收缩应力小，热封温度低，热封温度范围广。EVA 的性能随醋酸乙烯酯（VA）含量的增加，结晶度降低，耐冲击强度提高，透明度增加，熔点降低。适用于受力易损，易变形，或有突起物的异形物品的收缩包装。

（6）聚苯乙烯（PS）　　聚苯乙烯薄膜透明性和光泽性好，具有大的气体透过性，适用于水果、蔬菜的收缩包装。

（四）　新型收缩包装薄膜

目前热收缩薄膜包装材料仍存在不足之处。PVC 热收缩薄膜透明，热收缩温度低，使用方便，但光热稳定性差，加热时分解产生氯乙烯单体；PE 热收缩薄膜，成型加工方便，但雾度较高；PP 热收缩薄膜有高的透明度和刚性，但热收缩温度高，也限制了其应用范围。目前多层复合热收缩薄膜已成为热收缩薄膜研制和开发的重点。

（1）双向拉伸聚烯烃收缩膜（POF）　　POF 环保型三层共挤聚烯烃热收缩膜，是将线性低密度聚乙烯（LLDPE）作为中间层，共挤聚丙烯（PP）作为内外层，并经两次吹胀，得到具有高透明度，高收缩率及热封性能良好的热收缩薄膜，它同时具备了聚乙烯和聚丙烯的所有优点与长处，其性能又优于单纯的聚乙烯膜和聚丙烯膜，POF 以其质优价廉又符合卫生及环保要求的优势，正逐步替代其他热收缩薄膜，POF 薄膜具有以下优点：①透明度高、光泽性好，可清晰展示产品外观。②柔韧性好，使用方便。可以使被包装物品在受到外部冲击时得到缓冲，用于脆性容器的包装还能防止容器破碎飞散。③收缩率大。收缩率最高可达 75%，利用其高收缩率产生的收缩张力将一组要包装的物品裹紧，起到很好的捆扎作用，非常适用于多件物品的集合包装，尤其对异型物品的包装效果甚佳。而且经过特殊工艺处理的 POF－C3 薄膜的收缩力可控，可满足不同商品对收缩力的要求。④热封性能好、强度高、适合手动、半自动和高速全自动包装。⑤耐寒性好，可在 －50℃ 时仍保持柔韧性而不发生脆裂，适合被包装物在寒冷环境下贮存和运输。⑥环保、无毒。符合美国食品和药品管理局（FDA）标准，可包装食品。⑦不易沾染灰尘。⑧抗拉强度大，15～19μm 可取代 28～40μm 的 PVC，有助于降低包装成本。⑨具有较高的耐穿刺性，良好的收缩性。在收缩过程中，薄膜不易产生孔洞。

（2）PET－G　　PET－G 聚酯收缩薄膜（Glycol modified polyethylene terephthalate）是一种对通用聚酯 PET（Polyethylene Terephthalate）进行共聚改性而制成的一种高性能环保型热收缩包装材料。PET－G 收缩薄膜具有优良的物理特性。其尺寸稳定、平整性好；透明度和光泽度高，易于印刷；可耐水浸、耐油浸透而不脱落变色；横向收缩率高，最高可达80%；自然收缩率低且耐低寒；燃烧时无毒，无味，发热小。其完美的组合特性使之广泛应用于饮料、食品、药品、化妆品、个人护理用品、化工品、电子电器、金属制品等产品，特别是收缩标签是其最主要的应用领域。随着 PET 饮料瓶的快速发展，如可乐、雪碧等各种果汁饮料瓶都需要 PET－G 热收缩膜与之相配套做热缩标签。因为它们同属于聚酯类，易于回收再生利用，是环境的友好材料，也是国际公认的环保型热收缩包装材料。目前在发达国家，PET－G 聚酯收缩薄膜已经成为取代 PVC 聚氯乙烯收缩薄膜的理想替代材料。

PET–G 收缩薄膜还具有以下特性。

①极限收缩率高：PET–G 热收缩薄膜具有极高的收缩率，是所有收缩膜中收缩率最高的一种，其应用范围也大大超过其他材质的收缩膜。制成的收缩标签具有极好的收缩效果，可紧密贴合产品，高度轮廓化。通过定制配置实现高达 80% 的收缩率，使之收缩后毫无瑕疵地贴合在异型容器、多角形容器、圆形容器上，就连瓶颈等细小部位都能紧密包裹。一旦贴合后其强韧性可以预防瓶子爆破时的危险。强大的收缩力可防止标签脱落，并能在整个产品生命周期内保持这个收缩率不变。

②自然收缩率低：由于在常温下具有自然收缩率低的特性，PET–G 热收缩薄膜可贮存于在 25℃ 以下的环境中，不必担心难以展开或标签变形。

③收缩曲线平整：与其他收缩膜相比，PET–G 热收缩薄膜的收缩曲线平整光滑，起始收缩温度较低，能够在苛刻的客观条件和很高的生产速度下完成收缩包装。

④透明度、光泽度高，印刷适性高：高透明度和印刷适性可以强化瓶身标签的品牌识别。从内面印刷不会因摩擦而使标签脱色破损，又可做 360 度的多种色彩与优质印刷相融合的整体标签设计。

⑤环保性好：PET–G 热收缩薄膜不含镉（Cd）、铅（Pb）、汞（Hg）、六价铬（Cr^{6+}）、多溴联苯（PBBS）和多溴联苯醚（PBDES）等一级国际环境管理禁用成分。符合 FDA 和欧盟等国对食品接触塑料的成分要求。燃烧时无毒、无味。

（3）具有凹凸褶皱的热收缩薄膜　这种薄膜由 A、B 两层薄膜复合而成，当其加热收缩时能形成凹凸褶皱，将其作为包装材料时，能起到良好的防震、防滑、缓冲的作用。其收缩形成褶皱的原理是，薄膜中 A 层或 B 层曾经在适当的温度中拉伸过，另一层则没有拉伸，当复合膜被加热到一定温度时，被拉伸过的一层发生收缩，而另一层不收缩，就产生了褶皱；或者两层薄膜都经过拉伸，但收缩温度不同，也可在受热时形成褶皱。

（4）具有缓冲性能的双层泡沫热收缩薄膜　此种热收缩薄膜的特点是既具有热收缩性和防潮性，又具有透明性和缓冲性，在某些方面类似于包装纸，在它的一面有微小的网孔结构，另一侧成平滑状。其结构为双层结构。其中一层为发泡层，以聚丙烯为主要成分；另一层为非发泡层，系热收缩性树脂层，采用低密度聚乙烯或离子性聚合物。生产方法为：将成型后的薄膜沿纵向和横向各拉伸三倍以上，使发泡层中的气泡破裂为网状，从而得到具有缓冲作用的热收缩包装薄膜。

（5）具有自动封合功能的热收缩包装薄膜　这种热收缩薄膜也是一种多层复合薄膜，其特点是在复合时加入了阻隔层，使得薄膜对氧气和水蒸气都具有很好的阻隔性。另外，当其被加热到一定温度时，可以依靠薄膜的收缩作用和内层薄膜的黏合作用而实现自动封合。

三、 收缩包装工艺设备

（一）收缩包装工艺

收缩包装工艺过程主要包括：预裹包、热封切、加热收缩和冷却。

1. 预裹包

预裹包操作在裹包机上完成，根据被包装物尺寸大小及所用收缩薄膜的特性截取尺寸合适的薄膜，中小型物品裹包筒或袋形薄膜的尺寸比包装物尺寸要大 10% 左右，收缩薄膜罩比托盘包装尺寸大 15% ~ 20%，如果尺寸过小则充填物品不便，收缩张力过大，可能将薄膜拉破；尺寸过大，则收缩张力不够，包不紧或不平整，所用收缩薄膜厚度可根据产品重量以及所要求的收缩张力来决定。为了使收缩薄膜收缩后平整地紧贴包装物表面，应注意选用合乎要求的收缩薄膜收缩率和定向比，同时注意被包物品裹包在薄膜中的相对位置及封口位置，使收缩薄膜在被包物品四周收缩良好。

2. 热封切

热封切一般采用金属电热丝切断同时热封，如果是四面密封式的收缩包装，在热封切的同时还要在收缩包装膜上刺小孔，以便收缩时能排出包装内的多余空气，避免发生胀袋或使包装袋胀破，针孔在薄膜收缩后将自动消失。

3. 加热收缩

在热收缩装置中利用热空气对包装制品进行加热使薄膜收缩。常规热收缩通道结构示意图见图 3 - 9。预裹包好的制品由输送带送入热收缩通道，发热元件加热，为保证隧道内的温度恒定，一般都采用温度自动调节装置来控制通道内空气温度差小于 ±5℃，完成收缩后，被输送带送出，用冷风机冷却。

4. 冷却

收缩包装完成后产品由传输带送出，若内包装物是对热较为敏感的物品，需将其快速冷却。

（二）　收缩包装设备

收缩包装设备可分为半自动收缩包装机和全自动包装机。

1. 半自动收缩包装机

半自动收缩包装机需要在封切机上手动装填包装物和预裹包制袋，然后放到收缩通道中进行热收缩。生产效率较低，适合小批量，产品尺寸变化较大时使用，设备投资相对较低。

2. 全自动收缩包装机

全自动收缩包装机从产品预裹包、热封切、热收缩，到收缩薄膜边料回收全部自动化完成。生产效率较高，适合大批量、产品尺寸稳定的物品包装。

四、 影响热收缩包装效果的因素

影响热收缩包装效果的因素主要是收缩薄膜、收缩温度与时间。

1. 收缩薄膜

收缩薄膜的用料及厚度都会对收缩包装效果产生影响，如前所述，不同的收缩薄膜具有不同的包装特性，要根据所包装产品的特性选择适当的收缩薄膜，考虑阻隔性、卫生性、透明度、光泽度、耐热性和贮藏环境等方面的要求。收缩薄膜的厚度也很重要，只有选择适当的薄膜厚度，才能保证包装的强度。在选择薄膜厚度时，还要考虑产品的重量、体积、形状和所要求的外观等要求。

2. 收缩温度和处理时间

收缩温度和处理时间不当可能会造成收缩不完全或收缩过度。收缩通道中的温度需要随所用薄膜的种类和厚度而变化，一般在 90 ~ 200℃，较厚的薄膜和收缩温度高的薄膜，需要较高的收缩温度，相反则需要较低的收缩温度；收缩通道中处理时间，也取决于薄膜的厚度和种类，此外，产品的大小、包装速度和通道的长度，也会影响处理时间的长短。

五、 收缩包装技术在食品中的应用

（一） 直接包装食品

对于一些食品，例如柚子、哈密瓜、黄瓜、白菜、冷冻比萨等，可以直接使用收缩包装来控制其水分流失和外界污染，见图 3 – 10 和图 3 – 11。

图 3 – 10　黄瓜的收缩包装

图 3 – 11　冷冻比萨收缩包装

（二） 用作食品外包装

为了起到防潮、防尘、防摩擦等作用，很多纸盒包装的食品都以收缩包装作为其最外层包装。例如碗装方便面、方便米饭、茶业、粉末状调味品、婴儿米粉和糖果等，见图 3 – 12 和图 3 – 13。

图 3 – 12　方便面收缩包装

图 3 – 13　奶茶收缩包装

（三）用作食品包装标签

热收缩标签可以紧紧贴合在任何不规则外形的瓶体上，特别是当贴合扩大到瓶颈、瓶盖或者瓶帽时，标签能够明显地改变容器特征，并起到防开启、防调换等作用。此外，如在热收缩标签的配方中添加 UV 吸收剂，还可以起到吸收紫外线的作用，延长对光敏感物品的保存期限。热收缩标签的适应性很强，广泛应用于食品、饮料以及其他消费类商品的包装，见图 3 – 14 和图 3 – 15。

图 3 – 14　辣酱瓶口收缩包装

图 3 – 15　饮料收缩标签

（四）集合包装

收缩包装还常被应用到各类食品的集合包装，可起到降低包装成本，充分展示内容物、防潮、防尘等作用。例如各种瓶装饮料、啤酒、矿泉水和易拉罐等集合包装，见图 3 – 16 和图 3 – 17。

图 3 – 16　矿泉水收缩包装

图 3 – 17　啤酒收缩包装

第二节　拉伸包装技术与应用

一、　拉伸包装技术

（一）　拉伸包装定义

拉伸包装是依靠机械装置在常温下将弹性薄膜围绕被包装件拉伸、紧裹，并在其末端进行封合的一种包装方法。拉伸包装是 20 世纪 70 年代开始采用的一种包装技术，它是由收缩包装发展而来的，由于拉伸包装不需进行加热，所以消耗的能源只有收缩包装的 10%，拉伸包装可以捆包单件物品，也可用于托盘之类的集合包装，代替小型集装箱。由于它可降低批量货物运输包装成本 30% 以上，因而被广泛用于食品、日用品等多种产品的包装和集合包装上；在仓库贮存领域，也较多地利用拉伸缠绕膜托盘包装进行立体贮运，以节省空间。

（二）　拉伸包装特点

1. 不需要热收缩设备，成本低，所以节省设备投资和能源费用。

2. 非常适合包装不能加热的产品，如鲜肉、冷冻食品等。

3. 可以准确地控制裹包力以防止产品被挤碎，变形。

4. 包装透明。可以看到商品，增加产品的展示效果。

5. 因为拉伸薄膜有自黏性，当多个拉伸包装件堆叠时，会产生黏结。包装后，占用空间小，节省贮运空间，提高运输效率。

6. 同捆扎包装相比，免除了护角板，避免了打包带破坏产品和包装的现象。

二、　常见的拉伸薄膜及性能指标

（一）　拉伸薄膜的主要性能指标

拉伸包装技术是利用具有拉伸张紧性质的薄膜，捆包集装货物，使薄膜的张力遍布整个包装表面，牢固地将货物固定在一起，方便贮运，同时拉伸薄膜可随外力的变化而伸缩，具有较强的耐冲击力，要使拉伸包装发挥最佳作用，就需要熟悉拉伸薄膜的性能和特点。

1. 自黏性

薄膜之间接触后的黏附性，在拉伸缠绕过程中和包裹之后，能使包装产品紧固而不会松散，自黏性受外界多种因素影响，如湿度、灰尘和污染物等。获得自黏性薄膜的方法主要有两种：一是加工出表面光滑具有光泽的薄膜；二是使用增加黏附性的添加剂，使薄膜的表面产生湿润的效果，从而提高黏附性。

2. 韧性

韧性是薄膜抗戳穿和抗撕裂的综合性质。抗撕裂能力是指薄膜在受张力后并被戳穿时的抗撕裂程度。抗撕裂程度的危险值必须取横向的，即与机器操作方向垂直，因为在这个方向撕裂将使包装件松散，而纵向即使发生撕裂，包装件仍能保持牢固。

3. 拉伸与许用拉伸

拉伸是薄膜受拉力后产生弹性伸长的能力。许用拉伸是指在一定用途的情况下，保持各种必需的特性所能施加的最大拉伸。许用拉伸越大，所用薄膜越少，包装成本越低。

当进行纵向拉伸时，薄膜的厚度和宽度逐渐减小，通常称为颈缩。当拉伸过多时，厚度降低的同时会使薄膜缠绕时搭接补充，增加薄膜撕裂的可能性。因此，为了使薄膜在颈缩最小的条件下延伸最大，通常采用预拉伸装置，使薄膜不是在缠绕时拉伸，而是在缠绕前进行预拉伸，使薄膜拉得更长，从而降低包装成本，但同时也降低了薄膜的强度。

4. 应力滞留

指在拉伸裹包过程中，对薄膜施加的张力能保持的程度。应力会随着时间的增加逐渐减少而拉伸包装要求薄膜在货架寿命期间有一定的裹包力。因此，应力滞留的时间关系到包装的成败。

5. 有效拉伸

有效拉伸是指薄膜在一定用途时保持其必要特性的最大拉伸量。有效拉伸值越高，包装件所用的薄膜量越少，包装成本越低。

（二）拉伸薄膜的选择

1. 拉伸薄膜的主要性能

拉伸薄膜具有较高的拉伸率、最小的幅宽收缩、高的纵向极限拉伸强度、高戳穿强度、高耐剪切性、低应力松弛和良好的自黏性等。这些性能主要取决于基本树脂和添加剂的结合。

2. 平挤薄膜和吹塑薄膜

拉伸薄膜分为平挤薄膜和吹塑薄膜。平挤薄膜和吹塑薄膜之间有两个影响性能的主要因素。一是所用的冷却和固化熔融塑料的方法不同。平挤薄膜是用一个或多个抛光并含有循环冷却液的辊平挤生产，从而得到快速冷却；而吹塑薄膜生产后则不能快速冷却，通常是高速空气冷却，因此，平挤薄膜与同样材料的吹塑薄膜相比，具有更均匀的厚度和较高的黏性和透明性。

另一个因素是分子取向，平挤薄膜在生产过程中沿机械方向已经进行了一定程度的拉伸，称为单向拉伸取向，其纵向极限拉伸强度大于横向拉伸强度，因此，横向的拉伸蔓延撕裂性较强。而吹塑薄膜在生产中向纵、横两个方向拉伸，称为双向拉伸，该种薄膜抗横向蔓延撕裂性小、容易破损。

3. 适宜的环境温度

较高的环境温度会引起拉伸薄膜松弛，失去在标准条件下所具备的保持力。在标准条件下，物品包装后的24h内，低密度聚乙烯、线性低密度聚乙烯薄膜能保持原来保持力的65%，而聚乙烯薄膜在常温下能保持大约25%。低温环境能降低拉伸薄膜的黏性、韧性和拉伸率等性能。一般大多数拉伸缠绕薄膜适合在-29~54℃使用。

4. 适宜的湿度

高湿度环境有时能提高薄膜的黏性，这是因为某些增黏剂靠吸收大气中的水分而发挥作用。如果两个光滑的薄膜表面之间有水气，则很难将两层薄膜分开。薄膜在低湿度环境下能形成较高的静电黏性，但在贮存、运输时，会逐渐消失。

（三）常见拉伸薄膜

拉伸薄膜具有较高的拉伸强度和抗撕裂强度，并具有良好的回缩记忆和自黏性，能使物体紧裹成一个整体，防止运输时散落、倒塌。拉伸薄膜具有优良的透明性和防水性，可减少人工、提高效率，达到保护产品及降低包装成本的目的。拉伸薄膜膜在生产过程中并不拉伸，只需使用普通的挤出流延法或挤出吹胀法生产出薄膜，经分切成一定宽度后就可作为产品销售给包装厂使用。主要生产工艺有两种，即流延工艺和吹塑工艺，两种工艺各有优缺点。

拉伸薄膜是在常温下使用时拉伸，分子并不取向薄膜的拉伸。可分为主动拉伸和被动拉伸两种方式，先前采用的被动拉伸是靠被包装物品的拉紧力将薄膜拉伸并缠绕在物品上，这种方式因薄膜的被动拉伸受到包装物品的拉力，存在薄膜易拉断、出膜不均匀和包装效果差等缺点。为解决这一问题，最直接的办法就是改被动拉伸为主动拉伸。预先通过薄膜拉伸机构将薄膜拉伸，然后由托盘物品的运动，将拉伸后的薄膜缠绕在物品上。这样包装出来的物品外观清新，适用性好，而且成本低，效率高，也不会出现物品被拉斜或被拉倒的现象。

目前常用的拉伸薄膜有聚氯乙烯（PVC）、低密度聚乙烯（LDPE）、乙烯–醋酸乙烯共聚物（EVA）、线性低密度聚乙烯（LLDPE）等。

1. 低密度聚乙烯（LDPE）

LDPE 作为一种常用的塑料包装材料，在食品包装中具有广泛的应用，作为拉伸包装材料，具有以下特点：①柔顺性好，延伸率大，具有较高的耐冲击强度。②防潮、防湿，但阻气性差；具有较好的耐寒性，但耐高温性差；热封温度低、范围大，热封强度高。③具有良好的耐化学性。④熔点低，易于加工成型。⑤原料来源广泛，价格较低。⑥适印性及黏结性差。

LDPE 具有较好的透气性，可用于新鲜果蔬的拉伸包装，能保持其新鲜度。但却不能用于易氧化的食品或需要阻气的食品包装，例如乳制品，油，茶等。若用于上述产品的包装，则需与其他材料复合使用。由于其具有较好的热封性能和卫生性，常用于复合材料的热封层和直接接触食品包装材料的内层。

2. 线性低密度聚乙烯（LLDPE）

LLDPE 综合性能较好，是目前使用最多的一种拉伸薄膜。LLDPE 具有耐热、耐寒、耐冲击性能，它的韧性、抗拉强度和耐刺穿性均比 LDPE 膜高 50% 以上。

3. 聚氯乙烯（PVC）

PVC 膜最早被用作拉伸包装材料，具有非常好的自黏性，拉伸和韧性均好，但应力滞留性差。PVC 与 PE 相比，还具有以下特点：①透明度、光泽度优良。②阻湿性不如 PE。③机械强度高于 PE，柔顺性随增塑剂的含量变化。④气体阻隔性和耐油性较高。⑤印刷适性较差，需进行表面处理后印刷。⑥耐温性较差，高温时会变软，低温时变硬、变脆。⑦存在单体迁移的问题，通常不能单独作为包装材料直接接触食品。

4. 乙烯–醋酸乙烯共聚物（EVA）

EVA 薄膜又称环保薄膜，是由 EVA 原料通过流延挤出所生产的薄膜，是新一代绿色环保可降解材料，废弃或燃烧时不会对环境造成伤害，相对密度小，在 0.93 左右，无味，不含重金属，不含邻苯二甲酸盐，高透明，柔软、坚韧，耐低温。在同样厚度下的抗张强度是 LDPE 拉伸薄膜的 2 倍以上，撕裂强度是 LDPE 的 6 倍，主要特点如下：①透明度高，有较好的耐刺穿和抗撕裂强度。②摩擦因数高，具有良好的表面自黏性。③热封性好，热封温度低；透气、透湿性大。

综上所述，其中聚氯乙烯（PVC）薄膜成本最低、使用最早；线性低密度聚乙烯薄膜（LDPE）自黏性较好，拉伸性和韧性均好，但应力滞留性差；低密度聚乙烯薄膜拉伸率较低，自黏性和抗戳穿强度较差；乙烯–醋酸乙烯共聚物薄膜自黏性、拉伸性、韧性和应力滞留性均好；线型低密度聚乙烯薄膜综合特性最好。随着 LLDPE 的商品化，以其优异的拉伸性、耐撕裂性和抗穿刺性，正不断取代 PVC、EVA 和 LDPE 而成为制备拉伸缠绕膜的主要原料之一。

三、 拉伸包装工艺

根据拉伸包装的主要用途，可分为销售用拉伸包装和贮运用拉伸包装，根据自动化程度又分为手动拉伸包装、半自动拉伸包装和全自动拉伸包装。

（一） 销售包装用途的拉伸包装

目前销售包装用途的拉伸包装，主要应用于生鲜食品的包装，此类食品大多保质期较短，同时对热较为敏感，保持卫生的同时又要消费者能够看到食品的状态，所以比较适合使用拉伸包装，例如超市中的水果、蔬菜、鲜肉和海产品等。

1. 手工操作方法

一般由人工将被包装物放在浅盘内，特别是脆而软的产品和多件包装的零散产品，如不用浅盘则容易损坏。但有些产品（如小工具等）本身具有一定的刚性和牢固程度，可不用浅盘。手工操作包装过程：

首先从卷筒拉出薄膜，将产品放在其上并卷起来，向热封板移动，用电热丝或切刀将薄膜切断，再移到热封板上进行封合；然后用手抓住薄膜卷的两端进行拉伸；最后拉伸到所需程度，将两端的薄膜向下折至卷的底面，压在热封板上封合，见图3-18。

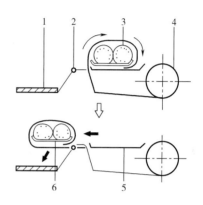

图3-18　拉伸包装手动操作示意图
1—热封板　2—电热丝　3—产品
4—拉伸膜　5—工作台　6—浅盘

2. 半自动操作

将包装工作中的一部分工序机械化或自动化，可提高生产效率。包装形态主要是带浅盘的包装，包装的重要环节是卷包和拉伸，要使这些工序机械化，机器构造的复杂程度必须增加，价格也必然同时提高，而通用性却有所削弱。虽然能节省一部分人力，产量有所提高，但从总体上测算不一定合算。如果仅将供给输出和热封部分自动化，包装速度也不会提高多少。所以，半自动操作在实际应用中使用得较少。

3. 全自动操作

手工操作虽然有很多优点，但工人劳动强度大，动作单一而频繁，而且生产率低，成本高，因此，全自动包装发展迅速。目前，全自动拉伸包装机所采用的包装工艺主要是上推式操作法。

其操作过程：首先将产品放入浅盘内，由供给装置推至供给传送带，运送到上推装置；同时预先按产品所需长度切断薄膜，送到上推部位上方，用夹子夹住薄膜四周；上推装置将物品上推并顶着薄膜，薄膜被拉伸，然后松开左右和后面的夹子，同时将三边的薄膜折入浅盘底下；启动带有软泡沫塑料的输出传送带，浅盘向前移动，同时前边的薄膜被拉伸，此时松开前薄膜夹，将前边薄膜折入浅盘底，将包装件送至热封板封合，从而完成包装过程，见图3-19。

（二） 运输包装用途的拉伸包装

拉伸包装用于运输，比传统的木箱、瓦楞纸箱等包装重量轻、成本低，因此应用广泛，这种包装多用于托盘集合包装，有时也用于无托盘集合包装，根据薄膜幅面不同，将拉伸包装工艺方法分为以下两种：

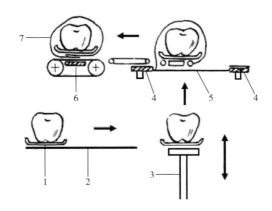

图3-19　上推式拉伸包装工艺
1—浅盘及产品　2—供给传输平台　3—上推装置　4—薄膜夹持器
5—拉伸薄膜　6—加热板　7—拉伸包装后成品

1. 整幅薄膜包装法

如图3-20（1）所示，用与货物高度一样或更宽一些的整幅薄膜包装。这种方法适合包装形状方正的货物，优点是效率高而且经济。例如用普通船装载出口货物的包装，沉重而不稳定的货物，以及单位时间内要求包装效率高的场合，缺点是要使用多种幅宽的薄膜。

2. 窄幅薄膜缠绕式包装法

薄膜幅宽一般为50~70cm，包装时薄膜自上而下以螺旋线形式缠绕货物，直至裹包完成，两圈之间约有1/3部分重叠。这种方法适合用于包装堆积较高或高度不一致，以及形状不规则或较轻的货物。对于不同大小的产品而言，只需要一种规格的拉伸膜即可，因而成本较低。根据拉伸包装设备不同，拉伸包装工艺方法可分为以下两种：

（1）回转式拉伸包装工艺　如图3-20所示，按下起动按钮后，转盘旋转，转盘上的集合产品随之旋转，薄膜缠绕在集合产品的底部；等待一定时间，完成底部的薄膜缠绕后，薄膜架开始上升，薄膜呈螺旋状缠绕在集合产品外围；当薄膜架上升到集合产品的顶部，薄膜架停止上升，待完成顶部的薄膜缠绕后，薄膜架开始下降，下降到底部，薄膜架停止下降，转盘转动到固定位置，停止转动，将薄膜切断，用叉车将产品取下，整个包装过程结束。转盘在固定位置停止的目的是叉车放入产品的位置，也是卸下产品的位置，这样便于叉车卸货。

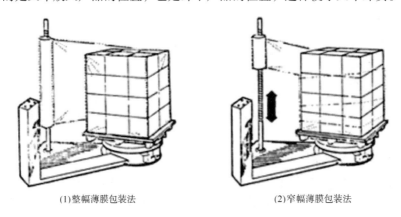

(1)整幅薄膜包装法　　　　　　　　　　(2)窄幅薄膜包装法

图3-20　回转式拉伸包装工艺示意图

（2）移动式拉伸包装工艺　将货物放在输送带上，由送进器或辊道推动向前，在包装位置有一个龙门式的架子，两个薄膜卷筒直立于输送带两侧，并装有摩擦拉伸辊。开始包装时，先将两卷薄膜的端部热封于货物上，当货物向前移动时，将薄膜包在其上，同时将薄膜拉伸，到达一定位置后，用封合器将薄膜收拢切断，并将端部粘于货物背后。回转式和移动式拉伸包装设备都有自动与半自动两种类型，半自动设备中，开始时黏结薄膜，结束时切断薄膜，均由手工操作。

四、　拉伸包装技术在食品中的应用

拉伸包装技术在食品包装中具有广泛的应用，尤其适用于对热敏感、易碎易变形、保质期短的生鲜和熟食类食品，例如鲜肉、海鲜、水果、蔬菜等，此类包装通常是食品放置于塑料浅盘中，然后用拉伸薄膜直接覆盖到其表面，同时利用拉伸薄膜的自黏性完成封合。通常表面无任何印刷图案，消费者可以直接看到内装食品的质地和新鲜程度，成分和保质期的文字说明内容可通过黏贴标签的形式黏贴到拉伸包装表面。常见食品拉伸包装见图3-21~图3-26。

图3-21　鲜肉拉伸包装

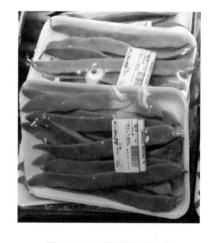

图3-22　蔬菜拉伸包装

图3-23　水果拉伸包装

图3-24　海产品拉伸包装

图3-25　无托盘水果拉伸包装

图3-26　熟食制品拉伸包装

五、 拉伸包装与收缩包装的比较与选用

拉伸包装是由收缩包装衍生而来的，它们之间既有相同点，又有一些不同点，有的食品只能采用拉伸包装，有的食品只能选择收缩包装，还有些食品两种包装方式均可选择。

（一） 拉伸包装与收缩包装的比较

在实际应用过程中，拉伸包装和收缩包装各有优缺点，具体见表3-3。

表3-3　　　　　　　　　　　拉伸包装与收缩包装的比较

比较内容	拉伸包装	收缩包装
对产品的适应性：		
对形状规则和异形产品	均可	均可
对新鲜果蔬	特别合适	特别合适
对单件、多件产品的销售包装	均可	均可，货物可紧固于托盘
对冷冻或冷藏产品	适合	不合适
对流通环境的适应性：		
包装件存放环境	只能仓库存放	仓库、露天存放均可
防潮性	差	好
透气性	好	差
低温操作	可在冷冻室内存放	不适合
设备投资和包装成本：		
设备投资和维修费用	投资和费用低	投资和费用高
能源消耗	少	多
材料费用	比收缩包装少25%	多
投资回收期	短	长
裹包应力	容易控制	不易控制

续表

比较内容	拉伸包装	收缩包装
薄膜库存要求	一种规格薄膜可用于不同产品	不同产品需要不同规格的收缩薄膜

（二）拉伸包装与收缩包装的选用原则

在选用拉伸包装或收缩包装时，应主要考虑以下原则：

1. 对产品尽量适应的原则。
2. 对流通环境尽量适应的原则。
3. 设备投资和包装成本尽可能低的原则。
4. 包装材料来源广、品种多、库存方便的原则。
5. 操作方便的原则。

🔍 思考题

1. 简述收缩薄膜加工工艺过程及收缩的原理。
2. 收缩包装有哪些优缺点？
3. 收缩包装有哪些包装方式？
4. 常见的收缩薄膜有哪些？各有何优缺点？
5. POF 是何种材料？有何特点？
6. 拉伸包装有何优缺点？
7. 拉伸包装材料要求有哪些特性？
8. 拉伸包装和收缩包装在食品包装中的应用有哪些？

参考文献

[1]董俊杰.收缩包装与拉伸包装及其应用[J].机电信息,2004,17:47-50.

[2]高愿军,熊卫东.食品包装[M].北京:化学工业出版社,2005.

[3]洪亮.拉伸包装技术探析[J].包装工程,2008,27(9):205-207.

[4]洪亮,苗洪涛.收缩包装技术探析[J].包装工程,2008,29(6):211-213.

[5]黄俊彦,崔丽华.热收缩包装技术及其发展[J].包装工程,2005,26(3):59-62.

[6]黄俊彦.现代商品包装技术[M].北京:化学工业出版社,2007.

第四章 CHAPTER

真空包装技术原理与应用

4

[学习目标]

1. 掌握真空包装技术的概念、特点、局限性。
2. 掌握真空包装技术的原理、材料要求及注意事项。
3. 掌握真空包装技术在各类食品工业中的应用。

第一节 概 述

一、真空包装技术的概念及特点

（一）真空包装技术的概念

所谓真空包装，指的是将产品加入气密性包装容器，抽去容器内部的空气，使密封后的容器内达到预定真空度的一种包装方法。

众所周知，空气中的氧气是导致食品变质的一个主要因素，尤其是那些富含油脂类的食品。如果将空气从包装袋或容器中抽走，通过降低氧气的浓度，那么就可以大大减轻氧气对食品的不利影响，从而延长食品的保质期。

食品的真空包装是将食品放入阻气性能良好的包装袋或包装容器，用真空泵抽走容器中的气体，再将其密封，在包装内部营造一个真空环境。其特点是：氧分压低，水汽含量低，食品内部气体或其他挥发性气体易向空中扩散。这样可防止食品氧化、发霉及腐败，减少变色、褪色，减少维生素 A 和维生素 C 的损耗，防止食品色、香、味改变。另外，真空包装将食品与外界环境完全隔离，因而能有效防止食品出现干缩、串味、污染和失重等情况。

严格地说，"真空"并非指绝对的真空，由于受到材料、工艺和设备的影响，在真空包装产品中，只有一部分空气被抽走，因此依然会有少量的空气留在被真空包装的产品中。

（二）真空包装的特点

真空包装的主要特点是通过改变被包装食品周围的环境保证食品的质量、数量，延长食品的保质期，具体特点如下：

1. 防止失水

包装材料将水蒸气阻隔，防止了水分的流失，可使鲜肉等产品的表面保持柔软。

2. 减缓氧化

抽真空时，氧气随空气被排除，同时由于包装材料的阻隔特性，氧气难以从外界进入包装内部，氧化过程被减缓。

3. 抑制微生物的增长

细菌、酵母菌等严重影响食品的质量与安全，它们的新陈代谢的产物往往对人体有毒和副作用，并使食品腐败，真空包装可减缓或防止微生物的二次污染和好氧微生物的增殖。

4. 防止香气的损失

包装材料能有效地阻隔易挥发性的芳香物质的逸出，同时也防止产品与周围环境之间的传味。

5. 避免冷冻损失

包装材料在一定程度上使产品与外界隔绝，避免了包装内外的物质交换，从而将冷冻产品的重量损失降低到最小的程度。

（三）真空包装的局限性

首先，对食品进行真空包装时，一般来说真空度越高，包装效果越好，保质期也越长；包装材料气密性越好，密封越完全；内装食品的含气率越低，可保持真空状态越久。但是，真空包装时，由于仪器设备的限制以及被包装食品要保留一定的气体和水分，包装材料的透气性等因素的影响，所以要使包装容器或包装袋内达到完全的真空是不可能的。其次，经过真空包装的包装件内外压力不平衡，被包装食品受到一定的压力，容易黏连到一起或缩成一团；酥脆易破裂的食品，如油炸虾片、薯条等容易被挤碎；形状不规则的产品，则容易使包装件表面破损造成包装袋的破裂等。食品经真空包装后一般还需适当的杀菌和贮藏，如生鲜食品，真空包装后应在10℃以下的低温状态下流通和销售，加工食品经真空包装后还要经过80℃、15min以上加热杀菌。

此外，真空包装所营造的低氧环境可能为厌氧病原菌（如肉毒杆菌）生长和毒素生成创造了条件。另外，抑制有氧腐败生物还可能产生有利于致病性需氧细菌如单核细胞增多性李斯特菌（*Listeria monocytogenes*）、小肠结肠炎耶尔森氏菌（*Yersinia enterocolitica*）、嗜水气单胞菌（*Aeromonas hydrophila*）和肠毒素大肠杆菌（*Enterotoxigenic Escherichia coli*）的生长条件。然而，真空包装产品中二氧化碳的存在可抑制革兰阴性腐败微生物如假单胞菌属（*Pseudomonas* spp.）和一些霉菌和酵母菌的生长；乳酸腐败菌受二氧化碳水平的影响较小。

二、真空包装技术的原理

食品处于大气环境中，会受到温度、水汽、氧气和光线的影响，与此同时，还会受到各种微生物的侵害。大气中含氧量约为21%，氧气可使食品中的油脂氧化，使其变色或褪色，维生素含量减少，并产生大量有害物质，甚至改变食品的原有香味。食品长时间存放在大气环境中，可导致腐败，鲜度下降，其原因大多是微生物如细菌、霉菌和酵母菌的繁殖所致。这些微生物在适宜的温度和氧气存在的情况下，可迅速增殖，从而加速了食品的腐败变质。大气中的水汽对食品贮存也有很大影响，它的存在除了可以促进微生物生长繁殖外，还可使食品潮解，香味散失。

食品变质的原因，可以是单一因素引起，也可以是多种因素共同引起的。针对不同因素，可采取物理或化学方法加以预防。真空包装是简单易行的方法。

微生物基本生命过程是营养和呼吸，呼吸是生物氧化过程，并随之释放微生物进行生命活动时所必需的能量。微生物呼吸的过程，也就是食物的氧化过程。以葡萄糖为例，氧化1mol的葡萄糖可以放出2.8×10^6J的热量。除糖类外，蛋白质、有机酸、醇类和脂肪都能成为细菌呼吸过程中的氧化物料，供其维持生命。真空包装就是要把包装袋和食品组织内的氧气抽掉，使微生物失去"生存的环境"。实验证明：当包装袋内的氧气浓度只有1%时，微生物的生长和繁殖将被严重抑制；氧气浓度只有0.5%时，大多数微生物将受到抑制而停止繁殖。在这种真空环境下，霉菌、好氧菌的生长繁殖得到了有效的抑制。真空除氧除了抑制微生物的生长和繁殖外，另一个重要功能是防止食品氧化，例如在油脂类食品中由于含有大量不饱和脂肪酸而易被氧化，导致食品变味和变质。此外，氧化还会造成食品中的维生素和色素等不稳定物质的氧化，从而造成产品营养成分的损失及颜色的变化。所以，除氧能有效地防止食品变质，保持其色、香、味及营养价值。

真空环境下，水汽大量减少，而水分又是微生物生命活动必需的条件，干燥的鱼、肉和菜都能长期保存，是因为微生物因缺水而丧失了生存环境，停止繁殖，或者死亡。真空封装可造成环境的相对湿度很低，甚至到零。即使这样干燥，有的细菌生命还不会终止，再次遇到适当的湿度，还会繁殖起来，造成食物腐败。譬如真空包装后由于封口不严或包装材料阻隔性差，都会使大气中的氧气和水汽重新进入袋中，造成食物的变质和腐烂。

食品中所含水分对微生物生长影响很大，可以通过食品中水分活度A_w来确定。$A_w = P/P_0$，P为食品的水蒸气压，P_0为同温度下纯水的蒸汽压。食物中微生物生长发育所需的最低A_w值由表4-1给出。

表4-1 微生物生长发育所需最低的A_w值

微生物	细菌	酵母菌	霉菌	嗜盐菌	耐干性霉	耐渗透压酵母
A_w	0.91	0.88	0.80	0.75	0.55	0.61

由表4-1可见，A_w在0.6以下的食品，即使是耐干性霉菌和耐浸透压酵母菌也不易发育繁殖。这类食品，如长期保存在气密条件下，可以减轻微生物的影响。

此外，真空包装有利于食品的热杀菌。食品包装后连袋加热时，由于包装容器或袋内排除了气体，热传导能力较强，可以使食品在短时间内温度上升到所需的温度，提高了热杀菌的效率。同时，由于排除了容器或袋内空气，可以防止食品包装在加热杀菌过程中，因气体的膨胀而导致容器或包装袋的破裂。

三、 真空包装材料的性能要求与材料选择

（一） 真空包装材料的性能要求

由于真空包装内部是一个低气压的状态，在浓度梯度差的驱动下，外界的气体尤其是氧气和水蒸气等相比于其他包装方式更容易侵入到包装的内部。众所周知，空气中的氧气与水蒸气是影响食品品质的两个关键因素。因此，真空包装材料的性能将直接影响最终包装食品的保质

期及风味的变化。在进行真空包装时，包装材料的选择是否恰当是真空包装成功与否的关键，真空包装对包装材料的性能要求如下：

1. 阻气性

通常真空包装材料需要具有优良的气体阻隔性，主要目的是防止外界环境中的氧气重新进入已抽真空的包装袋内，以避免好氧微生物的迅速增殖以及氧化作用对食品造成的破坏。当然，对于鲜切果蔬或其他新鲜农产品采用真空包装时需要考虑材料的氧气透过性，以维持产品的生命活动或抑制厌氧微生物的增殖。

2. 阻湿性

包装材料的水蒸气阻隔性会影响到包装内外水蒸气或水分的交换。对于真空包装来讲，材料必须具有良好的水蒸气阻隔性能，既要阻止外界水蒸气或水分进入真空包装内部，同时又要阻止包装内部的水蒸气或水分扩散到外部。

3. 保香性

保持食品的原有风味或香气，是食品包装的基本属性。由于真空包装材料大多具有优良的气体阻隔性，在一定程度上能够较好地保持食品的风味。然而，很多食品如传统风味食品往往具有浓郁的芳香气味，由于这些风味物质与芳香成分的多样性与复杂性及其强烈的吸附性与扩散性，要求包装材料具有良好的保香性，以保持包装产品本身的香味并能阻止外部异味的渗入。

4. 机械性能

真空包装材料要有良好的拉伸强度、耐穿刺性和热封强度。此外，还要考虑材料是否有可收缩特性、抗撕裂性、机械加工适应性等。

5. 其他性能

根据包装食品的不同，可能还要考虑材料的透明性、稳定性、安全性、耐油性、耐蒸煮性或耐低温性等要求。

（二）真空包装材料的选用

真空包装对材料的要求较高，单一材料很难满足要求，因此真空包装用材料主要是多层复合包装材料，即将具有不同物理与机械性能的单一材料组合起来可以满足真空包装对材料的严格要求。

1. 阻隔性材料

通常，在使用高分子聚合物或由它制得的相关材料包装物品时最关注材料对氧气、二氧化碳、氮气等常见气体的阻隔性以及对水蒸气的阻隔性。常见的高阻隔性材料有聚偏二氯乙烯（PVDC）、聚酰胺（PA）、乙烯－乙烯醇共聚物（EVOH）以及铝箔（Al）等。通过将以上材料与其他材料复合，可以大大提高复合材料的阻隔性。例如，各种 K 涂布膜，即 PVDC 涂布膜，如 KPP（K 涂聚丙烯）、KPET、KPA、K 玻璃纸等材料均具有优良的阻气阻湿性。目前，PVDC、PA 和 EVOH 三种高阻隔材料已经广泛应用在肉类、水产、乳制品及咖啡等产品的包装中。需要指出的是，PA 与 EVOH 由于分子链上含有大量的极性基团，容易与空气中的水分子通过氢键结合在一起而导致材料的阻隔性能的下降，因此在高水分含量或高湿度环境下使用这两种材料时要谨慎。除此之外，铝塑复合材料如铝箔复合材料或镀铝膜等也有着出色的阻隔性能，而被广泛应用于食品包装。金属铝赋予复合材料特殊的金属光泽，是其他塑料包装材料所不具备的。当然，铝塑复合材料不透明，对于要避光保存的食品是个优点，但是对于不要求避光保存的食品可能会是一个缺点，因为消费者此时无法看清内装物。除了上述材料外，聚酯（PET）、双向拉伸聚丙烯（BOPP）等材料也具有相对优良的阻隔性，在真空包装中也有着大量的使用。此外，由于 PET 和 BOPP 等材料有着出色的拉伸强度和柔韧性，因此这两种材料适合做复合材料的基材（多处于复合材料的最外层），从而给内装物提供物理保护作用。

2. 保香性材料

香气对食品风味起着举足轻重的作用，失去香味的食品虽可以食用，但其商品价值会大大降低。属于此类的食品如加香饼干、糖果、巧克力、香肠、火腿、熏制品、奶酪、炒货、咖啡、中药材、茶叶等，均有自身特有的香味。对于不同种类或性质的食品，其含有的风味物质或芳香物质的分子质量、极性、挥发性与类别等也会有很大差异。因此，如何通过包装材料将产品风味或芳香成分锁在包装内部成为一个难题。一般来讲，前面提到的几种阻隔材料均能够在一定程度上保持食品的风味，有时也会将两种以上高阻隔材料一起应用来达到保香的目的。例如，熏制品和熟食制品多采用 PET/Al/CPP、PET/PA/Al/CPP 和 PET/PA/CPP 等，水产品与肉制品采用 PET/PVDC/CPP、KPET/PA/PE、KPET/PE、PA/PE 和 KPA/PE 等，乳酪等乳制品采用 KPA/PE 和 KPA/VMPET/PE 等复合材料来最大限度地提供阻隔性与保香性。CPP 流延聚丙烯；VMPET 镀铝聚酯膜。

3. 耐穿刺性材料

除了考虑材料的阻隔性和保香性外，第三个选材或材料结构设计时重点考虑的因素是耐穿刺性或耐针孔性，只有耐穿刺性优良的材料才能经受得住抽真空操作，运输、贮存、销售和使用过程中的冲击、摩擦等作用而不发生针孔和漏气。食品经真空包装后，包装材料会紧紧贴附在食品表面，尤其是包装食品具有不规则形状或尖角、锐角等情况会大大增加包装材料破损的几率。造成破损的原因主要有两个：一是在包装形状不规则的食品时，包装材料的拉伸倍率升高导致在局部的材料厚度变薄，增加了破损的几率；二是在形状不规则的位置由于材料紧紧贴附在食品表面，包装材料容易被刺穿或者在运输和操作过程中由于相互摩擦而出现破损。因此真空包装材料的选择一定要考虑到材料的耐穿刺性。在真空包装中，PA（聚酰胺或尼龙）不仅具有优良的气体阻隔性，同时还拥有极佳的耐穿刺性，是真空包装材料的一个理想选择。此外，离子键聚合物，商品名称为 Surlyn（沙林），有着优良的柔韧性、耐穿刺性和耐油性，特别适用于包装油脂性食品，以及带棱角物品的包装与热收缩包装。同时，离子聚合物有着低温热封性能好，热封温度宽，且带夹杂物时热封性仍很好，因此也常用作复合薄膜的热封层。

4. 热封性材料

塑料的热封性是指塑料在加热到熔融状态后，与本身或别的种类的塑料的热黏合性能。热封性是软包装内层材料必不可少的性质，包装袋包裹内容物、形成内环境靠的就是热封性，因此，热封性在塑料包装材料的封合与制袋中有重要的意义。

热封用塑料膜有以下几个重要的性能要求：①热封起始温度要低，以适应于高速自动制袋充灌机的使用要求；②热封用塑料膜应有良好的耐寒、耐热性；③热封强度要高；④热间剥离强度要大，即热间剥离距离要小，也就是说在热封时，因机械拉力等的作用，已经热封了的部分，被重新剥离开的部分要很小；⑤要有良好的夹杂物热封性，即：热封面被油污灰尘污染仍有良好的热封强度；⑥动静摩擦因数应在 0.2 ~ 0.4，以便于粉状和黏性液体的充分足量的灌装；⑦具有良好的柔韧性。真空包装用热封材料的要求要比普通包装高得多，因为抽真空工艺不仅要求材料要有出色的阻隔性，同时还要求材料的热封强度要高，以保证包装内部的低气压环境。

常用的热封性材料主要有 LDPE、乙烯－醋酸乙烯酯（EVA）和流延聚丙烯（CPP）。LDPE 是最为常用的一种热封性材料，其熔点在 $105 \sim 120℃$，透明性较好、安全无毒、经济性高。EVA 透明度高，光泽度好，柔韧性好，加工成型温度低，卫生安全性好，可热封也可黏合。CPP 则拥有更高的热封强度和卫生安全性，并且耐油性要比 LDPE 高，因此更适合富含油脂类食品的包装。此外，LLDPE（线性低密度聚乙烯）和离子键聚合物等材料也具有良好的热封性和热封强度。

四、 真空包装的形式、 工艺与包装设备

（一） 真空包装的基本形式

1. 软膜包装

包装的上、底膜均使用较薄的软膜材料，如耐高温的 PA/PE（聚酰胺/聚乙烯）复合薄膜等，这种复合薄膜兼有防水、阻氧的特性，能有效保护被包装物免受外部环境影响。此外，由于其耐高温，整个包装可进行高温灭菌，进一步提高了安全性。这种包装形式可用于真空包装或真空充气包装，对于自身具有固定形状的产品如香肠、火腿等尤为适用。

2. 硬膜包装

这种包装的上膜一般使用软膜，底膜一般使用硬膜以形成坚硬的托盘，盛载不定形的软体或流体物品，保护包装物免受挤压。这样的上膜、底膜组合，可作为理想的真空包装物，尤其适合于包装新鲜的鱼、肉等产品。

3. 贴体包装

贴体包装可以看作是硬膜包装的一种，紧缩的贴体包装同样是以硬膜作底膜，上膜使用软膜材料。贴体包装的独特之处就在于在大气压力的作用之下，上膜能光滑地随着产品的外形收缩，紧紧地贴附在产品的表面，如同产品的第二层表皮，使包装物更为自然、美观。当包装新鲜肉类产品时，其紧贴密封的特性可有效防止产品内的血水渗出，同时也可避免食品被冻伤，适用于冷冻食品。

（二） 真空包装的主要工艺

1. 机械挤压法

如图 4 - 1 所示，袋经充填之后，从袋的两边用海绵类物品将袋内的空气排除，然后进行密封。这种方法很简单，但脱气除氧效果差，只限于要求不高的场合。

2. 吸管插入法

这种空气去除方法是将连接到真空泵的吸嘴插入袋的开口处，如图 4 - 2 所示，开启阀门 2，由真空泵进行抽气，然后用热封器封口。如果要进行充气，可在抽真空后关闭阀门 2，开启阀门 1，进行充气。还有一种类似的方法，称为呼吸式包装，其原理是将物品充填到带有特殊呼吸口的袋里，然后封袋，通过呼吸管除去包装袋内的空气，充进惰性气体，最后将呼吸管密封。

该方法方便快捷，缺点是空气残留量较高，随着包装材料（取决于其模量）快速塌陷到产品表面上空气去除效率开始大大降低。目前，该方法广泛用于包装新鲜或冷冻的家禽肉，鲜切蔬菜和新鲜的肉类，鱼类，加工肉类，坚果等的批量包装。

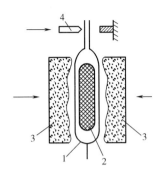

图4-1 机械挤压法示意图

1—包装袋 2—被包装物

3—海绵垫 4—热封器

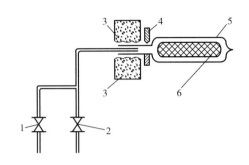

图4-2 吸管插入法示意图

1，2—阀门 3—海绵垫 4—热封器

5—包装袋 6—被包装物

3. 腔室法

如图4-3所示，有一个真空腔室，整个包装过程除充填外均在腔室内进行。开始将充填过的包装袋放入腔室内，然后关闭腔室，开始用真空泵抽气，抽气完毕用热封器封口。如果进行充气包装则在抽气后充以惰性气体再封口。为了便于开启腔室，需要向腔室内充气，最后开启腔室取出包装件。腔室法生产率较低，为了提高生产率，可以采用双真空腔室轮流操作，或采用多工位多腔室的自动连续真空包装机。腔室法可以得到较高的真空度，适合包装高质量的产品。现代高效高速真空与充气包装机多数采用这种方法。

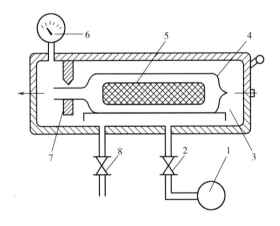

图4-3 腔室法示意图

1—真空泵 2，8—阀门 3—真空腔室 4—包装袋

5—被包装物 6—真空表 7—热封器

4. 热成型法

热成型法是当前香肠、切片午餐肉、切片培根、熏制香肠和一些天然奶酪的主要包装工艺。该方法使用两卷复合塑料膜（通常为高阻隔材料）分别作为底膜和上膜，通过将薄膜边缘夹紧而将底膜递送到机器中，并将其牵引到连续移动的热成型模具（凹穴）上或热成型工位上。首先通过对底膜进行加热，在真空或压力等外力下形成包装空间。

然后将被包装产品手动或自动装载到前面热成型的空间中。最后，上膜通过牵引来到底膜上方，真空密封腔室关闭抽真空，当达到所需的真空水平时，上膜与底膜被热封在一起形成真空包装件。

（三） 真空包装的主要设备

真空包装设备主要有腔室式、输送带式、插管式、旋转台式和热成型式五种类型，前四种主要适用于包装形式为软包装袋的真空包装或真空充气包装，热成型式适用于软包装袋或包装盒等不同包装形式的产品的真空包装或真空充气包装。

1. 腔室式真空包装设备

腔室式真空包装设备的类型有台式、单室式和双室式，其基本结构相同，由真空室、真空和充气（或无充气）系统和热封装置组成。

图4-4所示为各种类型的腔室式真空包装机的外形结构（单位：mm）。腔室式真空包装机最低绝对气压为1~2kPa，机器生产能力根据热封杆数和长度及操作时间而定，每分钟工作循环次数为2~4次。

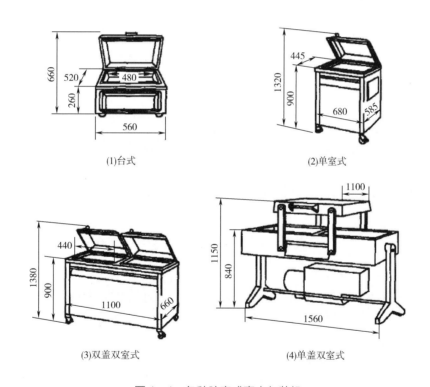

图4-4　各种腔室式真空包装机

图4-5所示为典型真空室结构示意图，热封杆8和真空室盖2上的耐热橡胶垫板构成热封装置，根据热封杆长度在其内侧配置2~3个充气管嘴9，供2~3个袋同时充气并热封。真空室内放有活动垫板4，可根据包装袋3的厚度放入或取出以改变真空室容积，调节真空泵抽气时间以提高效率。真空室后端装有管道连接真空泵。操作时，放下真空室盖即通过限位开关接通真空泵的真空电磁阀进行抽真空，其室内负压而使室盖紧压箱体构成密封的真空室。

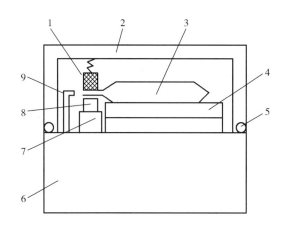

图4-5　真空室结构示意图
1—橡胶垫板　2—真空室盖　3—包装袋　4—垫板　5—密封垫圈
6—箱体　7—加压装置　8—热封杆　9—充气管嘴

图4-6所示为国外双室式真空包装机带有空气衬垫式的真空盖，在抽真空时将空气充入空气衬垫内，其弹性可适应包装物形状变化将袋内空气驱出，缩短真空泵抽气时间，降低真空泵的能耗。

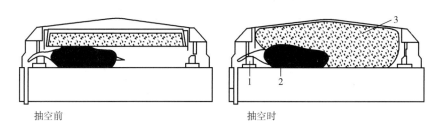

抽空前　　　　　　　　　　　抽空时

图4-6　国外双室式真空包装机带有空气衬垫式的真空盖
1—热封杆　2—包装袋　3—空气衬垫

真空（和充气）系统由一组电磁阀和真空泵组成，通过控制器程序控制各阀启闭，自动完成抽真空—充气—热封的操作或抽真空—热封操作。国产真空包装机各操作程序大多采用继电器逻辑线路控制，少量产品用微机控制。

塑料袋口热封方法有电阻加热和脉冲加热两种。电阻加热法应用较普遍，但加热时间较长，不适宜热收缩性薄膜封口；脉冲加热法用脉冲电流瞬时产生高温而热封，加热时间短，封口质量好，热收缩性的薄膜封口时不产生收缩变形，是目前较理想的热封方法。

图4-7所示为热封杆的结构示意图，电热带采用电阻率大、高温不易氧化的镍基和铁基加热合金。有的热封装置采用双面热封，上下均为热封杆，双面加热有利于较厚薄膜袋口快速熔接而获得良好封口。

2. 带式真空包装机

带式真空包装机型用输送带将包装袋逐步送入真空室自动抽气并热封，然后随输送带送出机外，是一种自动化程度和生产效率较高的机型。

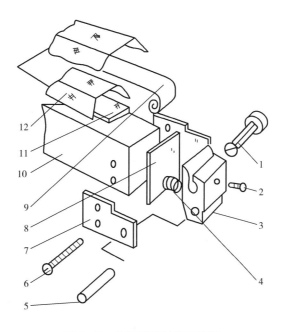

图 4 – 7 热封杆的结构示意图

1—压紧销 2—压紧螺钉 3—紧压块 4—弹簧 5—销栓 6—螺钉 7—绝缘支架板

8—绝缘垫 9—电热带 10—热封杆 11—耐热橡胶垫 12—聚四氟乙烯玻璃纤维布

图 4 – 8 所示为输送带式真空包装机的结构示意图，包装袋置于输送带的托架 1 上，随输送带进入真空室盖 4 位置停止，室盖 4 自动放下，活动平台 6 在凸轮 7 作用下抬起，与真空室盖构成密闭真空室，随后进行抽真空和热封操作；操作完毕，活动平台降下而真空室盖升起，输送带步进将包装袋送出机外。

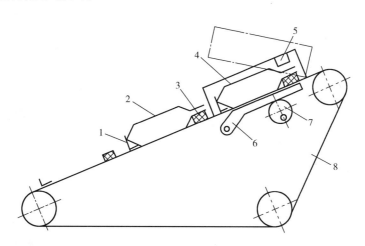

图 4 – 8 输送带式真空包装机的结构示意图

1—托架 2—包装袋 3—耐热橡胶垫 4—真空室盖 5—热封杆 6—活动平台 7—凸轮 8—输送带

带式真空包装机热封杆长度为 650 ~ 1000mm，可同时放入几个包装袋抽真空并热封；由于操作处于连续状态，为防止热封杆处于连续高热状态，热封杆采用水冷式结构，操作时，用中空铝合金型材制造的热封杆接通水源进行冷却。该机型的真空系统、热封原理与腔室式真空包装机相同。

3. 旋转式真空包装机

图4-9所示为旋转式真空包装机工作示意图，该机由充填和抽真空两个转台组成，两转台之间装有机械手自动将已充填物料的包装袋送入抽真空转台的真空室。充填转台有6个工位，自动完成供袋、打印、张袋、充填固体物料、注射汤汁5个动作；抽真空转台有12个单独的真空室，包装袋在旋转一周经过12个工位完成抽真空、热封、冷却到卸袋的动作，机器的生产能力达到40袋/min。由于机器的生产能力较高，国外机型配套定量杯式充填装置，预先将固体物料称量放入定量杯中，然后送至充填转台的充填工位充入包装袋内。

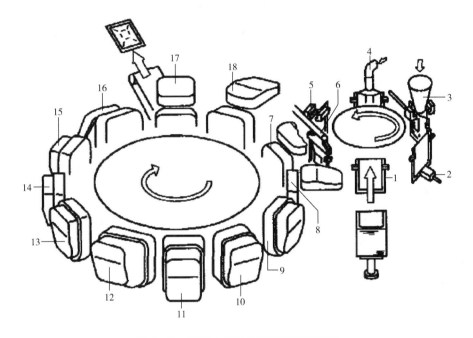

图4-9　旋转式真空包装机工作示意图

1—吸袋夹持　2—打印日期　3—撑开定量充填　4—自动灌汤汁　5—空工序　6—机械手传送包装袋
7—打开真空盒盖装袋　8—关闭真空盒盖　9—预备抽真空　10—第一次抽真空
11—保持真空，袋内空气充分逸出　12—二次抽真空　13—脉冲加热热封袋口
14，15—袋口冷却　16—进气释放真空、打开盒盖　17—卸袋　18—准备工位

4. 热成型真空包装机

热成型真空包装机供塑料盒式真空包装，图4-10所示为该机型的结构示意图。机器的工作过程为：底膜从膜卷9被输送链夹持步进送入机内，在热成型装置1加热软化并拉伸成盒型；成型盒在充填部位2充填包装物，然后被从盖膜卷4引出的盖膜覆盖，进入真空热封室3实施抽真空或抽真空—充气，再热封；完成热封的盒带步进经封口冷却装置5、横向切割刀具6和纵向切割刀具7将数排塑料盒分割成单件送出机外，同时底膜两侧边料脱离输送链送出机外卷收。

该机生产能力与热成模和热封模的尺寸有关（长×宽），每次可热成型和热封（2~3）排×（2~3）行，即4~9只盒。一般底膜厚度为0.3~0.4mm时，盒热成型拉伸的深度可达170~190mm。

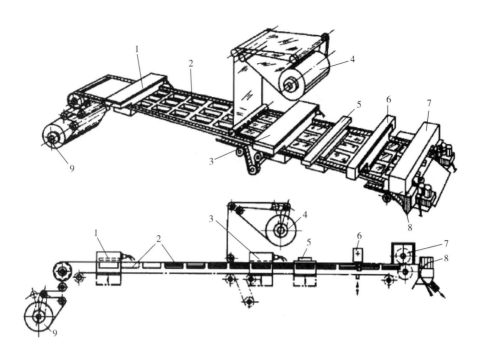

图4-10 热成型真空包装机结构示意图

1—热成型装置 2—包装盒充填部位 3—真空热封室 4—盖膜卷 5—封口冷却装置

6—横向切割刀具 7—纵向切割刀具 8—底膜边料引出 9—底膜卷

5. 插管式真空包装机

插管式真空包装机是一种不设真空室，直接对塑料袋抽气，或抽气—充气的包装机，因而抽真空时间短并减少能耗。图4-11所示为插管式真空包装机的工作原理，塑料袋4套入抽气-充气管嘴1后，橡胶夹紧装置即将袋口夹紧，进行抽真空或抽真空-充气，随后热封袋口。有的插管式真空包装机的扁形管嘴直接装在热封装置上，利用上、下热封杆橡胶夹住袋口进行抽真空或抽真空后充气，热封时将扁形管嘴抽出袋口。

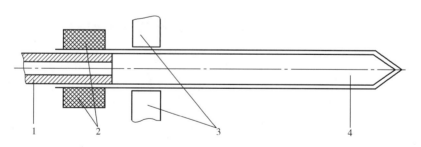

图4-11 插管式真空包装机的工作原理

1—抽气-充气管嘴 2—夹紧装置 3—热封装置 4—塑料袋

6. 真空贴体包装机

真空贴体包装不同于一般真空包装，它使包装软膜裹紧于食品表面而形成食品包装件。由于包装膜与食品间被裹紧而没有因皱折造成空隙，残氧率低于普通真空包装，能使内装物保质期延长。真空贴体包装的原理类似贴体包装机，商品贴体包装是由硬纸板做底板与软膜裹紧商品，真空贴体包装是由硬塑料膜作底板与软膜结合裹紧食品。

图4-12所示为真空贴体包装机的工作原理，机器的结构类似热成型真空包装机，但没有热成型装置，底膜是较厚的半刚性塑料膜，上膜为软膜。包装机工作过程为：底膜2从膜卷引出被输送链牵引作步进输送，包装食品置于底膜上；上膜3以膜卷牵引经过加热装置4时受热软化，与底膜一起进入真空热封室5内，真空室合模抽真空；预先软化的上膜受真空吸力坍落裹紧食品，构成与食品形状相同的包装件；同时在真空室内热封装置将周边的上膜与底膜热封，然后真空室开模，包装件步进送至横向、纵向切割刀具，将数排包装件分割成单件，并自动贴标。真空膜包装法特点是以食品形状为"模具"热成型，具有热成型真空包装机的包装形式，但又不需要复杂的热成型模具。

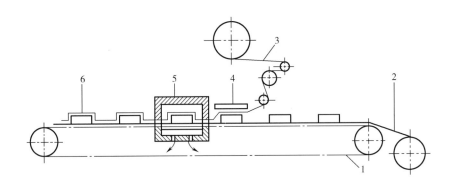

图4-12 真空贴体包装机的工作原理

1—输送链 2—底膜 3—上膜 4—上膜加热装置 5—真空热封室 6—包装件

第二节 真空包装技术在食品工业中的应用

一、 真空包装技术在禽肉保藏中的应用

新鲜禽肉的真空包装主要用于阻止有氧腐败细菌的生长，并提供有吸引力的防漏（水分）包装（图4-13）。需要注意的是，在包装新鲜家禽时，要尽量避免形成产硫化氢的细菌生长的条件。这些细菌通常存在于新鲜的家禽上，并且在温度高于1℃和低氧条件下最宜生长。因此，新鲜的整鸡，烤肉和火鸡都使用透氧性的收缩袋进行真空包装。此外，很多切割的新鲜家禽也正在使用热成型和透氧材料进行真空包装。而一些无骨/无皮的部分则主要采用真空贴体包装。

图4-13 鸡肉的真空包装

对于冷冻的新鲜禽肉，在真空包装时也依然主要采用透氧性收缩袋。这些包装袋为多层聚烯烃结构并通过共挤出方式生产。外层由改性聚丙烯（PP）构成，主要负责提供高光泽度和冷冻条件下的耐磨性；里层由电子交联聚乙烯（LDPE）构成，提供冷冻条件下的柔韧性、良好的热收缩性和密封性。该真空收缩袋可以完美地附着在产品表面，并没有褶皱出现，不仅避免了结霜的问题，还能够赋予产品更好的货架吸引力。此外，由于在贮存和分销过程中不会产生显著的氧化酸败，因此冷冻新鲜禽肉的真空包装一般不需要选择高阻隔性材料。

二、 真空包装技术在新鲜红肉保藏中的应用

目前，国外大约90%的新鲜牛肉是通过使用高阻隔收缩袋经真空包装后运送到各大食品服务站和零售点。这种高阻隔袋材料为三层共挤结构，外层是由乙烯－醋酸乙烯共聚物（EVA）或线性低密度聚乙烯（LLDPE）构成，中间阻隔层为聚偏二氯乙烯（PVDC），里层由电子束交联的 EVA 或 LLDPE 组成。

大多数新鲜红肉的真空包装是在高速、高真空、旋转式包装机上生产的。对于含有骨头的切割红肉，为防止肉中的骨头可能给包装袋带来的穿刺或破坏，包装袋最好要具有良好的耐穿刺性能，一般是利用耐穿刺材料作为材料的最外层以提供保护。起初，该技术在新鲜猪肉尤其是带骨猪肉如猪排等产品中鲜有应用，但耐穿刺收缩袋的出现极大地改变了带骨猪肉的销售方式，目前新鲜猪肉和猪排等产品在国外已经基本采用收缩袋真空包装（见图 4 – 14）。

图 4 – 14　红肉的真空包装

新鲜屠宰的牛肉由于体细胞失去了血液对其的氧气供应，会进行无氧呼吸，从而产生乳酸，影响到牛肉的风味和口感。因此，牛肉的排酸就显得格外重要，排酸过程其实是一个利用自身存在的酶将肉中的乳酸逐渐分解并实现嫩化的过程。经过排酸后的牛肉质地更加细嫩了，而且带有轻微的发酵的香味，颜色也比之前更加红亮了。牛肉经真空包装后可以在 30d 内完成排酸或熟化，没有任何明显的收缩或损失。因此，该项技术出现后，迅速改变了牛肉、羊肉和猪肉等红肉产品的零售模式，大大改善并提升了红肉产品的销售和市场，并最终导致了牛肉行业的全面重组。经真空包装保存的新鲜红肉有三个主要的特点：①延缓有氧腐败微生物的生长；②防止肌红蛋白的化学降解；③水分的损失降到最低。

三、 真空包装技术在腌制、 熏制和加工肉制品中的应用

此类产品通常由红肉和禽肉加工而成，主要包括培根、火腿、香肠、腌肉、熏肉和切片午餐肉等。该类产品包装时既要考虑到微生物与脂肪氧化的影响，还要考虑如何更好地保护产品的香气、风味和特有颜色。通过使用高阻隔材料并经真空包装后，可以有效地抑制有氧微生物的生长和脂肪的氧化酸败，阻止产品的颜色、香气和风味的损失或降解。

氧气是造成加工肉类色、香、味等一系列变化的首要因素，因此为了将包装内部的残留氧气量降到最低，该类产品主要由腔室式真空包装设备完成。

体积较小的产品如香肠，切片培根和切片午餐肉等多采用氧气渗透率低于 15mL/（m^2·d）的高阻隔材料进行包装。材料构成为三层共挤出或挤出结构，其中外层为 PA 或 PET，中间的阻隔层为 PVDC 或 EVOH，里层为 Surlyn 或 LLDPE。

体积较大的单位如火腿、腌制牛肉和腌制猪肉和猪排等通常使用高阻隔性的收缩袋包装，材料构成为三层共挤结构，外层为 EVA 或 LDPE，中间阻隔层采用 PVDC，里层采用 EVA 或 LLDPE。

图 4 –15　加工肉制品的真空包装

四、 真空包装技术在新鲜果蔬中的应用

鲜切果蔬的便利性受到了广大消费者和食品服务行业的青睐，当果蔬被去皮或切片、切块后，此时的果蔬更需要一个理想的包装提供保护并延长产品的保质期。鲜切蔬菜的真空包装近年来发展迅速。由于鲜切果蔬依然具有呼吸作用，所以在包装时必须注意提供足够的氧气并释放呼吸所产生的二氧化碳。新鲜蔬菜根据呼吸强弱主要分为三组，如表 4 –2 所示。

表 4 –2　　　　　　　　　　　　　　部分果蔬的呼吸类型

呼吸类型	蔬菜种类	薄膜透气性/［mL/（m^2·d）］	
		O$_2$	CO$_2$
轻度呼吸	胡萝卜、土豆、萝卜	1000 ~ 3000	10000 ~ 20000
中度呼吸	生菜、芹菜、辣椒	6000 ~ 7000	30000 ~ 35000
重度呼吸	西蓝花、菜花、芦笋	15000 ~ 20000	75000 ~ 100000

资料来源：Yan K. L. , 2010。

鲜切蔬菜在包装时利用具有特定透气性的聚烯烃袋或薄膜，这些材料通过改变树脂种类和利用添加剂进行改性以达到不同产品所需的 O_2/CO_2 渗透性。同时聚烯烃膜还拥有良好的水蒸气阻隔作用，可以防止鲜切果蔬出现显著的水分损失。当空气从包装中去除以后，通过材料的渗透性，包装会很快建立一个适合产品贮藏的气体氛围。一般来讲，鲜切果蔬在适当的冷藏温度下，O_2 维持在 5% 以下，CO_2 在 8%～12% 的范围内将会减缓新鲜果蔬的呼吸作用并显著地延长产品的保质期。目前，在国外鲜切的生菜、西蓝花和菜花等产品均以真空包装的方式实现了产品的分销与零售。同时，真空或负压包装也为生产者和消费者提供了良好便捷的视觉体验（图 4－16）。

图 4－16　新鲜农产品的真空包装

五、　真空包装技术在其他产品中的应用

（一）　天然乳酪

乳酪的包装要求主要是防止发霉和酸败，其次是保持水分，以维持质地柔韧并免于失重。真空包装能够防止霉菌生长，延缓表面黄油脂肪的氧化（光催化），防止表面的褪色，并尽可能减少水分流失。常用的包装材料和包装工艺设备与上面的加工肉制品类似，材料可以选择 PET/PVDC/LDPE，BOPP/PVDC/LDPE 和 PA/PVDC/LDPE 等多层复合材料。采用真空包装不仅能够合理地保护乳酪品质，同时还能将乳酪的颜色和质地完美地呈现给消费者（图 4－17）。

（二）　鱼类

与陆地的畜、禽相比，鱼类因其栖息环境、捕获方式以及自身特点等更易腐败变质。首先，鱼类生活的环境（海洋、江河、湖泊、池塘等）容易受到污染使其污染微生物；其次，捕获时容易造成鱼类死伤，致使微生物有更多的机会侵入，且捕获后一般不立即清

图 4－17　乳酪的真空包装

洗，多数情况下带着容易腐败的内脏和鳃运输；另外，鱼类的肌肉组织较松软、水分含量高、组织蛋白酶的活性强，死后僵硬期短，自溶作用发生迅速，很容易造成腐败变质。

真空包装能够抑制好氧微生物的繁殖，但是给厌氧菌如 C 型肉毒杆菌的繁殖创造了有利条件。根据报道，C 型肉毒杆菌是鱼类身上较为常见的致病菌之一，可以在 4℃ 的低温厌氧条件下生长。该低温条件与鱼类等产品的冷藏配送温度基本一致，因此采用真空包装时要格外谨慎。目前，通过采用透氧薄膜的真空包装系统可以改善厌氧菌的繁殖问题，在美国已被批准应用到新鲜鱼类的包装（图 4 – 18）。

图 4 – 18　鱼的真空包装

对于冷冻鱼类产品，采用真空包装能够避免水分流失和氧化酸败。目前，使用阻氧收缩袋的真空包装已经成功地应用于冷冻的阿拉斯加鲑鱼与金枪鱼的贮存和运输。

🔍 思考题

1. 真空包装的概念是什么？
2. 真空包装的特点有哪些？
3. 真空包装的局限性有哪些？
4. 真空包装的原理是什么？
5. 真空包装技术对材料的要求有哪些？
6. 真空包装使用的材料有哪些？选用的依据是什么？
7. 真空包装形式与设备有哪些？
8. 新鲜红肉在真空包装时有哪些注意事项？
9. 新鲜果蔬真空包装保鲜原理是什么？
10. 新鲜果蔬的真空包装与传统的加工食品的真空包装有什么不同？
11. 新鲜鱼类真空包装时为什么需要采用透氧性的包装材料？

参考文献

[1]Catherine Nettles Cutter. Microbial control by packaging：a review[J]. Critical reviews in food science and nutrition，2002，42（2）：151－161.

[2]Han，Jung H. Innovations in food packaging[M]. London：Elsevier Academic Press，2005.

[3]Yam，Kit L. The Wiley encyclopedia of packaging technology[M]. New Tersey：John Wiley & Sons，2010.

[4]Raija Ahvenainen. 现代食品包装技术[M]. 崔建云，任发政，郑丽敏，葛克山译. 北京：中国农业大学出版社，2006.

[5]蔡惠平. 乳制品包装[M]. 北京：化学工业出版社，2004.

[6]孔保华，马丽珍. 肉品科学与技术[M]. 北京：中国轻工业出版社，2003.

[7]李代明. 食品包装学[M]. 北京：中国计量出版社，2008.

[8]江谷. 复合软包装材料与工艺[M]. 南京：江苏科学技术出版社，2003.

[9]钱俊. 特种包装技术[M]. 北京：化学工业出版社，2004.

[10]秦娜，宋永令，罗永康. 鱼类贮藏保鲜技术研究进展[J]. 肉类研究，2014，28（12）：28－32.

[11]王志伟. 食品包装技术[M]. 北京：化学工业出版社，2008.

[12]章建浩. 食品包装学：第3版[M]. 北京：中国农业出版社，2009.

[13]章建浩. 食品包装大全[M]. 北京：中国轻工业出版社，2000.

第五章

CHAPTER

5

活性与智能包装技术原理与应用

第一节 概　　述

一、　活性包装与智能包装的历史发展

第一个广泛报道活性包装术语的人是来自明尼苏达大学的 Theodore Labuza 博士。他在 1987 年在冰岛举行的欧盟会议上提出了开创性的综述（Labuza，1987；Labuza 和 Breene，1989）。Labuza 在 3M 的包装系统部门工作，花了一年时间致力于新的时间 – 温度指示器（TTI），在 1986 年参观东京时，看到了许多商业案例的活性包装。他和 3M 公司的 Curt Larson 构思提出活性包装术语（简称互动）作为他离开 3M 公司前的告别演讲。

智能薄膜首次在文献中被提到要追溯到 1986 年（Sneller，1986），"智能"被用在气调包装（MAP）中选择性渗透膜上。通过对 HDPE 和 PET 薄膜进行分层，形成选择透气性，使二氧化碳从包装中流出，防止过量的氧进入。

智能包装的定义是"不仅提供保护，还能够与产品发生相互作用，在某些情况下，可根据实际情况产生相应的变化"。在线发表的 Smart Packaging 杂志 2002—2005 年显示，智能包装术语在 21 世纪初时有短暂的繁盛。它将智能包装定义为"利用高附加值的特性来增强产品的功能，特别是机械、电子和化学特性，以提高安全性和效率"。该杂志敦促读者忘记所有诸如活

跃的、特征的、智能的、便捷的、功能的和增强的等描述性定义，并接受该术语涵盖的综合功能。有人建议人们把"智能"理解为聪明、整洁或惊讶。今天，智能包装几乎完全是指某些类型的智能包装。

不同的作者试图找出"活性包装"的起源。多年前的专利文献充满了"活性包装"的想法。例如，1938 年一个芬兰研究员描述使用的铁、锌、锰粉清除罐子顶空氧气的专利。1943 年来自英国一位研究人员的专利描述了从含有真空或气体包装食品的容器中除去氧气，其中一种金属如铁吸收氧气形成氧化物。在美国，1955 年报到了氢催化生成水去除氧气的办法，并把这种方法用于盛装喷雾干燥乳粉的马口铁罐和层压袋中。在包装中充入氮气和氢气（7%）的混合物，并要求使用金属钯作为催化剂。

1954 年报道了由山梨酸浸渍再生纤维素制作的有抑制真菌功能的包装材料，并用于包装天然和加工奶酪。这些可能是第一个抗菌薄膜。

从 1956 年最初的专利开始，酶特别是葡萄糖氧化酶去除氧气的方法被陆续研究。它描述了葡萄糖氧化酶和过氧化氢酶（后者破坏前者形成的过氧化氢）浸渍处理织物床单。将酶作为包装材料的概念是在一个 1956 年专利中公开描述的。1958 年，首次报道了在包装袋中使用化学品来清除氧气。1968 年，德国专利报道了利用碳酸钠粉末来吸收食品包装中氧气的方法。

1970 年，澳大利亚和美国的研究人员公布了在 LDPE 袋中使用高锰酸钾作为乙烯吸收剂来延缓香蕉成熟的细节，但是，很多年来这种方法在商业上并没有被广泛采用。1973 年，印度的研究人员发表了可延长食品保质期的抑菌包装的细节，但这些都没有被商业化。

尽管上述的专利几乎没有被商业化，它们为日本在 1976 年关于小袋盛装铁粉以吸收氧气的发展奠定了基础。这被普遍认为是活性包装的第一次商业应用。以 TTI 为典型代表的智能包装至少从 1971 年就用于商业，因此从历史上来看，智能包装是活性包装的鼻祖。

二、 活性包装和智能包装的概念

在文献中可以找到各种各样的词汇来描述活性包装和智能包装，包括活性的、交互式的、精巧的、机敏的和智能的包装。通常情况下，某些术语在没有被明确定义的时候就开始使用了，以至于这些术语所包含的内容非常宽泛。活性包装与智能包装的概念也是这样，人们在引用这些术语时往往并没有借鉴权威的解释，更多的时候是凭自己对于字面意思上的理解，所以导致了一些引用混乱，比如一些人认为活性包装和智能包装是一回事，甚至把某些非智能包装认为是智能包装。

在下定义之前，有必要对一些基本的事实进行总结和概括。食品的包装使用各种材料，而这些材料最主要的功能是装容和保护食品。在许多情况下，包装内部有一个顶部空间或空隙，而顶部空间的位置可能对食品的保质期有很重要的影响。此外，包装材料或其组成部分如密封和封口，可能与包装相互作用或允许某些化合物转移到包装内或包装外。除了包装食品，这种包装也可能包含一种小袋或补垫，在小袋的情况下可以吸收或排放一种特殊的气体或在补垫的情况下吸收或排出一种特殊的水分。当考虑到活性包装和智能包装时应该牢记这些事实。

（一） 活性包装

首先，总结一下活性包装可以达到的效果：它可以用来移除不需要的化合物（例如，水果呼吸产生的乙烯，或包装内部的氧气），添加一种理想的化合物（例如二氧化碳或乙醇），抑制微生物的生长（例如将一种抗菌化学物质添加到膜中），改变膜对气体的扩散性，使之随着温度的变化要比普遍的聚合膜多几个数量级，或者改变包装内部的物理条件（例如通过吸收或改变食品的温度来除去水分）。

在本章中，活性包装被定义为有意识地将某些附属成分添加到包装材料中或包装顶部空间，以提高包装系统性能的包装。这两个关键词是"有意识地"和"提高"，在这个定义中隐含的是包装系统的性能，包括维持（或改善）食品感官、安全和质量等方面。

根据前面的定义，可以举出非活性包装的例子，尽管一些作者已经描述了像 MAP 这样的应用通常是被动的而不是主动包装，除非有某种包装方式（或在包装上附加小包），积极地影响内部气体的组成，而不是通过塑料薄膜进行正常的渗透。关于 MAP 是否为活性包装的令人困惑的原因是 MA 的创建可以是被动的（由于食物或微生物的生化活性，包装内气体组成会随着时间的变化而变化）或是主动的（在密封前从包装中除去空气或一种气体混合物）。但是主动 MAP 包装不一定是活性包装。然而，如果包装中含有清除或排放气体的小袋，则可以将其分类为活性包装。金属包装的罐头内金属锡和食品成分之间的相互作用是腐蚀作用而不是活性包装的作用。芳香香精的去除，例如，在塑料板纸箱内与果汁接触的塑料层对香气的吸附，也不符合活性包装的定义。

一个有趣的例子，木桶被广泛用于威士忌酒、葡萄酒和其他酒精饮料的贮存和成熟。这种包装应用通过释放和吸附化合物以改变和提高贮存饮料的感官品质。欧盟发布了文件《欧盟指导委员会（EC）2009 年 5 月 29 日 450/2009 号关于活性和智能材料和物品与食物接触的指导意见》对接触食品的活性智能材料和物品进行规范和指导。它认为，活性食品接触的材料和物品应区别于传统制造过程中将其天然成分释放到特定类型的食品（例如木桶）中的材料和物品。由于木桶的设计不是故意地将一些物质释放到食物中，所以它们不被认为是活性包装。对于那些喜欢橡木陈酿葡萄酒特色风味的人来说，这种解释可能会令人不解。表 5 - 1 给出了活性包装系统的一些例子。

表 5 - 1　　　　　　　　　　　　　　活性包装系统

活性包装系统	物质构成	食品应用领域
吸氧系统	铁基、金属/酸、金属催化剂（例如铂）、抗坏血酸盐/金属盐、酶系和尼龙 MXD6	面包、蛋糕、熟米饭、饼干、比萨饼、乳酪、腌肉和鱼、咖啡、零食和饮料
二氧化碳控制系统	氧化铁/氢氧化钙、碳酸亚铁/金属卤化物、氧化钙/活性炭和抗坏血酸盐/碳酸氢钠	咖啡、新鲜肉类和鱼、坚果和海绵蛋糕
乙烯吸收系统	高锰酸钾、活性炭和活化的黏土/沸石	水果和蔬菜
抗菌包装	有机酸、银沸石、香料和草药提取物、抗氧化剂 BHA/BHT、维生素 E、二氧化氯和二氧化硫	谷物、肉类、鱼、面包、乳酪、零食、水果和蔬菜
乙醇排放系统	封装乙醇	比萨饼、蛋糕、面包、饼干、鱼和烘焙食品
吸水性系统	聚醋酸乙烯酯、活性黏土、矿物和硅胶	鱼、肉类、禽肉、零食、谷物、干食品、三明治、水果和蔬菜

续表

活性包装系统	物质构成	食品应用领域
香味/气味吸附剂	三醋酸纤维素、乙酰化纸、柠檬酸、亚铁盐/抗坏血酸盐和活性炭/黏土/沸石	果汁、油炸休闲食品、鱼、谷物、禽肉、乳制品和水果
热冷保温包装系统	生石灰/水、硝酸铵/水、氯化钙/水	即食性食物和饮料
透气性控制系统	侧链可结晶聚合物	水果和蔬菜

资料来源：Kerry J，Butler P，2008。

（二）智能包装

首先，总结一下智能包装可以做到的事情：它可以通过显示成熟度或者新鲜度，或者告知消费者保质期来帮助消费者判断食品的质量，它可以使用温变油墨或微波熟度指示器（MDIs）来指示食物的温度；它可以通过传输食物的时间－温度记录；可以指示一个包装是否被窃启。换句话说，智能包装能够感知到食物的一些属性，或者包装保存环境，并能够让制造商、零售商或消费者利用这些特性。

智能被定义为"具有或懂得理解力、聪明、快速的思考"。当这个词被应用到包装上的主要意思是"展示理解力"，尽管"智能"是非技术用户的首选。在这章中，智能包装被定义为包含外部或内部指示物的包装，以提供关于包装或食物质量的信息。这个定义的关键词是"指示器"，包括所有指标（例如，气体、成熟度、温度或窃启），还包括无线电频率识别（RFID）传感器。RFID标签并不能显示包装的历史和食物的质量，它只能显示标签的地理位置。因此，RFID标签是智能标签而不是智能包装，只有加入传感器的RFID标签才能被归类为智能包装。

根据上述定义，可列出一些非智能包装的例子，尽管一些作者将它们看作智能包装。如前所述，所谓的智能聚合物不具备智能包装的资格，因为它并不提供有关包装或食品的任何信息。由于同样的原因，微波包装也不是智能包装。多年来一直使用的设备，比如贴在玻璃和塑料瓶螺旋盖上的显窃启封签，根据上述定义，符合智能包装的标准。然而，在这本书中只有更新的和更复杂的显窃启装备才被归类为智能包装。烤咖啡上的减压阀不是一个智能包装，因为它没有提供信息，只是缓解了包装内二氧化碳积聚所带来的压力。金属罐末端的膨胀可能是由于内部气体的形成（由于微生物生长或由于腐蚀导致氢气的产生），该包装不是智能包装，尽管有些人会说它符合上述定义。

第二节　活性包装系统

在过去的30年里，尽管有大量关于活性包装的研究和开发工作，有大量的专利、会议、研究论文和出版物，但是市场上只有几种活性包装得到了商业应用。其中，使用最广泛的是小袋的氧气吸收剂，可被添加到包装顶部空间中，其次是吸湿器、乙醇排放器/发生器、乙烯吸收剂和二氧化碳排放器和吸收器。

有几种方法可以对活性包装系统进行分类。通常，分类是基于系统的实际作用（例如，吸收氧气）而不是基于对食物的影响（例如，防止氧化），这里将采用类似的分类。活性包装系统将被分为两类：一是将活性化合物填充到小袋或垫中，再将其放入包装内，二是将活性化合物直接添加到包装材料中。

一、小袋和垫

小袋和垫可以是高效活性包装的形式，但它们有两个主要的缺点：不能用于液态食品和由柔性膜制成的包装中，因为膜会黏附到小袋上并将其与需要进行作用的区域隔离。为了克服后一个问题，可以将小袋粘在包装的内壁或将活性成分添加到标签中，固定在内壁上。尽管存在这些缺点，但小袋和垫仍是使用最广泛的活性包装形式，它们所拥有的各种功能将在下面讨论。

（一）氧气吸收剂

氧气吸收剂（也称为氧气清除剂）使用粉末状铁或抗坏血酸，前者较为常见。使用铁粉可提供大的反应表面积，整体反应如下进行：

$$Fe + \frac{3}{4}O_2 + \frac{3}{2}H_2O \longrightarrow Fe(OH)_3$$

通过使用铁粉，可以将顶部空间中的氧气浓度降低到0.01%，比真空或气体冲洗可达到的0.3% ~ 3.0%的残余氧气含量要低得多。吸收剂的特征包括两个主要性质：吸收能力和吸收速率常量。虽然商业袋的吸收能力已经得到了很好的证明，但很少有研究能够评估其吸收速率，而这通常是食品质量的首要参数。一般来说，1g铁可以与0.0136mol氧气（标准状态下，约300mL）反应。各种尺寸的氧气吸收剂可商业购买，能够消耗20 ~ 2000mL的氧气（空气体积为100 ~ 10000mL），还有几个相关因素影响所需吸收剂。这些因素包括：食物的性质（即大小、形状、质量）；食物的水分活度；食物中溶氧量；食品所需要的保质期；包装顶部空间中的初始氧浓度；包装材料透氧系数。

最后一个因素对吸收剂和食物货架的整体性能至关重要，如果需要长的保质期，则需要含有PVDC共聚物、EVOH共聚物或可作为阻隔层的薄膜。这样的膜透氧系数小于4×10^{-15}（$cm^3 \cdot cm$）/（$cm^2 \cdot s \cdot mmHg$），而在1 ~ 2d内，顶空中的氧浓度应该减少到100mg/kg，并且在贮存器内保持在这个水平上，维持包装完整性。

最广泛使用的氧气清除剂是一种小袋的形式，它含有不同的铁基粉末，和催化剂混在一起使用，能将食品包装内的氧气转换（不可逆）成稳定的氧化物。水分往往是氧气吸收剂发挥作用的必要条件。水分可以在脱氧剂制造过程中添加，否则就必须从食物中吸收。铁粉通常要与食物分离，即把铁粉放在一个小袋里（标明不可食用），这种小袋通常是由高透氧或透水蒸气的材料制作的。

布兰登等人（2009）评估了四种商业性铁脱氧剂在3℃和10℃的氧清除能力。没有一个脱氧剂在24h内吸收了标称的脱氧量。它们的脱氧速度不够快，以至于在鲜切牛肉中不足以形成阻止高铁肌红蛋白产生的缺氧条件，尤其是在那些极易受高铁肌红蛋白影响的切块牛肉（牛肉遇氧颜色由红色变为褐色，影响销售）。重现性也是一个关键问题，特别是在低氧浓度下。没有一个脱氧剂在低浓度下具有小于20%的变异系数，因此建议多种脱氧剂同时使用。

在科技文献中，通常描述铁基脱氧剂清除氧的机制时并没有考虑含氯的盐（主要是NaCl）的影响。然而，Polyakov和Polyakov（2010）表明，脱氧效率与活性成分——铁粉中发生的腐蚀率有关。氯离子在这个过程中起着重要作用，其中包括通过电化学和化学反应最终在铁粒子核周围形成了一个多孔的铁锈壳。

Polyakov 和 Polyakov（2010）发现，随着氧吸收速率增加，孔隙度降低，铁粉腐蚀的比表面积增加，氧气穿过粒子的扩散性降低。在这个过程中的放热反应导致腐蚀产物的吸水量减少。他们的研究结果阐明了铁脱氧剂所吸收的水分对氧气吸收的影响。通过适当的包装设计，可用于贮存中等和高水分活性的食品。

铁基脱氧剂的一个缺点是它们通常不能通过金属探测器（通常安装在包装线上）。非金属脱氧剂包括有机脱氧剂，如抗坏血酸、抗坏血酸盐或儿茶酚；还包括酶脱氧剂，比如葡萄糖氧化酶或乙醇氧化酶，它们可以被添加到香包中，粘贴标签或固定在包装表面。然而，它们的使用并不普遍。

脱氧剂于 1977 年首次在日本实现商业化，但没有被北美和欧洲采用，直到 20 世纪 80 年代，才缓慢地被接受。脱氧剂在日本取得成功的原因可能是日本消费者已经准备接受创新包装。可能被消费者意外误食被认为是它们在欧美没有成功普及的一个原因。然而，摄入并不会导致不良反应，因为小袋中铁粉的重量通常只是人类铁半致死量的 1/60。开发具有吸氧功能并可粘贴在包装内壁上的标签有利于解决这种问题，并有利于这种技术的商业性推广，尽管它们的氧气吸收能力限于 100mL 以内。

脱氧剂已用于一系列食品，包括切片、煮熟和腌制的肉类和家禽产品、腌鱼、咖啡、比萨饼、特产烘焙食品、干燥食品配料、蛋糕、面包、饼干、新鲜面食、茶、乳粉、干鸡蛋、香辛料、糖果和零食。

（二）　二氧化碳吸收器/发射器

只吸收二氧化碳的小袋子是很少见的。二氧化碳清除剂可以由物理吸收剂（沸石或活性炭粉末）或化学吸收剂如氢氧化钙或氢氧化镁组成，通常包装在涂有聚丙烯的打孔纸袋里：

$$CO_2 + Ca(OH)_2 \longrightarrow CaCO_3$$

含有 $Ca(OH)_2$ 和铁粉的小袋，能同时吸收二氧化碳和氧气，普遍应用在烘焙或研磨咖啡的包装内。新鲜的烤咖啡会释放大量的二氧化碳（通过烘烤过程中的美拉德反应形成），必须被去除掉，否则将可以引起包装的膨胀甚至爆裂。

Charles 等人 2006 年发布了两种商业氧气和二氧化碳清除剂的吸收动力学研究报告。他们发现了脱氧剂具有吸收二氧化碳功能的附加效应（即脱氧剂吸收氧气后形成的氢氧化铁有碳化反应），并强调当使用氧气或二氧化碳清除剂时，要考虑到单个气体清除剂的吸收速率常数的变化（约 20%），以及温度效应和气体动力学的可靠性评价。

Wang 等人 2015 年研究了碳酸钠作为二氧化碳吸收剂的多功能薄膜在香菇气调包装中吸收二氧化碳的动力学规律，结果显示碳酸钠在水分的触发下能稳定、高效地吸收二氧化碳，从而防止了香菇在保藏过程中受到二氧化碳伤害，延长了保质期。

其他吸收性小袋内装物可以是基于抗坏血酸、碳酸亚铁，或抗坏血酸配合碳酸氢钠，吸收氧气并产生等量的二氧化碳，从而避免包装塌陷或造成部分真空。

CO_2 Fresh Pads（来自于美国爱荷华州的二氧化碳技术）已经被肉类、家禽和海产品加工者广泛采用。该系统包含柠檬酸和碳酸氢钠（二者可在水分的触发下发生反应生成二氧化碳），位于材料吸收层之间，并与纤维紧密结合。Verifrais™（来自法国）是一个带有打孔假底的托盘，假底内部固定装有碳酸氢钠/抗坏血酸盐的多孔小袋。当来自食物（通常是肉）的渗出液穿透小袋的时候，二氧化碳得到释放。

（三） 乙烯吸收剂

植物激素乙烯（C_2H_4）产生于水果和蔬菜的成熟过程中，可以对新鲜农产品产生积极和消极的影响。积极影响包括催化成熟过程，而消极影响包括增加水果的呼吸率（导致组织软化和加速衰老），叶绿素降解，促进采后生理紊乱。

许多乙烯吸收物质在专利文献中已经被描述过，但这些已经商业化的乙烯吸收剂大多是基于高锰酸钾，它能通过一系列反应氧化乙烯产生乙醛和乙酸，通过进一步氧化可以得到二氧化碳和水，总体反应如下：

$$3C_2H_4 + 12KMnO_4 \longrightarrow 12MnO_2 + 12KOH + 6CO_2$$

因为高锰酸钾是有毒的，它不能被加进食品接触包装材料。作为一种代替方案，将质量分数为 4% ~ 6% 的高锰酸钾添加到一个具有较大表面积的惰性基质上，如珍珠岩、氧化铝、硅胶、蛭石、活性炭或硅藻土，然后将其放置在小袋内，这样使用比较安全。

（四） 乙醇释放器

几个世纪以来，乙醇一直被用作抗菌剂，阿拉伯人早在 1000 多年前就已经用它来抑制水果腐败。即便是在非常低的浓度，乙醇依然可以发挥其抗菌功能。日本人首先发明了用小袋装入乙醇并使其挥发出乙醇蒸气的方法。小袋中含有 55% 的乙醇和 10% 的水，这些乙醇水被吸附在二氧化硅粉末（35%）上，并装在由纸 – EVA 共聚材料制作的小袋里。为了掩盖酒精的气味，一些小袋中加有微量的香草或其他香味物质。小袋中的组分可以从食物中吸收水分，并释放乙醇。所以食品的水分活度是乙醇蒸气包装内部顶空释放的一个重要的影响因素。

乙醇释放器主要在日本使用，用来延长焙烤食品的保质期（可提高 20 倍）。使用乙醇蒸气（除成本外）的主要缺点是异味形成以及食物变味，食物从包装内部顶空吸收乙醇蒸气使其内部乙醇浓度可以达到 2%，而这一浓度可能会给食品带来监管问题。如果食物在消费前要进入烤箱烘烤，就这不会产生任何问题，因为在烘烤过程中乙醇会蒸发掉。

（五） 防潮剂

由于温度波动、新鲜食物组织液的渗出以及农产品的水分蒸腾作用，液态水可以在相对湿度高的包装内部逐渐积累，导致霉菌和细菌的生长及薄膜材料表面的起雾。

Drip – absorbent 衬垫由两种非编制的多孔塑料薄膜组成，比如 PE 或 PP。在两层薄膜中间放置一种可以吸收自身质量 500 倍的水的超吸水性树脂。典型的超吸水性树脂包括聚丙烯酸盐、羧甲基纤维素（CMC）和接枝淀粉共聚物，它们对水都具有很强的亲和力。

二、 活性包装材料

（一） 氧气吸收材料

食品工业中最常使用的氧气吸收剂是以多孔小袋包装的铁粉。然而，在许多市场，这种小袋是不受消费者欢迎的，而且它们不能被用于液体食品。另外，一些紧贴食品的包装，例如真空包装的肉和乳酪（氧气透入是导致质量损失的主要原因）就不适合用小袋脱氧剂。因此，一种引人关注的替代方法是将脱氧剂加入到塑料包装材料中。

吸氧聚合物可以根据所吸收的氧气含量改变膜厚或混合组分。然而，大规模应用现有的氧气吸收材料的一个主要限制因素是吸氧塑料膜的吸收速率和容量远低于氧气吸收袋。氧气吸收膜所面临的另一个挑战是它在富氧的空气中必须保持稳定，不能吸收氧气，直到食品被包装起来。采用光或高湿度来激活或触发吸氧机制是所采用的主要方法。通常把氧气吸收材料放置在高阻隔材料制作的袋子中，并充入压力比外界环境稍高的氮气，以此来保护贮藏过程中的氧气吸收薄膜。

过去 80 年的专利文献中包含了许多氧气吸收系统的想法，也有一些商业化的尝试。包括把氧气吸收材料加入到包装结构中，不同的薄膜通过分散或三明治形式添加需要的反应组分。尽管氧气吸收系统在一些行业杂志和会议报告里一直属于研究热点，但很少有成功的商业化案例。

第一个吸收氧气的聚合物是将钴催化氧化的尼龙 – MXD6 与 PET 塑料混合。当使用浓度为二百万分之一的钴硬脂酸盐时，用这个聚合物共混体吹制的瓶子本质上可在一年内使氧气透过率为 0。许多在 PET 瓶中添加阻氧层的方法（更划算）在一定程度上限制了这种方法的应用。值得注意的是任何把吸氧材料作为中间层结构的吸氧剂都不是一种包装顶空快速吸氧方法，因为包装内层的 PET 对氧气透过有一定的阻隔作用。

有这样一种方法，聚合物吸氧器可以以多种包装结构成型，包括瓶子、薄膜、涂层、薄片、黏合剂、漆器、罐头内壁涂料和封盖内衬，在这些地方它既可以作为一个顶空氧气吸收器又可以作为一个阻止氧气渗透到包装里的屏障。这种吸收氧气的能力是紫外线作用下被激活的，意味着它必须在开始吸收氧气前暴露于紫外线。另一个氧气吸收材料是一种共聚物，它可以作为瓶子或硬质 PET 容器中的透明层来使用。这种材料通过层合或者挤出的方法制作成多层结构薄膜的中间层，它能清除包装内顶空的氧气，也能清除任何通过渗透或泄露进入到包装内部的氧气。

在另一个方法中，要从灌装封盖完毕的饮料（例如啤酒）中清除氧气，具体做法是将一个多层阻隔衬垫固定在皇冠盖、塑料或金属封盖内部。由抗坏血酸组成的活性成分被氧化成脱氢抗坏血酸，或者由亚硫酸氢钠被氧化成硫酸钠。其他的专利除氧系统也是可利用的。

许多专利应用的吸氧材料是基于乙烯不饱和碳氢化合物的，例如鲨烯、脂肪酸或者聚丁二烯。其中聚丁二烯是最有前途的，因为它的透明度、机械力学性能和加工工艺性能都与聚乙烯非常类似。这些不饱和碳氢化合物可以通过传统挤出或混合方法与热塑性塑料共混加工。前提是需要某些化学基团对其吸氧功能进行保护屏蔽，并使它与聚合物互容。在某些情况下可以添加过渡金属催化剂（如新葵酸钴或辛酸钴）加速吸氧速率。同样地，也可添加光引发剂用来加速并控制吸氧过程，防止清除剂在处理和存贮期间过早的氧化。这项技术的主要问题是在多元不饱和分子和氧气反应期间可能产生副产物，例如有机酸、乙醛或酮，从而影响食物感官品质。这个问题可以通过功能屏障的使用以达到最小化，即限制不需要的氧化产物向食物迁移（Galdi 等，2008）。

Galott 等（2009）研究了以片材和膜材形式存在的铁基脱氧剂（来自 BASF 的 Shelfplus®）在各种浓度和温湿度下的吸收动力学。脱氧剂的氧气吸收容量和吸收速率随着相对湿度和温度的升高而提高，高相对湿度对于触发脱氧剂是十分必要的。然而这些加入到聚合薄膜中的物质可以导致机械性能和透明度的降低，因此使用受到限制。

Galdi 和 Incarnato（2011）使用流延法制作出单层聚酯薄膜，研究了薄膜内添加不同浓度的脱氧剂（来自得克萨斯州的 ColorMatrix 公司）时薄膜的吸收特性。研究发现，脱氧剂浓度为 10% 时具有最优的吸收结果：脱氧容量为 4.68mL/g，作用时间为 170h。这种吸氧反应是被过渡金属催钴和频繁使用的铁催化的。Amosorb 吸氧 PET 瓶在许多国家已商业化，主要用在透明果汁包装瓶，并且法规允许这种材料直接和食物饮料接触。Amosorb 一般用于防水和阻气性容器包装，并通过传统的颗粒塑化系统将它与 PET 熔体混合。对于盛装非碳酸的聚酯瓶（300mL 到 1L 的容量），供应商推荐 Amosorb 脱氧剂添加量为 1% ~ 5%，可以获得 6 ~ 12 个月的保质期。潜在的应用包括用单层或多层的这种瓶子包装啤酒、白酒、水果饮料、甘露、茶、高温灭菌乳和番茄类产品。

近来，Antnierens 等人（2011）提出了一个非常新奇的模型系统，使用解淀粉芽孢杆菌的内生孢子作为脱氧 PET 活性触发剂。孢子被埋入 PETG（一种无定形的共聚物）中。和 PET 相比，PETG 具有一个非常低的热加工温度和较高的湿气吸收能力。实验显示内生孢子能够在 210℃ 的聚对苯二甲酸乙二醇酯 - 1,4 - 环己烷二甲醇酯（PETG）中生存，并且这些孢子在经过 1~2d 活化（30℃，高湿条件）后能够主动吸收氧气，至少维持 15d。

（二）乙烯吸附剂

在 20 世纪 80 年代，在商业上出现一些可以吸附乙烯的包装薄膜（某些矿物质可以很好地分散其中）。这些矿物质通常是当地的黏土，如浮石、沸石、二氧化硅或者水化的硅酸盐，它们与少量的金属氧化物一起烧结，然后被分散在塑料薄膜中。最终产生的薄膜是半透明的，并且气体渗透率增加（不考虑乙烯的任何吸附），通过薄膜本身的这种乙烯吸附特性增加了新鲜水果和蔬菜的保质期。

尽管这些矿物质可能具有乙烯吸附能力，但在它们被埋入塑料薄膜之后，这种能力通常是减弱或缺乏的。尚无已发表论文显示这些薄膜对于吸附乙烯和延长水果和蔬菜保质期有功效，但仍有许多这样的袋子销售给消费者居家使用。

（三）抗氧化包装

抗氧化剂已被加入塑料薄膜（尤其是聚烯烃）中，用以稳定聚合物，防止其氧化降解。多年来，人们已经知道，塑料包装在向食品中蒸发迁移抗氧化剂方面具有潜力。困难在于如何将抗氧化剂的扩散速度与食物的需求相匹配。在美国，从内塑料衬里释放 BHA 和 BHT 的方式已被应用于早餐麦片和零食产品。此外，人们对维生素 E 作为 BHA 和 BHT 的替代物来使用也有兴趣，因为它有相同的效果。

（四）抗菌包装

消费者对最低加工、无防腐剂、"新鲜"食品的需求的增加，驱使人们对食品包装的兴趣也日益增长。

抗菌包装可以减少、抑制或延缓微生物的生长（不论这些微生物出现在食品上或包装上），并可采取多种形式，包括：

（1）添加挥发性抗菌小袋或垫。

（2）将挥发性和非挥发性的抗菌剂添加到聚合物中。

（3）涂层或吸附在聚合物表面上。

（4）以离子或共价键将抗菌物质固定在聚合物上。

（5）使用本身具有抗菌性的聚合物。

由于食品变质主要发生在表面上，因此大量的抗菌剂进入食品内部是不合理的。与食品中直接添加防腐剂相比，使用抗菌包装的一个主要优势是，只有低水平的防腐剂与食物接触。

包装材料通过延长微生物生长的迟滞期或降低其生长速度来延长货架期，维护食品安全。为了有效抗菌，在食物表面上的抗菌剂要达到最低抑制浓度（MIC）。大量抗菌物质已经被测试或提议作为食物的抗菌剂，包括乙醇和其他醇、有机酸及其酯类（如苯甲酸酯类、山梨酸酯）、杀真菌剂（如抑霉唑和苯菌灵）、酶（如葡萄糖氧化酶、乳过氧化物酶和溶菌酶）、香料和香草的提取物、二氧化硫和二氧化氯、银和细菌素。然而，有关这些抗菌剂和其他抗菌剂的最低抑菌浓度数据并不总是可以从文献中轻易获得。

最近，Bastarrachea 等人回顾了抗菌物质如何影响食品包装系统的特性，重点进行了抗菌物质在塑料薄膜中的扩散研究。结果发现在添加抗菌剂（如有机酸、酶和细菌素）后薄膜的性状发生了一定的改变，但每种包装材料是独一无二的，这些效果无法推广。

除了以上在挤出过程中加入抗菌化合物的方式外，还可采用涂层方式应用抗菌剂，这种方式可以使抗菌剂免受高温和剪切力。此外，这种涂层处理还可以被应用于后面的步骤，尽量减少产品被污染的可能。另外，抗菌剂还可以通过共价结合生物活性分子的氨基端的形式固定在功能化的薄膜表面，比如聚乙烯（Barishand Goddard，2011）。

和天然抗菌化合物（例如壳聚糖）不同，一些生物活性材料是通过改变聚合物的表面组成来制备的。例如，用波长为 193nm 的紫外光辐照聚酰胺（PA）表面酰胺基团，使其转换为具有抗菌活性的胺类物质，这种方法虽有报道使用，但还没有商业化。

控制缓释包装在延长食品货架寿命方面显示出了巨大的潜力。这种技术能不断地向食品表面补充活性物质，同时也能够补偿因为消耗或降解的化合物，从而使活性化合物的最低抑菌浓度得以维持，最终使食物达到预期的保质期。Mastromatteo 等人（2010）综述了有关释放现象基本机制，包括描述控制释放系统的数学方法。

尽管在过去的 20 年里进行了大量的研究来开发和测试具有抗菌特性的薄膜，以改善食品安全性和保质期。却很少有能够在商业上应用的抗菌包装系统。Joerger（2007）整理和分析了 129 篇已发表的抗菌薄膜类研究论文，发现不同研究中测量抗菌活性的方式存在很大差异。细菌素中的尼生素是最常应用于抗菌薄膜的抗菌剂，其次是酸和盐、壳聚糖、植物提取物、溶菌酶和乳过氧化物酶。结果表明，无论是空白组中的测试菌落数，还是暴露于抗菌薄膜组的菌落数都存在很大的变化范围（$0 \leqslant \log \mathrm{cfu/g} \leqslant 9$）。大部分的实验结果集中在菌落数降低两个数量级。这表明抗菌薄片仍然有局限性，也许最好把它看作是提供安全食品的有效策略的一部分。另外，与抗菌薄膜有关的法律监管也是限制其商业化的因素之一。

包装系统中妨碍抗菌剂挥发性的气体包括二氧化氯、二氧化硫、二氧化碳、乙醇和植物提取物例如精油和烯丙基异硫氰酸酯（芥末或日本辣根中的活性成分）。挥发性抗菌剂的优点是它们可以穿透食品而不需要包装与食物直接接触。

二氧化氯是一种强氧化剂，它的主要工业用途是漂白木浆。它也能有效地抵抗细菌、真菌和一些病毒。近年来，二氧化氯已被用来作为一个预留空气包装系统，它能延长包括肉类在内的易腐食品、家禽、鱼、乳制品、糖果和焙烤食品的保质期。将二氧化氯与 MAP 混合使用可以提高它的性能，减少大量必要的需求，减少肉类食品的异味和变色风险。气态二氧化氯在食品包装系统中的引入，通常是通过小袋缓慢或快速释放。在 2001 年，美国 FDA 批准的二氧化氯气体用于生禽肉和海鲜等肉类的食品包装。在欧洲，二氧化氯作为食品添加剂是不被允许的，所以不能用于活性食品包装。Netramai 等（2009）报道了二氧化氯在食品包装薄膜的传质特性；二氧化氯阻隔性最好的包装材料包括 BOPP、PET、PLA 和 EVA – EVOH – EVA。

另一种解决微生物生长问题的方式是非挥发性添加剂的使用。许多防腐剂（山梨酸、苯甲酸、丙酸及其盐类，或细菌素像 nisin，天然香料，银离子等）添加到塑料薄膜和材料中，用作抗菌包装。这类抗菌包装一个吸引人的地方是它能够显著减少抗菌剂的添加量，同时具备一定的抗菌性。然而，这些非挥发性试剂需要与食物直接接触，才能发挥作用。

壳聚糖作为食品包装抗菌剂被广泛研究，在一定程度上是由于其内在的性质，以及它可以作为成膜基质和抗菌物质（如酸、盐、精油、溶菌酶和乳酸链球菌肽）载体的双重作用。壳聚糖膜所表现出的抗菌活性差异很大，这可能是不同壳聚糖制备过程的差异引起的，以及活性壳聚糖分子在成膜后与微生物相互的作用有限。Joerger 等人（2009）将壳聚糖通过共价键固定在聚乙烯共聚物薄膜表面，并对其抗菌活性进行了评估。结果表明它与其他处理方法如高压或银离子结合使用是最有效的。

香料和草本植物富含黄酮和酚酸类化合物，这些化合物具有广泛的生物效应，包括抗氧化性和抗菌特性。从草药和精油中提取的天然抗菌剂已经被广泛研究；这个概念涉及到利用这些化合物中的挥发物来提供抗菌作用。Kuorwel 等人（2011）综述了较常见的合成和天然的抗菌剂，并将其应用于包装薄膜上（混入或涂层），重点讨论了广泛研究的草药罗勒、牛至和百里香和它们的精油。虽然在包装材料中加入精油和/或主要成分可能会表现出对各种微生物的抗菌活性，但包装食品感官品质的任何改变都必须加以考虑，并且常常是一个限制因素。

细菌素是一种蛋白质类化合物（通常是一种缩氨酸），它对有限范围的生物体具有杀菌作用，通常与产生细菌素的生物体密切相关。细菌素是用于发酵乳制品、蔬菜和肉制品的乳酸菌产生的，在食品中普遍存在。乳酸球菌的乳酸链球菌肽是最早被描述的细菌素之一，也是唯一被认为是安全的生物食品防腐剂。它在商业上被利用，特别是用于加工乳酪和冷包装干酪酱，因为它可有效地防止肉毒菌的生长及其毒素的产生。其他用于包装的细菌素包括乳杆菌素、肠道菌素和片球菌素，尽管它们没有得到监管部门的批准。细菌素的优点是它们是热稳定的，明显是低致敏性的，并且容易被人类胃肠道中的蛋白水解酶降解。

在食品和饮料的应用中，银作为一种抗菌剂有着悠久的历史，并且相比其他抗菌剂，银具有很多优势。与分子抗菌剂相比，银对许多的细菌、真菌、藻类以及可能的一些病毒具有广谱抗菌性（Duncan，2011）。日本引进的一种商业抗菌膜是合成沸石制作的，其中有一部分钠离子是被银离子取代的。银－沸石薄层（$1\% \sim 3\%$，$3 \sim 6\mu m$）通过挤压涂布的方法固定在食物接触膜的表面上。它能连续释放出少量的银离子（大约 $10\mu g/L$），从而产生长期的广谱抗菌性，但不会对组织细胞造成伤害。由于氨基酸可以与银离子发生反应，因此银离子在营养丰富的食物中抗菌效果并不明显，但在营养贫乏的饮料如水或茶中却非常有效。

各种含银－沸石的抗菌纸在美国都有商业用途，主要针对餐馆和其他食品服务机构。在非包装的应用中，也可以买到一系列的银－沸石塑料制品。在欧盟，银沸石在食品接触应用中不应被用于延长保质期，而在食品中的银离子要求每千克食品中不超过 $50\mu g$。在美国，食品和药物管理局批准了在瓶装水中使用银，并规定过每千克水中银离子浓度不超 $17\mu g$（Llorens，2012）。

银是目前在消费品中最常用的纳米工程材料。银纳米粒子（AgNP）是对抗多种细菌的有效药物。纳米银控制的释放特性可以被设计成长期有效的抗菌剂，使聚合物纳米复合材料（AgNp/PNCs）成为延长包装食品保质期的有吸引力的材料。由于银粒子能够催化乙烯气体的破坏分解，所以在纳米银存在下，贮存的水果的成熟时间较长，因此延长了保质期。

尽管在食品包装应用中使用纳米银具有很多优点，但对各种聚合物体系下的纳米银综合研究仍然缺乏，它们之间的关键关系是如何影响各种 AgNP/PNC 材料的抗菌强度还有许多工作要做。其他材料的纳米粒子，特别是 TiO_2 粒子具有很好的研究前景。然而与 AgNPs 不同的是，TiO_2 粒子的抗菌功能是靠光催化的，因此 TiO_2 粒子的抗菌性只在紫外线存在下才能被激活。

噬菌体与宿主细菌的特异性相互作用和溶解能力使其成为理想的抗菌药物，噬菌体的应用范围可以通过惰性表面固定化得以扩大。Anany 等人（2011）开发了一种在再生纤维素膜中将噬菌体固化的新型方法，这些薄膜有效控制了单核细胞李斯特菌和大肠杆菌分别在不同存贮温度和包装条件下在即食食品和生肉中的增殖。

可食用薄膜和糖衣也作为抗菌载体被研究，这种可食用的薄膜的来源可以是多糖壳聚糖、海藻酸、卡拉胶、纤维素、高直链产品和淀粉衍生物，但基于蛋白质的小麦面筋蛋白、大豆、玉米蛋白、明胶、乳清和酪蛋白同样也可以制作可食用薄膜。抗菌剂例如苯甲酸、山梨酸、丙酸、乳酸和溶菌酶已可成功添加到这些可食用的薄膜或涂层中。

包装系统的抗菌活性主要是通过实验室培养基（或食品模拟物）进行测试，只有很少量的研究采用真实食物进行测试。要想说明天然抗菌物在包装应用中的真正潜力，只有食物系统在实际存贮和流通下，它们的抗菌活性才能被证实。这就需要研究机构和食品包装公司之间的合作和共同研究才能实现商业化。潜在的抗菌包装应用对于延长肉和肉类产品的货架期在2008年已被 Coma 综述过。

（五） 味道/气味的吸收器和释放器

人们对于商业化的气味吸收器和释放器是有争议的，主要是因为它能掩盖自然腐败的气味，并可能误导消费者对于包装食品的判断。一家名叫 ScentSational® 的美国公司发布了一款名叫香味水消费产品，能够复制气味。FDA 批准的气味被密封在瓶盖内侧的一层塑料中。在封口被破坏之前，香味渗入水中，并使其具有果味。当消费者打开瓶子时，香味密封被破坏，香味被释放到空气中，沿着喉咙后部进入鼻腔，增强了果味。

活性包装也能用于除去包装食品中不受欢迎的异味，20世纪有这样几个气味吸收器用来吸收从鱼肉中挥发出的胺以及从脂肪和油的氧化中产生的醛。然而，除了在论文中和书本中被提及，还没有证据表明它们已经商业化。

López – de – Dicastillo 等人（2011）公布了包含 β – 环糊精类的 EVOH 共聚物的应用，减少了在炒花生包装中醛的出现。

（六） 微波感受器

吸收微波并能将其转化为热能的包装材料被称为感受器。它们之所以称为活性包装是因为通过提高包装的某些性能来实现对食物的局部影响，如食物的褐变和变脆。

三、 自加热和自冷却包装

自我加热容器的概念并不是新的，虽然早期版本已提及它们的危害。美军部队1939年引入了一种自加热的方法，它依赖于燃烧线状无烟火药（一种由65%的火药棉、30%的硝化甘油和5%的矿脂组成的无烟推进剂）来提供热能，这种未经可靠性实验证明的设计几乎不能被认为是安全的。最近更多的设计都依赖于放热的化学反应来产生热量；在大多数情况下，反应介于氧化钙（生石灰）和水基溶液之间，尽管军方倾向于使用更昂贵的氧化镁，因为它加热得更快。虽然基础化学是众所周知的，但困难的部分是优化反应和容器的热设计，以提供一个高效、安全和经济有效的包装。

自加热罐在商业上的流通历史已有几十年，而且在日本以清酒、咖啡、茶和即食餐的形式最受欢迎。最近，已经开发了几种自加热罐，都使用相同的基本加热原理，但没有一个是商业意义上成功的。

不是所有的自加热包装都是罐头。可加热塑料托盘（六层 PP – EVOH 共聚物结构以及含有 CaO 的下层）也已商业化。在另一种方法中，使用电化学原理，研制了无焰定量加热器来供美国武装部队在战场上为士兵热餐和提供即食食品。无焰定量加热器是以镁和水之间的反应为基础的：

$$Mg + 2H_2O \longrightarrow Mg(OH)_2 + H_2 + 热量$$

理论上，24g 的镁的热量为 355kJ，足以煮 1L 的水。在实践中，镁具有一种保护性氧化物表面涂层，防止进一步氧化的作用，但通过将镁与氯化钠和铁混合，反应继续进行，尽管铁所起的作用尚不清楚。食物被装进一个铝塑复合袋子（放在纸板箱中）里加热。为了加热袋子，袋子被放置在一个塑料套管内，里面含有无焰定量加热器，其中化学物质被装在一个穿孔的纤维板箱中。加入水后，套筒被放置在纸箱内，随着反应的进行，227g 食物袋的温度在 12min 内增加到 55℃。

自冷罐在日本早已商业化，其设计原理是基于硝酸铵和氯化铵溶解的吸热反应。

四、 改变气体渗透率

新鲜水果和蔬菜收获时消耗氧气并排放二氧化碳。当水果和蔬菜在密封包装中时，包装内的气体将达到氧气和二氧化碳的平衡水平，具体取决于产品的质量、呼吸速率、温度和包装的渗透性。每一种水果和蔬菜都有一个特定的有利的气体环境，这有助于保持产品的质量和新鲜度，前提是有良好的温度控制。如果温度高于冷藏范围，则氧气的消耗可能会增加，超过氧气通过包装膜渗透进入包装的速率，高浓度的二氧化碳将在包装内积累。这是因为水果和蔬菜的呼吸速率随温度升高的增加值超过了薄膜的气体渗透率随温度升高的增加值。因此，高于最佳温度会导致缺氧，严重损害具有呼吸作用的产品。在这种情况下，没有一种市售的普通聚合物薄膜具有所需的气体渗透性。因此，当包装新鲜农产品时需要提供更大的包装渗透性并满足对氧气和二氧化碳的选择性，以便在温度变化时能够维持所需的气体组分。

来自 Apio 公司的 Breatheway 膜技术所提供的薄膜可调选择性比率和温度开关特性能够灵活满足在整个供应链中众多产品各自特殊的气调要求。这种技术是基于一种不常见的"侧链结晶"聚合物（有内在温度开关）（Clarke，2011）。当温度提升到开关温度时，侧链结晶聚合物融化为流体，此时其具有很高的气体透过系数。侧链结晶聚合物是非常独特的，因为它有敏感的融化转变点并且很容易在特定的温度范围内产生融点。在侧链结晶聚合物中，侧链结晶独立于主链结晶。举一个这种聚合物的例子，比如硅氧烷或丙烯酸的聚合物，它们的侧链有八个或者更多的碳原子。改变侧链的长短可以改变聚合物的熔点。在溶液中配制丙烯酸聚合物需要使用传统的自由基引发剂。通过使用合适的共聚物，可以在 0~68℃ 产生任意熔点。

侧链结晶聚合物自身具有内在的高渗透性，但是聚合物的性质可以根据它包含的化学单体的改变来改变。包括改变二氧化碳对应氧气的相对渗透率，改变转变温度或者其他物理性能，如水蒸气透过率（Clarke，2011）。这种聚合物作为一种涂层应用于多孔基材，然后将其切成小片通过热压系统结合于包装袋制作过程中。用这些材料覆盖具有控制气体进出孔洞的包材表面。使用这种高渗透性膜从根本上能够控制气体进出包装袋。改变聚合物的性质可以控制特定的氧气渗透性、特定的二氧化碳与氧气的渗透比，或使渗透性随温度变化。

在保持相同的二氧化碳与氧气的渗透比的情况下，这种薄膜的透气性是厚度为 50μm 低密度聚乙烯薄膜的 1000 倍。和用于呼吸产品的半渗透薄膜（通过改变涂层聚合物的组成，允许出去的二氧化碳和进入的氧气比为 6∶1）不同，它可根据呼吸产品的需要，获得不同范围（2∶1~18∶1）的透气比。进而使气体以预先设定的渗透比进出，以使包装内气体浓度保持最优。在升温时，呼吸产品需要更多的氧气，此时聚合物的气体渗透性升高，而在低温状态下，渗透性自动降低。除了常规气体外，这种薄膜对诸如乙醇和乙酸乙酯类挥发性气体也具有高渗透性。当包装内产品在非最佳气体浓度下，因为无氧呼吸就会产生这些挥发性物质。

这种聚合物技术不是有意取代良好的温度控制，相反它是为了解决在冷链分配和展示时出现的短暂的高温暴露问题。尽管聚合物技术成本相对较高，但这些材料在 20 世纪 90 年代已经实现商业化，而且涂有侧链结晶聚合物的薄膜目前正在被广泛地应用于新鲜农产品，包括混合鲜切蔬菜、鲜切西蓝花、菜花、龙须菜、香蕉和草莓。

五、小　部　件

活性包装的一个很成功但不常见例子是关于泡沫生产小部件，本来是为烈性啤酒的金属罐装开发的。Browne 在 1999 年报道了一个有趣的关于小部件的研究案例。小部件的定义是对特殊工作非常有用的装置，它的同义词有小装置和新发明。许多英国和爱尔兰的啤酒饮用者，喜欢啤酒中二氧化碳溶解度较低，但在倒酒时会有好的"酒头"，即在倒酒时在酒的上面形成大量泡沫。对于生啤酒，使用喉管型喷嘴进行倾倒很容易产生大量的泡沫。但是，罐装啤酒需要较高的内部二氧化碳压力来确保易拉罐的堆码强度，同时保证在倾倒时产生泡沫。因此开发出一种在开罐时能使溶液中的溶解气体快速释放的方法是具有挑战性的工作。该方法在啤酒罐打开时，能使啤酒产生浓厚的泡沫和较少的 CO_2 溶解量，从而使消费者满意。

1986 年，一个系统被开发并获得专利。在该系统下，当啤酒罐打开时溶解的二氧化碳被大量释放并产生浓厚的泡沫。小部件本身是一个小的、塑料或铝制的填充氮气的球体，表面有一个小孔。最初，小部件在灌装之前被插入到空罐中，但这不允许混入氧气而导致啤酒风味稳定性变差。尽管现在可以提供直接连接到空罐底部的小部件，但通常情况下经常使用悬浮的小部件。因为在灌装过程中小部件不太可能会将氧气带入罐内（Briggs 等，2004）。

灌装之后，少量的液氮注入罐内并与啤酒混合，并迅速在液氮蒸发前封罐。封罐之后，液氮挥发汽化使啤酒罐内部压力升高，迫使少量啤酒进入小部件的小孔进而压缩里面的氮气。当罐打开时，里面的压力突然下降，小部件内部的压缩氮气膨胀，此时啤酒被挤出小孔，迫使小部件旋转并喷射气体，使得啤酒下沉。被推出的啤酒分散成许多非常小的气泡，使气泡上升到表面，形成所需的光滑的、奶油状的"酒头"。

其他酿酒商也提出了他们自己的小部件，并将它们引入生啤酒（1992 年）、淡啤酒（1994 年）和苹果酒（1997 年）。2002 年一款含有小部件的罐装牛奶咖啡进入市场。Lee 等人（2011）扩展了碳酸饮料中气泡形成的数学模型，并指出采用一种中空多孔的纤维素涂层置于罐或瓶的内表面有望代替这些小部件。

第三节　智能包装系统

智能包装被定义为包含外部或内部指示器的包装。提供有关包装历史和/或食品质量方面的信息。

智能包装系统可分为三类：

（1）指示产品的质量，例如，质量指示器、温度或气体浓度指示器。

（2）提供更多的便利，例如，在食物的准备和烹饪过程中。

（3）提供防盗、伪造和篡改等信息。

一、 指示产品质量的包装

（一） 质量或新鲜度指示器

在这种智能包装中，质量或新鲜度指示器用来指示是否产品的质量在贮存、运输、零售和消费过程中变得不可接受。智能指示器发挥作用通常需要发生不可逆的颜色变化，这样便于消费者去识别和解释。

尽管有许多尝试和一些创新的方法，但目前没有任何质量指示器被食品工业广泛使用。这些质量指示器大多数都是基于检测挥发性代谢产物，如食品老化过程中产生的二乙酰、胺、氨和硫化氢。其他质量指示器可对有机酸或挥发性生物胺作出反应。这些物质主要是食物中的蛋白质被微生物分解的产物，比如腐胺来自精氨酸的分解，尸胺来自赖氨酸分解，组胺来自组氨酸的分解。

Ripesense™传感器，由新西兰科学家开发，使消费者的选择最适合他们口味的水果。这款指示器能够对许多成熟水果所挥发的气体做出反应。果实成熟时，不只是乙烯，而是复杂成分挥发物的混合物，包括醇、酯、醛、酮、内酯等所有对水果香气有贡献的气体（Mills，2011）。指示器是由未成熟果实（清脆）的红色，通过橙色变为完熟果实（多汁）的黄色。果实产生的香气量与果肉的软化程度之间具有很好的相关性，所以当果实成熟时，它会产生更多的香气，进而使指示器颜色发生改变。该指示器最初被用在梨上，随后被用在牛油果上。这两种水果的成熟与否很难从果皮外表观察到，即便是非常老道的消费者也常常无法区分。

这个标签可以与显窃启标签一并附在翻盖聚酯托盘盒的封口处，这样就可以避免消费者在选择购买之前用手捏水果，从而保护水果免受伤害。这种指示器同样还可以被应用到物流中的包装，使其更具有成本效益。科学家们正在为亚热带水果开发类似的传感器标签。

（二） 时间－温度指示器

时间－温度指示器（TTIs）是一种通过在一定时间内将所经历的温度求积分，并呈现出颜色（或其他物理特性）变化的装置。许多可以附着在食品包装上的时间－温度指示器被开发或设计，仅在专利文献报道中就有超过300种声称能整合时间和温度的TTIs装置。Maschietti等人2010年对相关专利进行了一次专题审查，主要考察了时间－温度指示器的商业成功案例和其潜在的商业可行性，以及这些发明的基本原则和创意。尽管这些设备的大部分是专门为冷冻食品开发的，但现在人们对大多数食品都有了广泛的兴趣，特别是那些质量劣变对温度非常敏感的食品。Taoukis（2011）概述了主要类型的时间－温度指示器，以及它们在食品质量监测方面的应用。

时间－温度指示器可以分为两类：部分历史指示器，对一般的温度不响应，除非超过预设的阈值温度；完整历史指示器，对所有温度的持续响应（在指示器正常工作的温度范围内），从而给出一个完整的温度和时间（产品生命周期）的测量曲线。部分历史指示器是用来识别是否有温度的滥用（比如超过规定的高温暴露），因此，食物质量的变化和这类指标反应之间没有直接联系。图5－1所示为完整的和部分历史指示器对相同温度历史的不同响应方式。

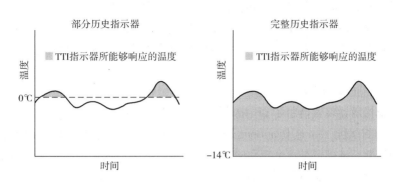

图 5-1　部分的和完整历史指示器对相同温度历史的不同响应方式

美国材料与试验协会标准 ASTM F1416—1996《时间 - 温度指示器的选择》，涵盖了如何选择商业性时间 - 温度指示器（适用于食品和药品等易腐产品的非破坏性包装或外部包装）的信息。标准强调，食品加工者有责任确定在特定温度下食物的货架期，同时加工者还要与时间 - 温度指示器生产厂家协商选择适合的时间 - 温度指示器产品，以使产品的质量与温度和时间达到最佳的匹配。

时间 - 温度指示器是基于不可逆的物理、化学、酶或微生物的变化，它们的响应通常以一种可视、可计量的标识符出现的，比如机械变形、颜色的发展或运动（Taoukis，2011）。可见的响应反映了包装被放置的累积时间和温度历史。下面讨论了各种类型的时间 - 温度指示器的例子，采用了 Maschietti（2010）的分类方法。

1. 化学时间 - 温度指示器

大多数时间 - 温度指示器都是基于化学反应，这种化学反应会导致颜色的变化。由于化学反应速率与温度有关，所以颜色变化的速率随温度的增加而增加。因此，颜色的强度可以代表时间 - 温度的积分值。

德国巴斯夫未来商业公司的 OnVu™ 时间 - 温度指示器是一个自粘标签，它是由一种对温度敏感的光色油墨组成的，这种油墨的主要成分是苄基吡啶，紫外线照射后变成深蓝色。随着时间的推移，颜色会逐渐变浅，也会随着环境温度的升高而逐渐变亮。随着时间的推移或环境温度的提高，指示器颜色逐渐变浅。当被激活的颜色与参照物达到相同的颜色时，产品就已经达到了保质期。通过控制所使用的光致变色化学物质的类型和在激活过程中所应用的紫外辐射强度，可以确定其对于长度和温度的敏感性。

Temptime（原来叫 LifeLines）公司的 Fresh - Check® 时间 - 温度指示器是基于固相聚合反应，由一个被打印的参考环包围的小聚合物圈组成。指示器包括丁二炔单体，其颜色逐渐加深，以反映温度的累积影响。如果聚合物中心比周围的参考环要暗一些，建议消费者不要食用这些食品。现场激活这些指示器没有任何意义，而是应该从制造商发货时起，该指示器已经被激活并能对贮存温度做出响应。为了使指示器使用前的响应最小化，它们被存贮在 -24℃ 的环境中。

2. 物理时间 - 温度指示器

在专利文献中也报道了不基于化学反应的时间 - 温度指示器。它们中的一些是基于扩散现象，也就是说，有色化学物质的扩散是时间和温度的函数。

3M 公司的 MonitorMark™时间－温度指示器是一个部分历史指示器，由一个含有蓝色染料的衬垫组成。滑动标签的去除使垫子和一个棉芯接触，染料在衬垫内保存直到载体物质在暴露温度高于响应温度的情况下发生相变。指示器的响应是通过读取染料前端在窗口内移动的距离来测量的。

3. 理化时间－温度指示器

时间－温度指示器装置借鉴了 pH 指示器颜色属性，采用了 pH 的变化与扩散机制相结合的方法，已获得了专利。Avery Dennison 公司的 TT Sensor™ TTI 传感器是基于两种聚合物层之间的有机酸的扩散。基础层是一个矩形的标签，包括一个圆形区域（激活区），圆形区域内包含一个荧光 pH 指示器。标签的非激活区域显示粉红色。当激活层被粘在较低的活性区时，酸开始扩散，导致 pH 指示器逐渐从最初的黄色变成粉红色。

4. 生化和生物时间－温度指示器

基于生物化学反应或生物系统的时间温度指示器有多项专利，这些专利与 pH 指示器相结合。在酸性细菌的情况下，颜色的变化是由 pH 指示剂的转变引起的，它必须包括在时间－温度指示器公式中。这样的一种时间－温度指示器可能包括一种微生物培养物（耐寒的、非致病菌的产酸细菌，如乳酸菌），以及一个在密封的透明覆盖层内的 pH 指示器，它被粘在易腐产品的包装上。这种系统的优点是，导致食物变质的过程与在时间－温度指示器中发生的情况是一样的（即：细菌和酶的变化过程），从而使指示器能够准确地反映食物的变质。

VITSAB 公司的 CheckPoint® 被称为 I－POINT™ 时间－温度监视器，是一个历史记录指示器。它是由一种专用的脂肪酶在混悬液中将脂类底物（甘油三己酸酯）水解而成的。随着水解反应的进行，pH 指示剂染料逐渐变色，从最初的深绿色到明亮的黄色、橙色，到最终的红色。颜色变化可通过目测，并与纸质参考色刻度相比较，也可以用自动光学阅读系统进行测定。

CRYOLOG 公司的 (eO)®TTI 是基于 pH 变化而发生颜色改变的，pH 变化是由一种产酸但非致病菌株的生长而造成的。它由一种由营养培养基和指示剂制成的凝胶组成。乳酸菌根据食品的规格在标签上接种，标签被冷冻，直到解冻为止。根据时间温度分布，细菌在（eO）生长，因此培养基的 pH 降低，指示剂由绿色变为红色。专利的菌株生长在冷藏温度（0～8℃）的包括 *Lactobacillus fuchuensis*、肠系膜明串珠菌和栖鱼肉杆菌。

5. 时间－温度指示器的应用

在开发应用于货架期监测的时间－温度指示器的过程中，要对特定食品中关键变质反应进行定量的定义和测量，并将质量损失的语言性描述与指示器响应相结合。若想成功开发温度－时间指示器，最重要的是承认这一事实：作为监测食品恶化反应的指示器，必须具有与食品恶化反应相同或类似的活化能（EA），否则将高估或低估食品的货架期。可靠预测食品货架期的根本要求是 TTI 的活化能（Ea）应该在食品恶化反应活化能（Ea）±25kJ/mol 的范围内（Taoukis，2011）。

在气调（MAP）包装海鲜的案例中，肉毒杆菌的生长和毒素产生的活化能为 150～200kJ/mol。L5－8 CheckPoint® TTI 的响应值就落在这个范围内，它被用于监测进口到美国的冷冻海产品，受控于 2011 年发布的 FDA 进口警告# 16－125（Taoukis，2010）。

随着越来越多的供应商提供高质量的食品，在产品运输过程中，质量控制程序的改善和库存管理的改进将减少配送过程中产品质量的恶化。时间－温度指示器在监测易腐烂的食物的保质期方面起着越来越重要的作用。然而，尽管在冷链中使用时间－温度指示器有明显的好处，一些目前的应用实例已经被 Taoukis（2010）介绍，但它们的使用还没有普及。

Tsironi 等人（2011）验证了一个预测冷藏 MAP 包装的鲷鱼片保质期的动力学模型，并选择和编程 OnVu™TTI 监控任何选定的存贮条件下鱼片的质量。温度在 0~15℃和二氧化碳 20%~80% 的 MAP 条件下，乳酸菌在鲷鱼片中的生长可以用 Arrhenius-type 模型表达。在选择的 MAP 冷藏条件下，通过定制化的调整，TTI 的响应与鱼片保质期匹配良好。在各种冷链条件下，产品运输和贮存的模拟实验显示了 TTIs 作为保质期监测器的适用性。Ellouze 等人（2011）还评估了（eO)®TTI 监测冷熏鲑鱼的质量的效果，发现在存贮条件差的情况下，TTI 可以接受的冷熏鲑鱼数量仅为 50%。

根据 Maschietti（2010）的调查，时间-温度指示器的使用之所以没有普及是因为要想实现 TTI 装置既可靠又便宜的要求是有技术难度的。并且还要求可以大批量生产和体积足够小以监控单个产品。正是基于这些原因，尽管有众多的专利和广泛的应用研究，时间-温度指示器很少有被成功商业化的实例。目前市场的 TTIs 上仍有一些改进的空间，因为它们都有一些缺点或限制。（例如，标准范围小、激活系统缺失、除温度和时间以外的其他参数的不良的影响。）

（三）气体浓度指示器

对于许多 MAP 应用（包括气体充入和抽真空），随时掌握包装内部的气体浓度总是有帮助的，无论气体浓度是否随时间变化。包装内部任何气体的变化都可归因于以下因素：食品中酶的活性，果蔬的呼吸作用，吸收剂或释放剂对气体的主动吸收或释放，或者由于密封不良或针孔所致的包装完整性丧失。氧气和二氧化碳是最主要的两种包装内气体。

食品包装中理想的氧指示器应该非常便宜，这样就不会显著增加包装的总成本，另外它不需要向昂贵的分析仪器询问，能够被未受过训练的人轻易地理解。既然这个指示器会放在食品包装里，所以它应该是由无毒、有食品接触许可的非水溶性成分组成。它应该在空气环境下有很长的货架期，只有当包装袋密封并且内部几乎或完全没有氧气时，它才能作为氧气指示器发挥作用。理想的氧指示器针对氧气也应该表现出一种不可逆的响应来避免漏报、错报。最后，理想的氧指示器要很容易地在包装过程中与其结合，所以最好的应用要么是油墨形式（可以被印在纸或塑料上），要么是标签形式（直接作为食品包装标签）（Mills，2009）。

商业上可用的气体指示器类型要么基于色度变化，要么基于发光。有许多基于色度变化的氧气指示器专利，其中一些已经被商业化。但是它们一直存在高成本和可逆性所引起的可靠性问题（Mills 等，2012）。例如，Ageless Eye®（来自日本的三菱气体化学公司）将氧气的指示器插入包装内，当环境中氧气浓度≤0.1% 时，指示剂为粉红色，当氧气浓度≥0.5% 时，指示剂变为蓝色。这样的指示器可以放在缺氧包装中对所有氧气的有效吸收来进行指示，并且发出关于氧气阻隔被破坏的警告。表明氧气的存在只需要 5min 或更少，但从蓝色到粉红色的变化可能需要 3h 或更多（25℃）。在寒冷的温度下，反应需要更长的时间。另一个类似的指示器 Wondersensor（来自日本 Powdertech 公司）也是当环境氧浓度是≤0.1% 时变成粉红，当氧气浓度≥0.5% 时变成蓝色。它区别于 Ageless Eye 的地方在于它是以纸基型指示器而不是药片型指示器。

Ageless Eye 和 Wondersensor 的氧气指示器是氧化还原型颜色指示器，由氧化还原型染料甲基蓝（MB）和强还原剂如葡萄糖的碱性介质组成。在 O_2 水平显著低下的情况下（即 O_2≤0.1%），大部分染料都以无色的还原形式存在（即无色亚甲蓝），而不是以氧化形式存在的（着色的形式）。相反，当氧气存在水平显著提高时（通常≥0.5%），大多数染料以氧化形式存在，即高度着色的形式。还原剂和它的氧化形式分别是葡萄糖与葡萄糖酸，非氧化还原敏感的酸性红 52 染料，通常被加入到指示器中用来提供背景粉红色。所有这些的组分，包括用来提供碱性环境的氢氧化镁或氢氧化钙，被混合在一起。至于 Ageless Eye，把这些组分一起压成小片，然后封装在一个透明的、透氧的、但不透离子的塑料小袋中；大多数 Ageless Eye 的片剂组成是水溶性的，若与高湿性食物直接接触容易被浸出。

该系统的一般反应流程如图 5 - 2 所示。

$$D_{OX} + 还原剂 \longrightarrow D_{Red} + 氧化型还原剂$$

$$D_{Red} + O_2 \longrightarrow D_{OX} + H_2O$$

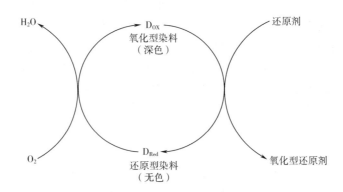

图 5 -2　色度氧化还原型氧气指示器工作基本过程的示意图

这些指示器需要在厌氧条件下贮存，因为它们通过上述反应在空气中变质。它们对湿度也非常敏感，在潮湿的环境下具有最好的指示效果，并且响应可逆，因此这些指示器平时不用时需要存放在干燥条件下。因此，在食品包装工业中使用氧化还原染料为基础的 O_2 指示器在很大程度上局限于包装研究或包装设备的测试。成本、可逆性、存贮和易用性等问题阻碍了其商业化应用（Mills，2009）。

一些食品包装用色度、光激活型氧指示器是基于电子激发态的染料，如原黄素、核黄素和尿卟啉，已申请专利，但尚未实现商业化。

大多数薄膜光学指示剂对二氧化碳的检测效果会受到环境酸性气体的影响，如二氧化硫和二氧化氮。其不可逆的酸化显著降低了指示剂的保质期。一种新型的二氧化碳智能颜料（具有很好的稳定性）已被添加到柔性低密度聚乙烯（LDPE）中，创造出一个长寿命、对二氧化碳敏感的指示膜（Mills 等，2010）。这种可逆指示器基于间甲酚紫，起初为蓝色，当暴露于二氧化碳时变为黄色。

Mills 和 Skinner 在 2011 年报道了一种基于酚红的新型"起泡"指示器，可根据碳酸液体上方顶空的二氧化碳分压而改变颜色。油墨稳定、容易制备、价格便宜、高度可逆。可以放入到透明瓶盖内部的防水"起泡"指示器，会对碳酸饮料的起泡程度提供有用的指示说明。Neethirajan 等人（2009）综述了用于农业、食品工业的二氧化碳传感器。尽管有许多专利和市场测试，但没有任何商业化的指示器可以可靠地指示包装内的二氧化碳含量。这些指示器在MAP 包装中非常有用。

发光指示器是由可以溶解在溶剂中的发光团和水溶性树脂如氟硅橡胶聚合物组成的。发光团因电子激发所引起的发光能够被分子氧不可逆地猝灭。产自德克萨斯州达拉斯的 OxySense®

是一种光学系统，用于在包装顶部空间中非破坏性地测量氧气，条件是包装材料可以透射蓝色和红色光（分别在大约 470nm 和 610nm）。

氧传感器的原理是基于钌金属有机荧光染料的荧光猝灭。该染料被包埋在透气的疏水性硅橡胶点中（直径 5mm，厚度 0.2mm），必须附着在包装内部。用发光二极管（LED）的脉冲蓝光照亮该点，由光电检测器发射和检测红光，并且测量荧光寿命。不同的荧光寿命周期特征表明包装中氧气的浓度有所不同。氧气的存在淬灭来自染料的荧光，导致发射强度的变化，其可被校准以提供非常精确的氧气测量值。传感器在填充之前放置在包装中，并且使用来自包装外部的光纤阅读器笔实现测量。然而，由于成本，不可能在每个包装中放置一个氧传感器。围绕食物和饮料包装中存在的氧传感器也可能存在健康和安全问题。迄今为止，大多数应用仅限于包装研究。基于发光的氧气指示剂可以配制为油墨，在氧气灵敏度方面反应是可逆的和可调谐的。然而，他们并没有给出通过眼睛容易辨别的反应，因此需要使用分析仪器才能定量使用（Mills，2009）。

最近，Mills 等人制备和表征了一种新颖、防水、不可逆、可重复使用，紫外线活化的氧气敏感性塑料膜。将由氧化还原染料 MB 和 SED（DL-苏糖醇）构成的纳米颗粒颜料涂布在有半导体功能的无机载体体（TiO_2）上，并在 LDPE 中挤出。蓝色指示剂在 90s 内使用紫外线（UVA）光轻易地漂白，由此将 MB 转化为无色形式（LMB）。若在无氧条件下，无色的 LMB 将持续存在。但在空气环境中（约21℃，相对湿度65%），LMB 可在 2.5d 内再氧化为 MB，在 5℃下的恢复时间大约是21℃的 4 倍，相对湿度影响并不明显。"在……之前消费或使用"类型的食品包装指示器在这里也做简要讨论。

O_2Sense™ 是瑞士 Freshpoint 公司正在开发的针对 MAP 市场的一系列正在申请专利的氧气感应产品。该产品系列包括眼睛可读的指示器（其通过颜色变化来提供关于密封食品包装中存在的氧气的量是否在规定限度内）以及机器可读指示器（通过放置在包装生产线上的专有光学读取器进行读取时，会引发清晰的电子信号）。

据报道，一种基于聚苯胺（PANI）薄膜的新型比色化学传感器用于包装鱼类顶空微生物分解挥发物的实时监测（Kuswandi 等，2012）。包装上指示器包含 PANI 膜，其通过可见的颜色变化对鱼腐败期间释放的各种挥发性胺作出响应。

（四） 射频识别

射频识别是使用无线电频率在有阻塞或定向障碍时远距离读取信息的技术，标签或应答器可以附着在物体上（通常是托盘或瓦楞纸箱），以便识别和跟踪目标（Kumar 等，2009）。几乎所有常规射频识别器件都包含采用微芯片、天线和基材或封装材料的晶体管电路。低成本射频识别的应用分为两种，即芯片技术和非芯片标签，后者隔着砖墙仍然可以被询问和存储数据。但是相比前者，它更便宜，在电学性能上也更为原始。迄今为止，大多数射频识别被用来增加供应链管理和产品追溯方面，以增加便捷性和高效率。RIID 标签通常被安装在中包装或外包装上。为了符合智能包装的定义，RFID 标签必须包含一个可以提供包装历史信息的指示器或者能够指示食品的质量，这种类型的 RFID 正在实现商业化。如果成本显著降低，它们也许会用在销售包装上，尽管还不清楚射频识别到底能给消费者带来多大好处，因为消费者需要特殊的阅读器才能读取和解释它所储存的信息。然而，这样的阅读器可能会被开发为照相手机的应用程序。

当被附加到一个射频识别芯片上，一个阅读器可以从标签中收集数据，其中包含产品的全部温度历史，并且在智能包装的复杂版本中还包括剩余的货架期。这里提供了智能的库存管理，并且通过先销售那些阅读器所显示的剩余货架期最短的产品从而可以大幅减少过期产品数量。现在越来越多的 RFID 系统在商业上使用，下面是一些讨论。

TurboTag® T – 700 产自新泽西德尔布鲁克的希悦尔公司，是一个信用卡大小、电池驱动的能捕捉并传递任何相关产品的温度历史的射频识别温度监测标签。PakSense™超无线标签产自爱达荷州博伊西市，它是一个平的，大小跟信用卡类似的标签，能够以数字形式记录产品运输和贮存环境中的温度和时间。

产自瑞士新 Freshpoint 公司的 CoolVu™ TTI 能够显示所附产品的所有历史温度。它由一个金属标签和一个包含一种腐蚀剂的透明标签组成。一旦把这个腐蚀剂标签放在金属层上，这个标签就会被激活。腐蚀过程受时间和温度影响，在腐蚀过程的最后展示了明显的视觉变化。CoolVu 可以用于产品保质期从数天到数年的校准并且可以设计成单步或多步的 TTI。CoolVu RF 是现有射频识别系统的一个附加组件，对它所附加的产品的温度历史启用电子监控和传输。CoolVu RF 在提供温度历史方面既可以通过肉眼读取，也可以通过电子读取来实现。

Freshtime™半活性 RFID 标签来自加利福尼亚州奥克斯纳德的 Infratab 公司，它可以监测温度并随着时间的推移将其整合起来确定产品的货架期，并可以与阅读器通信。标签也有一个电池和一个可选的（根据物品的状态提供绿色、黄色和红色指示灯）视觉选项（例如：绿色代表新鲜，红色代表不安全）。这些标签操作的范围是从 – 25℃ 到 70℃。

i – Q310 RFID 标签是来自奥地利卢斯特瑙的 Identec Solutions AG，具有光入侵、温度、湿度以及冲击的传感器，违反条件的值可以由用户指定。它也可以用外部传感器和 LED 来支持视觉识别。它能够存储高达 13000 个温度读数而且它的电池寿命超过 6 年。

无线气体传感器是一个令人兴奋的新兴领域（Potryailo 等人，2011）。它们基于不同的检测原理，传感器材料的类型和相关传感器不同，检测原理也有所不同，为用户提供了测量所需的不同灵敏度、选择性和稳定性。主动无线传感器由一个便携式电源供电，例如电池、超级电容器或能量采集器，它可以传输远达几百米的信号。被动无线传感器缺少便携电源并只能从传感阅读器产生的电磁场中获取它们所需的电力。主动和被动无线传感器都可以包含读/写或只读存储器。

最近，Løkke 等人（2011）报道了使用无线传感器网络（WSNs）测定在 5℃、10℃ 和 20℃ 下存放的鲜切西蓝花的氧气呼吸速率和气体成分变化情况（氧气减少和二氧化碳增加）。无线传感器网络展现了在贮存和包装过程中检测果蔬产品氧呼吸速率的潜力。

采用樟脑磺酸配制的聚合物聚苯胺（PANI）用于感知氮气和水蒸气。对鱼类的新鲜度进行检测的基于 PAIN 的 RFID 传感器已得到改进，检测下限降到 5×10^{-10}。

（五）生物传感器

近年来，由于食源性疾病引起的死亡人数不断增加以及生物恐怖主义的威胁，对迅速检测食品微生物污染的新技术的需求大大增加。传统的方法如菌落计数过于耗时，其他方法如聚合酶链式反应（PCR），涉及复杂的仪器和处理。生物传感器是一个紧凑的装置，能够检测、记录和传输生物反应信息，具有实时病原体检测的潜力。这些设备是由生物感受器（分析物是特定的）和传感器（可将生物信号转换成一个可测量的电信号）组成的。生物感受器通常是酶、抗原、微生物、激素或核酸。传感器可以采取许多形式（如电、光、声），具体还要取决于被测参数（Pereirade Abreu 等，2012）。Yang 在 2011 年讨论了用于检测食源性病原体的阻抗生物传感器。

作为传感器，聚二乙炔（PDA）以其独特的光学性质及对外界刺激的快速反应备受关注。聚二乙烯是一类线性共轭聚合物，具有交替的双键和三键，可以形成囊泡或薄膜，从而改变颜色。对不同的刺激，如温度、pH 和生物分子的存在等，颜色从深蓝色变为红色。PDA 合成的简单性使这种技术成为一种非常有前途的平台，使得生物传感器检测食品工业中的毒素和细菌成为可能。最近，皮雷斯等人在开发了一种具有表面活性剂功能的 PDA 囊泡，用来检测培养基和苹果汁中的金黄色葡萄球菌和大肠杆菌。囊泡作为生物传感器检测食品中的病原体表现出了巨大的潜力，但进一步的研究是必要的，特别是关于它们的温度和时间稳定性方面的研究。

最近，邓肯（2011）综述了使用纳米传感器和纳米材料进行食品相关分析物的检测，包括气体、小分子有机物和食源性致病菌。这些技术中的几种可以作为智能生物传感器适用于食品包装。最近，Pérez-lóPEZ 和 Merkoçi（2011）回顾了基于纳米材料的生物传感器用于食品分析，显然不是智能包装。他们得出结论，由于重复性和干扰问题，它们在实际样品中的应用仍然有限。

二、 提供更多便利的包装

包装制造商一直努力为消费者提供更多便利，包装的便利性有增值功能，随着生活方式的改变，客户可能会支付额外的费用。提供便利的智能包装的两个示例描述如下。

（一）温变油墨

温变油墨可以印在标签或容器（在消费之前要加热或冷却）上，来指示产品最佳的饮用温度。取决于它的组成，油墨会在特定温度下改变颜色。如果选择适当的颜色，如"现在喝正好"或"太热"等隐藏信息则以视觉的形式显示出来。温变油墨技术首先以酒标签的形式在饮料行业流行，主要用于特殊场合和促销活动。

加利福尼亚州帕萨迪纳市 SIRA 技术公司的 Food Sentinel System™，采用一种非常新颖的方式应用温变油墨。经历高温的产品可以非常直观地被识别出来，因为高温致使产品包装条形码下方出现一条额外的有颜色的宽色带，能够阻止结账时扫码器的识读。

（二）微波熟度指示器

微波熟度指示器（MDI）是一种设备，它能检测和直观地显示在微波炉中加热的食物是否已经准备就绪。这种指示器的使用已经在许多年前被认可，因为消费者无需掌握复杂的加热程序和指令。然而，使用熟度指示器的先决条件是一个足够均匀加热的产品以及在微波加热程序中处于一个明确的阶段，产品内部的所有部位要同时满足这两个标准。在非均匀加热的产品中，最热的区域（通常是在边缘附近）会比稍冷的区域达到可接受的温度之前就能触发熟度指示剂。

对视觉指示熟度的要求意味着，指示器的首选位置是在食物上方的容器的盖子或圆顶上，当食物在微波炉里加热时，食物上面的空间会被加热，然后热量会转移到盖子上。食物的温度和盖子的温度之间的关系构成了一个指示系统的基础。

尽管有许多温度指示纸和标签当达到目标温度时就可以提供一个视觉指示，这些设备中的大多数将会被微波加热，导致错误的指示。解决这个问题的办法就是接下来要讨论的"屏蔽式熟度"指示器。

因为微波炉的场分布很复杂，食物所处的场和在盖子上的传感器所处的场不一样，不同烤箱之间会存在温度差异。因此，在某些烤箱中运行良好场敏感的指示器系统会在其他烤箱中可能会给出错误的指示。

因为整个产品达到目标温度之前，盖子的温度通常已经达到它的平衡值，所以传感器必须包含一个和时间相关的机制。从本质上说，探测器在特定的温度下被激活，在期望的时间周期内颜色逐步发生变化。在美国，可以用印有热致变色油墨点的塑料容器包装糖浆，在微波加热的情况下，该油墨点通过颜色改变来指示合适的糖浆温度。

如果一个温度传感器与微波炉中的金属表面接触，它会大大降低电场强度，因为与金属表面平行的电场在金属表面或附近非常小。作为一个结果，这样的传感器主要是对温度作出反应，因为它几乎没有机会吸收微波能量。这种基于此原理的屏蔽式熟度指示器，即是在塑料盖子上集成了铝箔标签，使得温度传感器与其接触。这种指示器已经被设计出来，但尚没有成功实现商业化。

熟度指示器主要的局限性在于，在不打开微波炉的情况下，观察是否发生了颜色变化有一定的困难。为了克服这个限制，日本发明了一种能发出声音信号的新型加热传感器，它由一个口哨声装置组成，当气体通过该装置时它能发出声音。这种传感器在加热含水量高的食物时，能发挥最好的效果，但还没有商业化。一家日本公司生产的包装上有一个调谐的凹槽，一旦产品完成后，它就像茶壶烧开了一样吹口哨。微芯片可作为指示器来提供一个可听的或可见的信号，但是目前还没有商业化。

三、 防窃启、 伪造和篡改包装

为防止偷窃和伪造提供保护是一个高附加值的领域，主要用于电子和服装等高价值商品。然而，由于包装食品相对较低的价值，它在食品工业中并没有得到广泛的应用。为了减少偷窃和伪造的发生率，全息图、特殊的墨水和染料、激光标签和电子标签已经被引进，但是它们在食品包装中的使用是极少的，这在很大程度上是由于成本原因。

多年来，食物的偷换一直是一个食品生产商关注的问题，偶尔也有一些广为人知的案例，那就是主要品牌产品受到有毒物质的恶意污染，该公司则被要求支付赔偿金。然而，没有任何防篡改包装或显窃启包装可以阻止一个人下定决心对产品进行污染。正如早先提到的，用于加热杀菌玻璃容器上的金属瓶盖上的纽扣，以及位于玻璃和塑料瓶口滚压盖上的防窃启环带，这些装置已经被使用了很多年，但不符合智能包装的要求。

然而，智能显窃启技术已经发展到能识别包装是否被打开或篡改。当包装被打开或内容物被篡改时，透明的标签或封条永久地改变颜色或显示"停止"或"打开"等。在破裂时会释放染料的标签或封条也在开发之中，但由于成本原因，它们在食品包装上的广泛应用是不太可能的。

🔍 **思考题**

1. 活性包装是如何定义的？
2. 智能包装的概念是什么？
3. 活性包装技术有哪些分类？

4. 活性包装材料能实现哪些功能？

5. 智能包装技术有哪些分类？

6. 铁基氧气吸收剂的吸氧原理是什么？

7. 除了吸收剂的量之外，还有哪些因素会影响氧气吸收剂的吸收作用？

8. 抗菌包装可以采取哪些具体形式？

9. 食品包装中常用的抗菌剂有哪些？

10. 食品质量和新鲜度指示器的检测原理是什么？

11. 温度时间指示器有哪些分类？

12. 色度氧化还原型氧浓度指示器的工作原理是什么？

13. 射频识别标签的分类及各自特点是什么？

14. 防窃启包装可以阻止包装在使用之前被人为盗开的原理是什么？

15. 为什么许多活性和智能包装技术没有被成功商业化？

参考文献

［1］Anany H，Chen W，Pelton R，et al. Biocontrol of Listeria monocytogenes and Escherichia coli O157：H7 in meat by using phages immobilized on modified cellulose membranes［J］. Applied and Environmental Microbiology，2011，77：6379 – 6387.

［2］Anthierens T，Ragaert P，Verbrugghe S，et al. Use of endospore – forming bacteria as an active oxygen scavenger in plastic packaging materials［J］. Innovative Food Science and Emerging Technologies，2011，12：594 – 599.

［3］Appendini P，Hotchkiss J H. Review of antimicrobial food packaging［J］. Innovative Food Science and Emerging Technologies，2002，3：113 – 126.

［4］Barish J A，Goddard J M. Polyethylene glycol grafted polyethylene：A versatile platform for non-migratory active packaging applications［J］. Journal of Food Science，2011，76：E586 – E591.

［5］Bastarrachea L，Sumeet Dhawan S，Sablani S S. Engineering properties of polymeric – based antimicrobial films for food packaging［J］. Food Engineering Reviews，2011，3：79 – 93.

［6］Brandon K，Beggan M，Allen P，et al. The performance of several oxygen scavengers in varying oxygen environments at refrigerated temperatures：Implications for low – oxygen modified atmosphere packaging of meat［J］. International Journal of Food Science and Technology，2009，44：188 – 196.

［7］Briggs D E，Boulton C A，Brookes P A，et al. Brewing Science and Practice［M］. Cambridge，England：Woodhead Publishing，2004.

［8］Campbell G M，Webb C，Pandiella S S，et al. Bubbles in Food［M］. St. Paul，MN：Eagan Press，1999.

［9］Charles F，Sanchez J，Gontard N. Absorption kinetics of oxygen and carbon dioxide scavengers as part of active modified atmosphere packaging［J］. Journal of Food Engineering，2006，72：1 – 7.

［10］Brody A L，Zhuang H，Han J H. Modified Atmosphere Packaging for Fresh – Cut Fruits and

Vegetables[M]. Hoboken,NJ：Wiley – Blackwell,2011.

[11]Coma V. Bioactive packaging technologies for extended shelf life of meat – based products [J]. Meat Science,2008,78：90 – 103.

[12]Day B P F. Active packaging of food. In：Smart Packaging Technologies for Fast Moving Consumer Goods[M]. Kerry J.,Butler P. (Eds). New York：John Wiley & Sons,Ltd,2008.

[13]Duncan T V. Applications of nanotechnology in food packaging and food safety：Barrier materials,antimicrobials and sensors[J]. Journal of Colloid and Interface Science,2011,363：1 – 24.

[14]Ellouze E,Gauchi J – P,Augustin J – C. Use of global sensitivity analysis in quantitative microbial risk assessment：Application to the evaluation of a biological time temperature integrator as a quality and safety indicator for cold smoked salmon[J]. Food Microbiology,2011,28：755 – 769.

[15]EU Guidance to the Commission Regulation (EC) No 450/2009 of 29 May 2009 on active and intelligent materials and articles intended to come into contact with food[M]. European Commission Health & Consumers Directorate – General,Brussels,Belgium,2011.

[16]Galdi M R,Incarnato L. Influence of composition on structure and barrier properties of active PET films for food packaging applications[J]. Packaging Technology and Science,2011,24：89 – 102.

[17]Galdi M R,Nicolais V,Di Maio L,et al. Production of active PET films：Evaluation of scavenging activity[J]. Packaging Technology and Science,2008,21：257 – 268.

[18]Galotto M J,Anfossi S A,Guarda A. Oxygen absorption kinetics of sheets and films containing a commercial iron – based oxygen scavenger[J]. Food Science and Technology International,2009,15：159 – 168.

[19]Ghaani M,Cozzolino C A,Castelli G,et al. An overview of the intelligent packaging technologies in the food sector[J]. Trends in Food Science & Technology,2016,51：1 – 11.

[20]Wilson C L. Intelligent and Active Packaging for Fruits and Vegetables[M]. Boca Raton, FL：CRC Press,2007.

[21]Joerger R D. Antimicrobial films for food applications：A quantitative analysis of their effectiveness[J]. Packaging Technology and Science,2007,22：125 – 138.

[22]Joerger R D,Sabesan S,Visioli D,et al. Antimicrobial activity of chitosan attached to ethylene copolymer films[J]. Packaging Technology and Science,2009,22：125 – 138.

[23]Kerry J P,O'Grady M N,Hogan S A. Past,current and potential utilisation of active and intelligent packaging systems for meat and muscle – based products：A review[J]. Meat Science,2006, 74：113 – 130.

[24]Kumar P,Reinitz H W,Simunovic J,et al. Overview of RFID technology and its applications in the food industry[J]. Journal of Food Science,2009,74：R101 – R106.

[25]Kuorwel K K,Cran M J,Sonneveld K,et al. Essential oils and their principal constituents as antimicrobial agents for synthetic packaging films[J]. Journal of Food Science,76：2011,R164 – R177.

[26]Kuswandi B,Jayus,Restyana A,et al. A novel colorimetric food package label for fish spoilage based on polyaniline film[J]. Food Control,2012,25：184 – 189.

[27]Labuza T P. Applications of 'Active Packaging' for improvement of shelf – life and nutritional quality of fresh and extended shelf – life foods[M]. Icelandic Conference on Nutritional Impact of

Food Processing,1987.

[28]Reykjavik,Labuza T P,Breene W M. Applications of 'active packaging' for improvement of shelf – life and nutritional quality of fresh and extended shelf – life foods[J]. Journal of Food Processing and Preservation,1989,13: 1 – 69.

[29]Lee W T,McKechnie J S,Devereux M G. Bubble nucleation in stout beers[J]. Physical Review,2011,E (83):51609 – 51614.

[30]Llorens A,Lloret E,Picouet P A,et al. Metallic – based micro and nanocomposites in food contact materials and active food packaging[J]. Trends in Food Science and Technology,2012,24:19 – 29.

[31]Løkke M M,Seefeldt H F,Edwards G,et al. Novel wireless sensor system for monitoring oxygen, temperature and respiration rate of horticultural crops post harvest[J]. Sensors,2011,11: 8456 – 8468.

[32]López – de – Dicastillo C,Catalá R,Gavara R,et al. Food applications of active packaging EVOH films containing cyclodextrins for the preferential scavenging of undesirable compounds[J]. Journal of Food Engineering,2011,104: 380 – 386.

[33]Maschietti M. Time – temperature indicators for perishable products[J]. Recent Patents on Engineering,2010,4: 129 – 144.

[34]Mastromatteo M,Mastromatteo M,Contea A,et al. Advances in controlled release devices for food packaging applications[J]. Trends in Food Science and Technology,2010,21: 591 – 598.

[35]Baraton M – I. Sensors for Environment,Health and Security[M]. Advanced Materials and Techndogies. Dordrecht,the Netherlands: Springer Science + Business Media B. V. ,2009.

[36]Mills A. Kirk – Othmer Encyclopedia of Chemical Technology[M]. New York: Wiley,2011.

[37]Mills A,Lawrie K,Bardin J,et al. An O_2 smart plastic film for packaging[J]. Analyst,2012, 137: 106 – 112.

[38]Mills A,Skinner G A. A novel 'fizziness' indicator[J]. Analyst,2011,136: 894 – 896.

[39]Mills A,Skinner G A,Grosshans P. Intelligent pigments and plastics for CO_2 detection[J]. Journal of Materials Chemistry,2010,20: 5008 – 5010.

[40]Neethirajan S,Jayas D S,Sadistap S. Carbon dioxide (CO_2) sensors for the agri – food industry – a review[J]. Food and Bioprocess Technology,2009,2: 115 – 121.

[41]Netramai S,Rubino M,Auras R,et al. Mass transfer study of chlorine dioxide gas through polymeric packaging materials[J]. Journal of Applied Polymer Science,2009,114: 2929 – 2936.

[42]Pereira de Abreu D A,Cruz J M,Losada P P. Active and intelligent packaging for the food industry[J]. Food Reviews International,2012,28: 146 – 187.

[43]Pérez – López B,Merkoçi A. Nanomaterials based biosensors for food analysis applications [J]. Trends in Food Science and Technology,2011,22: 625 – 639.

[44]Pires A C,Soares N F F,Silva L H M,et al. A colorimetric biosensor for the detection of food-borne bacteria[J]. Sensors and Actuators B,2011,153(1): 17 – 23.

[45]Polyakov V A,Miltz J. Modeling of the humidity effects on the oxygen absorption by iron – based scavengers[J]. Journal of Food Science,2010,75: E91 – E99.

[46]Potyrailo R A,Surman C,Nagraj N,et al. Materials and transducers toward selective wireless gas sensing[J]. Chemical Reviews,2011,111: 7315 – 7354.

［47］Robertson G L. Food packaging：principles and practice［M］. CRC press,2016.

［48］Sneller J A. Smart films give big lift to controlled atmosphere packaging［J］. Modern Plastics International,1986,16(9)：58 － 59.

［49］Doona C J,Kustin K,Feeherry F E. Case Studies in Novel Food Processing Technologies. Cambridge,England：Woodhead Publishing,2010.

［50］Kilcast D,Subr amaniam P. Food and Beverage Stability and Shelf Life［M］. Cambridge, England：Woodhead Publishing,2011.

［51］Tsironi T,Stamatiou A,Giannoglou M,et al. Predictive modelling and selection of time temperature integrators for monitoring the shelf life of modified atmosphere packed gilthead seabream fillets ［J］. LWT—Food Science and Technology,2011,44：1156 － 1163.

［52］Valencia － Chamorro S A,Palou L,del Rio M A,et al. Antimicrobial edible films and coatings for fresh and minimally processed fruits and vegetables：A review［J］. Critical Reviews in Food Science and Nutrition,2011,51：872 － 900.

［53］Wagner J. The advent of smart packaging［J］. Food Engineering International,1989,14 (10)：11.

［54］Wang H J,An D S,Rhim J W,et al. A Multi － functional Biofilm Used as an Active insert in modified atmosphere packaging for fresh produce［J］. Packaging Technology and Science,2015,28 (12)：999 － 1010.

［55］Yam K L,Takhistov P T,Miltz J. Intelligent packaging：concepts and applications［J］. Journal of Food Science,2005,70(1):R1 － R10.

［56］Mutlu M. Biosensors for Food Processing,Safety and Quality Control［M］. Boca Raton,FL: CRC Press,2011.

［57］Lacroix C. Protective Cultures,Antimicrobial Metabolites and Bacteriophages for Food and Beverage Biopreservation［M］. Oxford,England：Woodhead Publishers,2011.

［58］崇岚,潘军辉,熊鹏文.智能包装技术的应用现状和发展前景［J］.包装工程,2017,38 (15):149 － 154.

［59］都凤军,孙彬,孙炳新,等.活性与智能包装技术在食品工业中的研究进展［J］.包装工程,2014,35(1):135 － 140.

［60］姜尚洁,黄俊彦.现代食品包装新技术——活性包装［J］.包装工程,2015,36(21):150 － 154.

［61］孙媛媛,张蕾.猪肉新鲜度指示卡的研究［J］.包装工程,2013,34(5):29 － 33.

［62］许文才,付亚波,李东立,等.食品活性包装与智能标签的研究及应用进展［J］.包装工程,2015,36(5):1 － 10,15.

［63］赵彬,杨祖彬,崔爽.信息型智能包装标签技术的研究进展［J］.包装工程,2017,38(3)：67 － 72.

无菌和抗菌包装技术
原理与应用

第一节　无菌包装技术与应用

　　无菌包装是指把被包装食品、包装材料容器分别杀菌，并在无菌环境条件下完成充填、密封的一种包装技术。无菌包装技术发明于 20 世纪 40 年代，从 60 年代开始，得益于包装用塑料的快速发展，无菌包装的市场份额随之迅速提高，目前无菌包装已广泛用于乳及乳制品、果汁和番茄酱等流体食品的包装。经过无菌包装的食品，其色、香、味和营养素的损失较小（如维生素能保留 95%），而且无论包装尺寸大小，产品质量均能保持一致，无菌包装的食品在常温下可以贮存 12~18 个月，风味可以保持 6~8 个月，且无须冷藏库贮存、冷藏车运输或冷藏柜销售，特别适合于热敏性食品的包装。

　　无菌包装技术的最显著特点是被包装食品与包装容器材料分别杀菌，两者相互独立，很好地解决了传统罐头后杀菌方式的缺点。食品的色、香、味和营养价值损失小、能耗少，还可实现连续杀菌、罐装、密封，生产效率高，且无论包装尺寸大小，质量都能保证，如维生素 C 的保存率达到 95%。无菌包装尤其适合液态或半液态流动性食品，其特点为流动性好、可进行超高温瞬时杀菌（UHT）或高温短时杀菌（HTST），上述灭菌方法对热敏性食品，如牛乳、果蔬汁等保持风味品质具有重大意义。食品的无菌包装过程包括：包装机械及操作环境的杀菌处理，包装食品的杀菌，包装容器的预制成型及杀菌处理，定量灌装、封合、装箱、打包、运出等，各工序环节都要保证食品包装操作的无菌条件。若在加工、包装、允填、封合的任一环节未能彻底灭菌，就会对产品的质量造成无法弥补的影响。

我国的无菌包装技术及其产品的生产起步较晚。1979 年，广东罐头厂首先引进瑞典利乐公司的砖型盒包装机，用于生产甘蔗汁、番石榴汁和荔枝汁等饮料。此后一度在全国范围内掀起广泛引进无菌包装的热潮，多用于果汁饮料的包装，如无菌杯式包装、无菌袋式包装等。但在国内，无菌包装设备和生产线的研制和生产尚处于起步阶段。由于无菌包装是一个新兴的技术领域，技术难度较大，因而虽有上海、南京等地生产的一些半无菌设备，但与国外的差距仍然很大。目前我国流质食品无菌包装只占 5%，随着我国国民经济的迅速发展，人们生活水平的不断提高，无菌包装业正蕴藏着巨大的发展潜力。

一、 无菌包装的基本概念和基本原理

食品无菌包装基本上由以下三部分构成：一是食品物料的预杀菌；二是包装容器的灭菌；三是充填、密封环境的无菌。这是食品无菌包装的三大要素。由于无菌包装技术的关键是要保证无菌，所以其基本原理是以一定方式杀死微生物，并防止微生物再污染。微生物致死的机制主要有以下三种。

1. 机械破坏机制

它是假设微生物存在一个决定其存活的所谓"控制中心"。破坏此控制中心，即可使微生物致死。这可用致死的靶理论（target theory）及对数致死规律进行解释。

2. 化学作用机制

强调由抗代谢作用产生的重要物质的量的变化。它要求用定量的化学分析数据来说明。

3. 生命力原理

以代谢过程中的局部干扰作为杀菌机制的基础。它要求用定性的生化分析数据来说明。

要确立无菌包装技术，就要综合性地灵活运用现有的杀菌和除菌技术，使食品、容器、操作环境都达到规定的杀菌水平。

二、 无菌包装条件及其杀菌方法

无菌包装要求在对其内容食品进行杀菌的同时，还必须将包装食品所用的容器或包装材料表面所黏附的微生物彻底杀死。无菌包装过程应满足以下要求。

1. 现代高速包装机必须在很短时间内完成对包装材料（容器）表面的灭菌。

2. 杀菌剂与包装材料或容器之间有良好的润湿性。

3. 杀菌剂应易于从包装材料或容器表面除去。

4. 所用的杀菌方法对操作者无害，对消费者也无害。

5. 残留杀菌剂不能影响产品品质及消费者健康。

6. 杀菌方法应对所用的包装材料无腐蚀性。

7. 具有环境适应性。

8. 操作方法是可靠的、经济的。

包装材料及容器的杀菌按机理可分为物理方法、化学方法、化学方法和物理方法并用三大类。

（一）物理法

1. 加热杀菌法

不同的杀菌方法适用于不同的包装材料及容器。热力方法一般不宜用于纸质和塑料容器的杀菌，而金属罐和玻璃容器则可通过加热，如采用饱和蒸汽、过热蒸汽或热风处理而达到充分杀菌的目的。无论从机械设备还是从人工操作角度看，这种加热处理在常压条件下完成较为有利。杀菌温度若达不到200℃以上的高温，将难以在短时间内杀死包括耐热的细菌芽孢在内的所有微生物。过热蒸汽虽有极好的杀菌效果，但因其压力过高，仅适用于耐压容器，如金属罐的杀菌。

玻璃容器同金属罐一样，也能进行加热杀菌，但要考虑玻璃不耐热冲击的特点，同时还必须注意对瓶盖进行杀菌。常用的方法是杀菌时逐步使瓶子升温，充填时控制玻璃瓶温度与食品温度的温差在20~30℃范围内，或者采用加热蒸汽对瓶内、外进行均匀加热的杀菌方法。

利用微波进行杀菌实际上也属于热致死的杀菌方法。该方法能够使含有中等水分的包装材料很快地升温。尤其是包装材料内表面，能迅速产生热量，而不迅速传导扩散，其结果是使包装中最易受污染且最需彻底灭菌的部分都得到了灭菌消毒。由于微波辐射具有加热时间短、便于调整热能强度、加热效率高、操作灵活、控制方便等特点，所以是食品包装工业中一种有效的新技术。塑料包装材料采用微波加热后会出现针孔，同时由于温度和拉力使材料的强度削弱。铝箔材料由于对电磁辐射具有反射功能，所以不宜采用微波杀菌。

2. 紫外线杀菌

对于用纸、塑料薄膜及其复合材料制成的容器，不适合用加热法进行杀菌。对于这类材料表面的杀菌，必须首先考虑冷杀菌，即采用化学方法或辐射方法，靠共挤工艺得到的复合板材，其无菌表面的保持是靠表面覆盖的一层称为保护层的薄膜（剥离层）来实现的。采用辐射杀菌法，包装材料和容器可通过高效紫外线照射达到灭菌目的。

紫外线的灭菌效果与照射强度、照射时间、空气温度和照射距离有关，也与被照射材料的表面状态有关。据报道，采用高强度的紫外杀菌灯照射长度为76.2cm的软包装材料，若照射距离为1.9cm，照射时间为45s，则能获得较好的灭菌效果。对于表面光滑无灰尘的包装材料，采用紫外线可杀灭表面上的细菌。对于压凹铝箔的表面，其杀菌时间要比光滑平面的长3倍，特别是不规则形状的包装容器表面，其灭菌照射时间比平面的要长5倍。采用紫外线杀菌时，也需考虑材料的特征，尤其是那些作为复合材料内层的材料，例如聚氯乙烯/聚乙酸乙烯酯、聚偏二氯乙烯和低密度聚乙烯等塑料，紫外线照射后其热封强度会降低（约50%）。紫外线还可与干热、过氧化氢或乙醇等灭菌方法结合使用，以增强杀菌效果。

3. 离子辐射法杀菌

利用离子辐射法来处理包装材料，也可以控制微生物的生长。德国包装专家早在1962年就对食品包装材料的辐射灭菌进行了研究，认为辐射剂量以10~60kGy为宜。许多研究结果表明，采取辐射灭菌消毒对于多数食品包装材料是可行的，且当辐射剂量为10kGy或更低时，包装材料的机械性能和化学性能变化甚微。当辐射剂量较大时，则包装材料固有性质发生明显变化，尤其是塑料会发生高聚物交联反应或主链的断裂，不饱和键活化，放出氢气或其他气体，或发生氧化反应，形成过氧化物（当辐射在空气中进行时）。含卤素的塑料对辐射剂量十分敏感，会放出卤化氢气体。纤维素受到辐射后，分子会断裂，发生分解，并丧失其抗张强度。

（二）化学法

1. 过氧化氢（双氧水）杀菌

双氧水是一种杀菌能力很强的杀菌剂，毒性小，对金属无腐蚀作用，在高温下可分解为"新生态"氧。

$$H_2O_2 \longrightarrow H_2O + [O]$$

这种分解的"新生态"氧极为活泼，有极强的杀菌能力，而水在高温下可立即汽化，使双氧水在包装材料上的残留量很少。

双氧水的杀菌效果与温度和浓度直接相关。当双氧水的浓度小于20%时，单独使用杀菌效果不佳；22%双氧水在85℃时杀菌可得到97%的无菌率；而15%浓度的双氧水在125℃温度下杀菌处理，可得到99.7%的无菌率。由此可见，双氧水杀菌处理的浓度和温度对包装材料的无菌率影响均很大，以温度影响更大。双氧水对嗜热脂肪芽孢杆菌杀菌处理时浓度为30%，处理温度为20℃，其 D 值（杀死90%细菌所需杀菌时间）为20min，若处理温度提高至87.8℃，仅需4s。双氧水在一定温度条件下的快速杀菌能力，使它在高速无菌包装机上实现了对包装材料的有效灭菌。

目前，单独使用双氧水杀菌的无菌包装机采用浓度为30%～35%的双氧水，用无菌热空气加热包装材料表面至120℃左右，即可使双氧水分解成水和氧，可达到较好的杀菌效果。美国食品药品管理局允许无菌包装采用双氧水作为食品包装材料消毒剂，规定最高残留量为0.01mg/kg。

2. 环氧乙烷杀菌

环氧乙烷在常温下为气体，沸点10.4℃，对细胞具有广泛的杀菌作用，其特点是可以低温杀菌，对非阻气性包装材料也可杀菌。缺点是杀菌时间较长、可燃性、有一定的毒性和散逸时间长。因此，在无菌包装食品中环氧乙烷一般与CO_2等气体混合后，作为预制纸盒或塑料杯的杀菌剂。

3. 次亚氯酸钠杀菌

氯离子常用于饮用水的消毒，一般用的氯杀菌剂有氯气、次氯酸钠、二氧化氯、次氯酸钙、氯化钙等。氯离子一般对营养型细胞的杀菌能力较强，对细菌芽孢的杀菌效果较弱。使用氯杀菌剂的最大缺点是残存的氯很难消除，并对食品的风味有影响。

（三）化学和物理并用方法

1. 双氧水和紫外线并用杀菌

双氧水和紫外线两者结合将产生惊人的杀菌效果。图6-1所示为双氧水和紫外线并用杀菌与单独紫外线或单独双氧水杀菌效果的比较，低浓度双氧水溶液（<1%）加上高强度的紫外线，只需在常温下就会立即产生强杀菌效力，比两者单独用要强百倍。紫外线即使和浓度低到0.1%的双氧水溶液结合使用，也有相当大的杀菌效果。在此浓度下使用，1L容量的纸盒包装材料仅用0.1mL双氧

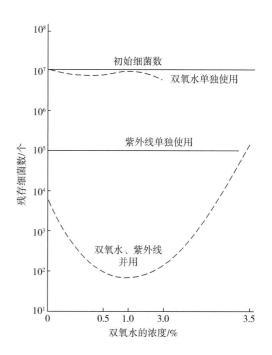

图6-1　双氧水、紫外线杀菌效果比较

水，这是一种经济、高效的杀菌法，且无须采用任何措施即可满足双氧水法定残留的最高限量要求。

2. 紫外线与柠檬酸或乙醇并用杀菌

70% 的乙醇或柠檬酸单独使用时无杀菌效果，但与紫外线结合使用后可在 3～5s 内达到杀菌要求。FFS 塑料薄膜袋不是注射成型的，是吹塑成型的。连续生产出"成型—充填—封口（Form—Fill—Seal，简称 FFS）"袋用吹塑薄膜产品，是国内近年来发展起来的一种重包装膜技术，主要用于大型聚乙烯、聚丙烯等合成树脂产品的自动包装线。管膜法（即吹膜工艺）已成为国内生产 FFS 袋用薄膜产品的最佳生产方法。日本印刷株式会社已将 UV－C 紫外灯与柠檬酸结合用于 FFS 的热成型塑料盒无菌包装机的包装材料灭菌。塑料盒的底膜和盖膜从膜卷牵引至柠檬酸溶液槽中浸浴后，再经紫外灯照射杀菌，然后底膜热成型为塑料盒，无菌充填物料并加盖膜热封。

三、 无菌包装设备与无菌包装过程

（一） 无菌包装设备

无菌包装系统设备及操作环境的杀菌包括两个方面的内容。

1. 包装系统设备杀菌

食品经杀菌到无菌充填、密封的连续作业生产线上，为了防止食品受到来自系统外部的微生物二次污染，在输送过程中，必须保持接管处、阀门、热交换器、均质机、泵等的密封性和系统内部保持正压状态，以保证外部空气不进入无菌工作区。同时，要保证输送线路尽可能简单，以利于清洗。无菌包装系统设备杀菌处理一般采用 CIP 原位清洗系统实施，根据产品类型，可按杀菌要求设定清洗程序。常用的工艺流程：

$$\boxed{热碱水洗涤} \longrightarrow \boxed{稀盐酸中和} \longrightarrow \boxed{热水冲洗} \longrightarrow \boxed{清水冲洗} \longrightarrow \boxed{高温蒸汽杀菌}$$

2. 操作环境杀菌

操作环境的无菌，包括除菌和杀菌。杀菌可采用化学和物理方法并用进行，并定期进行紫外线照射，杀灭游离于空气中的微生物。除菌是防止细菌和其他污染物进入操作环境，除菌主要采用过滤和除尘方法实现，一般无菌操作空间的空气需经消毒、二级过滤和加热消毒产生无菌过压空气，其过压状态可避免环境有菌空气渗入无菌工作区。

（二） 无菌包装工艺

无菌包装系统有多种，它们的区别主要在于包装形式不同及由此而产生的工作方式、充填系统不同。目前，食品工业上常用的无菌包装系统主要有以下五种类型：纸盒无菌包装系统（包括卷材纸板制盒无菌包装系统和预制纸盒无菌包装系统）；塑料杯无菌包装系统（包括卷材制塑料杯和预制塑料杯两种无菌包装系统）；塑料袋或铝塑复合袋无菌包装系统；塑料瓶无菌包装系统（包括吹塑瓶和预制塑料瓶两种无菌包装系统）；箱中衬袋无菌大包装系统。

1. 利乐包卷材纸板制盒包装系统

（1）利乐包卷材纸板制盒包装系统的特点　卷材纸板制盒无菌包装系统以瑞典 Tetra Pak 公司的 L－TBA/8 利乐包无菌包装设备为代表，利乐包纸盒无菌包装系统具有以下特点：

①包装材料以板材卷筒形式引入。

②所有与产品接触的部件及机器的无菌腔均经灭菌。

③包装的成型、充填、封口及分离在一台机器上运行。

目前，这种类型的无菌包装系统在世界上广泛使用。使用卷材来制作容器的优势在于：

①操作人员的工作任务简化，只需安装包装材料，劳动强度低。

②因为只是平整的无菌材料进入机器的无菌区，可保证高度无菌。

③成型、充填、封口为一体，不需要工序间的往返运输。

④包装材料的存储空间小，且无需空容器的存储空间。

⑤包装材料利用率高。

（2）卷材纸板制盒无菌包装机包装过程　以 L－TAB/8 无菌包装机为例，工作流程主要是：

无菌空气的生成　→　机器的灭菌　→　包装材料的灭菌　→　包装的成型　→

充填、封口和割离　→　折叠

①无菌空气的生成和循环：无菌包装机操作前灭菌和物料充填时都需要提供无菌空气，图 6－2 所示为无菌包装机的无菌空气循环使用原理图。泵 1 从进水口 2 进水（9L/min），构成泵内密封水环并将吸入的回流空气中残留的双氧水液洗去。压出空气经过气水分离器 3 分离水分，然后进入空气加热器 5 被加热到 350℃。从加热器出来的无菌热空气一部分由管道送至包装材料纵向塑胶带粘贴处和纵缝热封器，用于贴塑胶带和纵缝热封；一部分热空气流向冷却器 7 被冷却至 80℃左右，冷却后分两路由阀 8、9 控制，在小容量包装生产时阀 8 开启，大容量

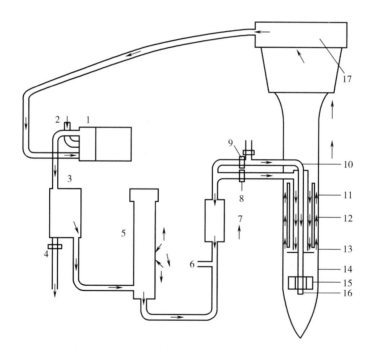

图 6－2　无菌空气循环使用原理图

1—泵　2—进水口　3—气水分离器　4—废水排出阀　5—空气加热器
6—热空气分流器　7—空气冷却器　8，9—空气控制阀　10—物料进口
11—无菌空气供气管　12—环形电加热器　13—无菌空气折流点　14—物料液面
15—液面浮子　16—物料节流阀　17—空气收集罩

包装生产时则阀9开启而阀8关闭。无菌空气从纸筒上部供气管11引至密封纸筒液面以上空间，使充填区空间无菌。无菌空气在13处折流向上，残余挥发的双氧水也随气流往上流动，经过空气收集罩17的管道流回泵重新使用。

②机器的灭菌：无菌包装前，所有直接或间接与无菌物料相接触的机器部位都要进行灭菌，在L-TBA/8中，采用先喷入35%双氧水溶液，然后用无菌热空气使之挥发除去的方法如图6-3所示，首先是空气加热器预热和纵向纸带加热器预热，在达到360℃的工作温度后，将预定的35%双氧水溶液通过喷嘴均匀喷洒到无菌腔及机器其他待灭菌的部件表面。双氧水的喷雾量、时间由自动装置控制，以确保最佳的杀菌效果。喷雾之后，用无菌热空气使双氧水分解成水，水蒸发而无菌腔自动干燥。整个机器灭菌的时间约45min。

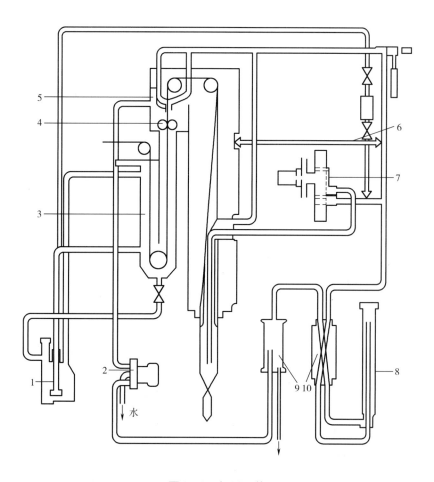

图6-3 机器灭菌

1—双氧水贮罐 2—压缩机 3—双氧水浴 4—挤压拮水辊 5—空气刮水刀
6—喷雾装置 7—无菌产品阀 8—空气加热器 9—热交换器 10—水分离器

③包装材料的灭菌：如图6-4所示，包装材料首先通过一个充满35%双氧水溶液（温度约75℃）的灭菌深槽，其浸泡时间根据灭菌要求可预先设定。而后，经挤压拮水辊和空气刮水刀，除去残留的双氧水，最后进入无菌包装腔。

④包装的成型、充填、封口和割离：包装材料进入无菌腔后，依靠三件成型元件形成纸

筒，纸筒在纵向加热元件上密封。无菌的料液通过进料管进入纸筒，如图6-5所示，纸筒中料液的液位由浮筒来控制。每个包装产品的充填及封口均在物料液位以下进行，从而可以获得内容物完全充满的包装产品。产品移位靠夹持装置。纸盒的横封利用高频感应加热原理，即利用周期约200ms的短暂高频脉冲，加热包装复合材料内的铝箔层，以熔化内部的聚乙烯层，在封口压力下被粘在一起。因而所需加热和冷却的时间就成为影响机器生产能力的限制性因素。

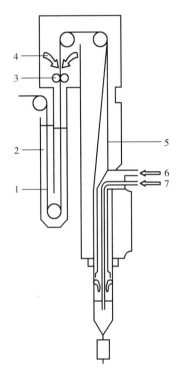

图6-4　包装材料的灭菌过程

1—包装材料　2—热的双氧水　3—挤压拮水辊

4—热无菌空气　5—无菌腔　6—热无菌空气　7—产品

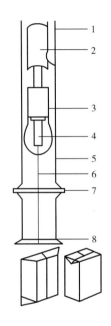

图6-5　物料充填管

1—液位　2—浮筒　3—节流阀　4—充填管

5—包装材料管　6—纵封　7—横封　8—切割

⑤带顶隙包装的充填：对于黏度较高、带颗粒或纤维的产品的充填，包装产品的顶隙是不可少的。包装过程中，产品按预先设定的流量进入纸筒。如图6-6所示，引入包装内部顶隙的是无菌的空气或其他惰性气体。下部的纸筒可借助于特殊密封圈而从无菌腔中割离出来。密封圈对密封后的包装施加轻微的过压，使之最后成型。

这种装置只对单个包装的间隙充以惰性气体，并不要求过量供应惰性气体。此外，由于装备了顶隙形成部件和双流式充填部件，故可以充填含颗粒的产品。该系统利用正位移泵输入颗粒制品，用定量阀控制液体产品的输入。

⑥单个包装的最后折叠：割离出来的单个包装被送至折叠机上，用电热法加热空气，进行包装物顶部和底部的折叠并将其封到包装上。完成了小包装的产品被送至下道工序进行大包装。

2. 预制纸盒无菌包装系统

（1）预制纸盒包装的特点　预制纸盒的无菌包装系统以德国PKL公司的康美盒无菌包装设

备为代表，整个系统将纸筒的预制作为独立的工序先行完成，然后进入成型—充填—封口装置（简称FFS）。纸筒预制所用的包装材料基本上与卷材纸板制盒包装材料相同，也是纸塑铝复合材料。所不同的是无菌包装全过程中，先由卷筒薄膜分割预制成开口的小纸筒。这样以下工序的无菌充填和封口中避免了冗长连续纸带在无菌腔中的灭菌和卷制。其特点是：

①灵活性大，可以适应不同大小的包装盒。

②纸盒外形较美观，且较坚实。

③产品无菌性可靠。

④生产速度较快，而设备外形高度低，易于实现连续化生产。

（2）预制纸盒无菌包装工艺过程　图6-7所示的是康美预制纸盒无菌包装工艺过程示意图。操作过程主要包括：机器的灭菌→预制筒开袋、封底→容器的灭菌→充填→消泡→封顶→盒顶成型。使用型芯和热封使预制筒张开、封底形成一个开顶的容器，然后用双氧水进行灭菌。在无菌环境区内将灭菌过的物料灌入无菌容器。根据被填充产品的性质，必要时可使用合适的消泡剂，为了尽可能使顶隙减小，可使用蒸汽喷射与超声波密封相结合的方法消泡。如果产品需要有可摇动性，则需留足够的顶隙空间，以便充以氮气等惰性气体。最后封顶，并进行盒顶成型后送往下道工序。

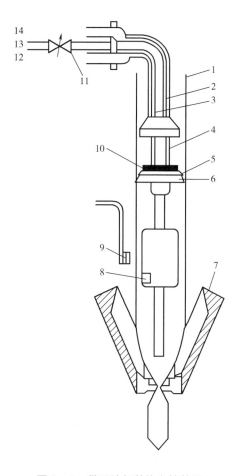

图6-6　带顶隙包装的充填装置

1—包装材料管　2—喷射分流管　3—充填管
4—顶隙管　5—夹持器　6—密封圈　7—夹具
8—磁头　9—超量报警　10—膜　11—恒流阀
12—喷射转向器　13—产品　14—空气或惰性气体

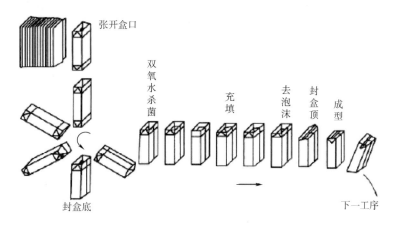

图6-7　康美预制纸盒无菌包装工艺过程

①机器的灭菌：由于无菌包装系统的成型—充填—封口（FFS）装置是开放系统，所以缩短暴露时间和减少空气中的微生物含量十分重要。所谓暴露时间是指从容器灭菌到密封之间的时间。在 FFS 机内，所谓无菌区仅仅覆盖从机器灭菌至密封这一段的区域，在机器开工之前，无菌区采用双氧水蒸气和热空气的混合物进行灭菌。在正常运转期间，为减少该开放系统无菌区内的细菌含量，采用特殊设计的与空气净化系统相连的无菌空气分布系统，并使无菌空气流动尽可能呈层流状态，且保持该区域处于正压，从而达到无菌的目的。

②纸盒的灭菌：除了机器灭菌及无菌区内空气净化外，纸盒的灭菌也至关重要。用双氧水喷洒在预热的纸盒壁面上，灭菌后用热无菌空气使之干燥。双氧水和无菌空气的流量由微型压缩机控制。双氧水残留量小于 0.5mg/L，纸盒的灭菌过程为自动控制方式，若设备系统出现差错，纸盒则不能进入充填部位，机器内的包装将被分隔出来，机器便会停下来。当故障消除之后，再开始生产，但必须重新进行机器的灭菌。

③无菌充填系统：如图 6 – 8 所示，该充填装置采用可编程逻辑控制器（PLC）控制。充填装置有不同的形式。如单管仅供液体的充填，双管可供带颗粒液体的充填。充填装置中还包括缓冲槽，槽内设置搅拌器，以防颗粒与液体分离。供料使用正位移泵，强压产品注入容器。注入器的出口设计取决于产品的类型。目前这类注入器可充填最大粒径为 20mm，黏度在 $80 \times 10^{-3} \sim 100 \times 10^{-3} Pa \cdot s$，颗粒含量最高达 50% 的液体物料。

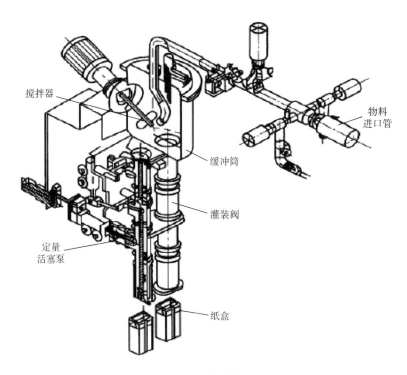

图 6 – 8　灌装阀的结构

④容器顶端的密封：容器封顶是在无菌区内的最后工序。对充填好的容器，采用超声波进行顶缝密封。超声波密封法由于热量直接发生在密封部位上，故可保护包装材料。密封发生在声极与封口之间，声极振动频率为 20000Hz，从而使 PE 变柔软。密封时间约 0.1s。超声波可绕过微小粒子或纤维而不影响密封质量。

预制纸盒的无菌包装系统与利乐包不同的是先将卷筒复合材料制成盒坯，进行分切和压痕，然后纵向折叠纵封形成桶状盒坯，再运送到无菌包装机上。在无菌包装机上盒坯被取出张开，进行杀菌消毒和无菌灌装。

四、 无菌包装技术在食品保鲜中的应用

以果汁无菌包装为例，介绍无菌包装在食品保鲜加工中的应用。

果汁饮料无菌包装工艺过程分为前期工作、灭菌处理和包装三部分。包装的前期工作包括选择复合材料，设计砖形纸盒和盒坯结构图，并进行装潢设计，然后交付包装材料专业工厂按照装潢设计的图案、文字、色彩进行印刷，按照结构设计进行压痕裁切，最后以卷筒形式运往包装车间。

包装前后要对操作车间的环境进行灭菌处理，并保持车间环境内的气压略高于外界大气压，以阻止外界空气进入车间，减少细菌和污染物的浸染。包装工作阶段的主要工序内容如下。

1. 灌装

灌装是整个包装工艺过程中最重要的工序，它由一系列工作环节组成，并在一台灌装机上完成，无菌包装机的工作过程如图 6-9 所示。

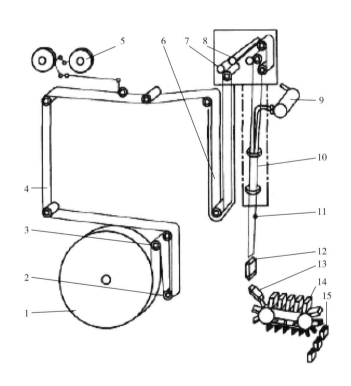

图 6-9 无菌纸盒灌装机工艺过程

1—纸卷 2—惰轮 3—进料滚筒 4—日期打印装置 5—封合粘贴装置 6—过氧化氢槽

7—压滚筒 8—气帘 9—果汁灌装管 10—纵封装置 11—自动图案校正系统

12—定容、压棱、槽封系统 13—包装好的小包装 14—砖型折叠器 15—成品输送带

①纸卷上料：使用一辆特制手推车，把纸卷推进到机器旁，并可使用自动驳纸器。当旧纸卷快做完时，在不停机的状态下，把新旧纸卷接驳起来。纸卷 1 由马达驱动的进料滚筒 3 送进，惰轮 2 可以启动或停止进料滚筒 3。纸带走行至 4 处打印生产日期，并压棱折痕。

②粘贴封合胶带：为了使无菌纸盒背面热封后不会发生渗漏现象，要用胶带对热封部分进一步密封。具体方法是用封条粘贴器将宽 8mm 的聚丙烯（PP）胶带的一半贴在包装纸里面一侧的边缘上，另一半在纵封时与包装纸的另一侧边缘黏合，得到紧密结实的封口。

③灭菌：包装纸在灌装之前先通过双氧水槽 6 浸渍，进行灭菌处理双氧水的浓度一般为 25% ~30%。提高灭菌温度，可加速初生态氧的灭菌作用，以 80℃ 为宜。

④干燥：使用一对滚筒 7 挤压掉包装纸上的双氧水，同时，使用气帘 8 喷出 140 ~150℃ 的高温无菌空气以吹干经挤压后仍然残留在包装纸表面上的双氧水，使之分解成为无害的水蒸气和氧气。这时，高温空气还能增强新生态氧的灭菌效能，杀掉一部分残留的细菌。

⑤热封与灌装：包装纸通过 4 个导辊和成型器形成筒状，这时，包装纸两侧边缘搭接约 8mm，由纵封装置 10 将包装纸里外面的 PE 膜在搭接处连续热封，并且将预先贴在内边缘的 PP 胶带牢固黏接。与此同时，经过杀菌处理并从无菌管道输送来的果汁通过灌装管 9 注入纸筒。

⑥定容、压棱、横封。

⑦折角，最后完成灌装后的小包装盒。

2. 贴吸管

吸管是为了便于消费者饮用而设。它由专业工厂制造，材质为聚乙烯塑料，长度 115mm，直径 4mm。预先装在与其长短相适应的两层聚乙烯膜中并排分别封合，以备使用。

吸管贴在无菌包装纸盒背面的对角线上，由专用的贴管机完成。

3. 收缩包装

用于无菌纸盒的中包装，其形状如图 6 - 10 所示。在瓦楞纸托盘中共装有 3 ×9 =27 个无菌纸盒。瓦楞纸托盘用 E 型瓦楞纸板制成，根据纸盒排列的形式，其尺寸为 395mm ×193mm ×110mm。

热收缩包装之前，先在托盘机上排列产品。托盘机有两个工位，在第一个工位上将无菌纸盒 3 个一排，堆放在平铺的瓦楞纸板上，直到堆放 9 排为止；在第二个工位上，瓦楞纸板折成盘状，并将四角粘贴。

在热收缩包装机上也有两个工位，先用平膜对由托盘与产品构成的包装单元进行包装，当 PVC 热收缩膜包住托盘后，封剪机构下落将另一侧热封并同时剪断。将预包装件放在传送带上送入热通道，利用 150℃ 的热空气使 PVC 热收缩膜收缩，经冷却后从传送带上取下，形成收缩包装件，如图 6 - 11 所示。

4. 集合包装

拉伸包装是为了利用集装箱运输无菌包装纸盒而进行的外包装。首先在堆码机上按一定的排列方式将瓦楞纸托盘堆码在联运平托盘上，GB 2934TP$_2$ 型托盘尺寸为 800mm ×1200mm，奇数层和偶数层排列呈交叉状，堆码后不易倒塌。由于产品本身抗压性能不强。不宜堆码过高，一般堆积 8 层。这样一个托盘可放中包装件 12 ×8 =96 个，无菌包装纸盒 2592 个。

在缠绕式拉伸包装机上用宽 500mm 的 LLDPE 拉伸膜自上而下以螺旋线形式缠绕，也可用宽 1m 的拉伸薄膜在回转式拉伸包装机上进行整幅裹包。果汁无菌包装还可采用不同的工艺方案。

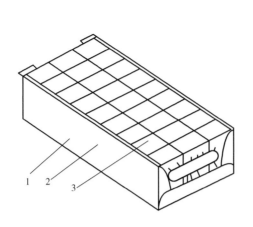

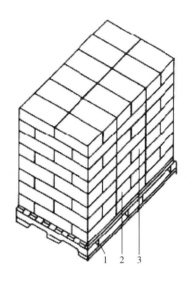

图6-10　热收缩包装
1—PVC热收缩薄膜　2—瓦楞托盘　3—无菌包装纸盒

图6-11　拉伸裹包包装
1—托盘　2—中包装件　3—LLDPE拉伸薄膜

第二节　抗菌包装技术与应用

一、食品抗菌包装体系概述

抗菌包装是指能够杀死或抑制污染食品的腐败菌和致病菌的包装，可以通过在系统里增加抗菌剂和运用满足传统包装要求的抗菌聚合物，使它具有新的抗菌功能。

新鲜食品变质的主要原因是微生物的生长繁殖，为了抑制食品中腐败菌的生长，可以把抗菌物做成小包与食品一同封入包装袋中或者将几种抗菌物聚合放入包装袋中，或者涂于包装膜内，制成能释放抗菌剂的膜。在食品的贮存过程中，膜或者小包中的抗菌物质缓慢释放，当抗菌剂与细菌体病原体接触时，它能渗透到细胞壁，从而破坏其功能，这样就能阻止食品变质。抗菌剂应具有以下特点：抗菌能力和广谱抗菌性；特效性：耐洗涤、耐磨损、寿命长；耐候性：耐热、耐日照，不宜分解失效；与基材的相容性或可加工性好，易添加到基材中、不变色、不降低产品使用价值或美感；安全性好，对健康无害，对环境不造成污染。

二、抗菌剂的种类

包装材料的抗菌功能目前主要是通过以下两种方式实现的：①直接抗菌，包装材料中的抗菌剂与食品直接接触，实现抗菌目的；②间接抗菌，在包装材料中添加可以改变包装内微环境的物质，或者利用载体的选择透过性等特殊性能来抑制微生物的繁殖。

抗菌剂是抗菌材料的核心物质，它可以抑制食品中存在的特定微生物的生长繁殖。食品包装中添加的抗菌剂应与包装基材具有良好的相容性，同时不可使用具有毒、副作用、刺激性大、异味较大以及会明显影响食品品质的抗菌剂。抗菌剂种类很多，常见抗菌剂可分为如下3 种。

1. 无机抗菌剂

无机抗菌剂是利用诸如铜、银、钛等金属、金属离子或金属氧化物的抗菌性能所制成的抗菌剂，通常可以分为光催化型与溶出型两大类。光催化型抗菌剂是指由光照射（主要为 UV 照射）和催化剂引发，并促进光催化反应的抗菌剂，催化剂多为 N 型半导体材料（如二氧化钛、氧化锌、二氧化锆等）。在一定条件下，光催化型抗菌剂经光照可以发生氧化还原反应，并由此起到杀菌抑菌的作用。二氧化钛是目前最常见的光催化型抗菌剂，特别是锐钛型二氧化钛，具有安全性高等优点。

溶出型抗菌剂是通过离子交换或物理吸附等方法将铜、银、钛等金属或金属离子添加到无机载体上而制得，可用沸石、活性炭、硅胶、磷酸锆盐和磷酸钛盐等作为其主要载体。抗菌机制分为含金属氧化物抗菌剂的活性氧抗菌和含金属离子抗菌剂的接触反应抗菌。活性氧抗菌原理是以分布在基材表面的微量金属元素作为活性中心，通过吸收环境中的能量来激活材料表面的水或空气中的氧产生活性氧自由基和羟自由基，同时与溶出金属离子杀菌和碱性抗菌另外两种机制协同作用来实现抗菌目的。

接触反应抗菌的原理则与之不同。由于微动力效应，金属离子在接触微生物时会渗透其细胞膜，进入细胞内部与蛋白质结合使之变性，进而使微生物代谢紊乱并产生功能障碍，从而抑制其生长和繁殖，发挥抗菌作用。微生物死亡后，其体内的金属离子便会溶出，可以发挥长期杀菌作用。金属离子抗菌活性从强到弱的顺序依次为：Ag、Hg、Cu、Cd、Cr、Ni、Pb、Co、Zn 和 Fe。由于 Cr、Pb、Hg 等的毒性较大，所以目前主要是 Ag、Cu、Zn 等被用作金属杀菌材料。

与其他类型的抗菌剂相比，无机抗菌剂的优点是耐热性好、广谱抗菌、抗菌持久性和安全性较高、毒性低、不产生耐药性，缺点是制造困难，工艺复杂，且不同的金属在应用中也有限制性，如铜系抗菌剂颜色较深，银系抗菌剂易氧化变色且价格昂贵，锌及其他金属抗菌效果则相对较差。

2. 有机抗菌剂

有机抗菌剂较无机抗菌剂有着更久的应用历史。目前，合成的有机抗菌剂已有 500 多种，但其中只有几十种较为常用。常用的有机抗菌剂种类有：醇类、酚类、季胺盐类、卤化物类、噻吩类、双胍类、二苯醚类、吡啶类、咪唑类、有机金属和有机氮类化合物等。有机抗菌剂可以逐渐与微生物细胞膜表面阴离子结合并进入细胞内部，使蛋白质变性并阻碍细胞膜的合成，微生物的正常代谢繁殖便因此受阻。

有机抗菌剂的优点较为突出，例如来源范围广、杀菌速率快、加工较便捷、颜色稳定性好等，同时，有机抗菌剂生产成本较低，在生产添加过程中的可操作性较好，并具有一定的特异性。缺点是耐热性较差，易在溶剂环境中析出，同时易挥发分解并生成有毒产物，而且在长时间使用后也容易产生耐药性。基于此，通过有机－无机抗菌剂联用而生产的抗菌材料开始逐渐进入人们的视野，其同时具有有机抗菌剂的高效、持续特点及无机抗菌剂的安全、耐热性能，并规避了各自缺点。

3. 天然抗菌剂

在历史上，天然抗菌剂是最早使用的抗菌剂，虽然天然抗菌剂大多是有机物，但其与有机抗菌剂具有显著差异。天然抗菌剂主要是从动、植物体内提取或经由微生物合成而制得，优点十分突出：抗菌范围广且安全性高，无毒、无害、环保，具有良好的生物相容性，资源丰富；缺点是耐热性能较差，药效期较短且生产条件及设备受制约。天然抗菌剂主要包括壳聚糖、细菌素、溶菌酶、植物精油及其提取物等。

三、 抗菌包装的类型

（一） 挥发型的抗菌包装

挥发型的抗菌包装是在包装中添加含有挥发性抗菌物质的小袋，如香囊、衬垫等。常见的主要有湿气吸收剂、氧气吸收剂和乙醇发生器（乙醇气释放剂）三种类型。湿气吸收剂和氧气吸收剂最初应用于方便面、焙烤产品和肉类的包装中，以减少氧化和水分的聚集。湿气吸收剂可以降低环境中的水分活度，从而抑制微生物的正常代谢；而氧气吸收剂虽然本身并不具备抗菌作用，但它能够通过减少包装环境中的氧气来抑制需氧菌，尤其是霉菌的生长；乙醇发生器在载体中或在包装袋中通常以胶囊的形式存在，它通过释放乙醇来抑制细菌生长。目前，乙醇发生器主要应用于延缓焙烤产品和海鲜干货产品中霉菌的生长，如日本市场上出现的 Fretek（乙醇和乙酸浸泡的聚烯烃膜）和 Ethicap（二氧化硅微胶囊化乙醇），它们通过使细菌蛋白质变性，扰乱正常代谢功能而实现抗菌。

（二） 直接添加抗菌剂的包装材料

目前，在食品包装材料中直接添加抗菌剂以及多种抗菌剂协同作用抑菌的研究逐渐增多。这类包装材料是通过熔解或熔融的方法添加抗菌剂，来实现抑制微生物生长繁殖的目的，生产制作时主要通过以下两种方法实现：①直接混炼法。先在塑料基材中添加抗菌剂，混匀后直接加工成型，制得抗菌塑料产品。这种方法操作简单，抗菌剂可以依据实际应用条件不同而精确调整添加量，但抗菌剂聚集分布在基材中，分散性差，所以抗菌性能相对较差。②抗菌剂母粒化法。此法将基材树脂或/和基材树脂具有良好相容性的树脂与抗菌剂通过双螺杆挤出机制成浓缩母粒，之后再加入到包装材料中制作成型。该方法很好地解决了宏观、微观分散的均匀性问题，是抗菌产品的主要制作方法之一。

（三） 包覆或吸附型的抗菌包装

耐高温性不强的抗菌剂可采取此方法进行添加制作。先将包装基材制作成所需形式，如薄膜等，之后对其进行表面处理以提高吸附能力，最后将抗菌剂包覆或吸附在基材的表面，使其具有抗菌性能。例如，利用压缩空气枪产生高强度压缩空气，它可以将抗菌剂喷射成微粒并分散嵌入到塑料表面上，形成抗菌剂层，通常 $50 \sim 300\mu m$ 的抗菌层就能发挥明显的抗菌作用。有研究证明，硅藻土在吸附乳酸菌素后，可有效抑制单核细胞增生李斯特菌（*L. monocytogenes*）的生长。

（四） 本身具有抗菌作用的包装材料

自然界中存在着一些可食用的天然抗菌材料，不仅安全无毒，而且本身的抗菌效果优异，可直接用于食品的抗菌包装，如壳聚糖、ε - 聚 - L - 赖氨酸和山梨酸等。例如，聚酰胺薄膜通过紫外线照射后表面可产生铵离子，而铵离子能提高微生物细胞的黏附性，薄膜便具备了抗菌作用。壳聚糖具有良好的成膜性，并且由于其透气性能和抗菌性能俱佳，已经作为涂膜保鲜剂被广泛应用在果蔬和肉类的保鲜上。目前，壳聚糖与其他物质（如聚乙烯醇、淀粉等）的共混改性已成为包装材料研究的方向。

四、 抗菌包装技术在食品保藏中的应用

（一） 抗菌包装膜

抗菌包装膜的工作机理是依靠抗菌剂从包装材料中逐渐析出，释放到食品表面上来发挥抗菌作用。欧洲一公司以肉桂精油为抗菌剂，将其固定在厚度为 $30\mu m$ 的微孔聚丙烯薄膜上，将焙烤食品的保质期延长了 3~10d。在抑制真菌的应用方面，韩国科学家研制了复合了山梨酸钾（质量分数为 1.0%）的 LDPE 膜，酵母的生长速率在其影响下显著降低，真菌生长的延迟期也被延长。日本昭和公司研制出了以载银磷酸锆系为抗菌剂的杀菌效果较强的聚苯乙烯膜，并广泛应用在了食品包装上。此外，壳聚糖及其衍生物因自身特性，已经作为抗菌剂被广泛使用在抗菌膜的生产上。在壳聚糖抗菌膜对水果的保藏实验中，我国科学家通过研究发现壳聚糖/甲基纤维素膜中加入香兰素之后，可明显抵制鲜切菠萝的乙醇产生量和呼吸速率，并且对大肠杆菌和酿酒酵母产生了明显的抑菌作用。与此同时，这种抗菌膜的保湿和护色效果也较好，但会使菠萝中维生素 C 含量明显降低。

（二） 抗菌纸

抗菌纸是指具有抑制和杀灭微生物能力，并能延长被包装食品保质期的功能性纸张。目前，各种抗菌剂大多是通过湿部添加法、表面加工法和纤维抄造法三种方法添加到纸张当中。在天然抗菌剂方面，有公司分别检测了抗菌剂为肉桂、丁香和牛至天然精油的果蔬包装抗菌纸的抗菌活性，发现富含肉桂醛的肉桂精油抗菌性和耐久性最好，使被包装食品的保质期延长。韩国化学工业实验研究协会则从 5 种天然芳香型植物中提取了抗菌物质并确定了其安全性，用其制成的抗菌食品包装纸有很强的抑制霉菌和其他微生物生长的功能。我国生产了一种具有较好抗菌性能的光触媒食品包装纸，并研究了二氧化钛纳米粒子的选择、分散、加工工艺、测试方法及抗菌性能。

🔍 **思考题**

1. 无菌包装的基本概念和基本原理是什么？
2. 简述无菌包装的过程，举例说明一种无菌包装的过程。
3. 抗菌剂的种类有哪些？它们的作用机制是什么？
4. 抗菌包装技术在食品保藏中的应用有哪些？

参考文献

［1］Richard Coles，Derek McDowell，Mark J. Kirwan. 食品包装技术［M］. 蔡和平等译. 北京：中国轻工业出版社，2012.

［2］陈黎敏. 食品包装技术与应用［M］. 北京：化学工业出版社，2003.

［3］李大鹏.食品包装学［M］.北京:中国纺织出版社,2014.

［4］李代明.食品包装学［M］.北京:中国计量出版社,2008.

［5］任发政,郑宝东,张钦发.食品包装学［M］.北京:中国农业大学出版社,2008.

［6］苏新国,陈黎斌.食品包装技术［M］.北京:中国轻工业出版社,2013.

［7］高愿军,熊卫东.食品包装［M］.北京:化学工业出版社,2005.

第七章

纳米包装技术原理与应用

[学习目标]

1. 掌握纳米包装材料的种类、制造方法以及作用原理。
2. 了解纳米材料在食品包装中的应用。
3. 掌握纳米包装技术的种类和作用原理。

第一节 纳米包装技术概述

随着产品种类的丰富和人们对产品保存要求不断的提高，研究包装的专家学者们面临着如何改变、提升包装材料性能的问题，而纳米技术的出现为解决这个问题提供了方法。纳米技术是一项高端前沿技术，它的出现带动了许多学科领域的发展，促进了科学技术的进步，使人类的研究进入了新的领域。纳米技术是在纳米尺度下对物质进行制备、研究和工业化以及利用纳米尺度物质进行交叉研究和工业化。纳米技术的出现引起众多包装研究学者的高度重视，与普通包装材料相比，纳米包装材料具有更优异的特性。因此，越来越多的包装研究学者开始将纳米技术应用在包装材料上，纳米包装材料的种类也随之增多。

一、 纳米包装的基本概念、 特点及原理

纳米材料通常是指组成相或晶粒结构控制在100nm以下长度尺寸的材料。广义上讲，纳米材料是指在三维空间中至少有一维处于纳米尺度范围或由它们为基本单元构成的材料。由于纳米粒子具有尺寸小、比表面积大、表面能高等特点，并具有小尺寸效应、表面效应、量子尺寸效应等特性，所以与传统材料相比，纳米材料具有许多优异的性能。

纳米包装材料是指通过纳米技术，将传统包装材料与分散相尺寸为 1～100nm 的纳米颗粒

或晶体通过纳米添加、纳米合成、纳米改性等方式，加工成为具备纳米尺度、纳米结构及特异功能的新型包装材料。纳米技术使传统的包装材料不仅具有优良的物理、化学性能，如高阻气、阻湿性、较高的耐磨性、较高的强度和韧性等，同时具有较好的成型性。在对食品包装要求不断提高的食品行业，纳米包装材料不仅能够很好地保证食品质量，满足不同食品的包装要求，同时又能延长食品保质期，对食品产业、食品包装产业的发展将有很大的推动作用。

二、　纳米包装材料的特征及制备

纳米包装材料指分散相尺寸 1~100nm 的纳米颗粒或晶体与其他包装材料合成或添加制成的纳米复合包装材料的体系。

（一）　纳米复合材料的分类

纳米复合材料是指作为分散相材料的尺寸至少在一维方向在 100nm 以内的复合材料，由于纳米复合材料种类繁多，纳米相复合粒子具有的独特性能，纳米复合包装材料可分为三种类型。

1. 0-0 复合

不同成分、不同相或不同种类的纳米粒子复合而成的纳米固体，通常采用原位压块相转变等方法实现，结构具有纳米非均匀性。也称为聚集型。

2. 0-3 复合

纳米粒子分散在常规三维固体中，另外，介孔固体也可作为复合母体通过物理或化学方法将纳米粒子填充在介孔中，形成介孔复合的纳米复合材料。

3. 0-2 复合

将纳米粒子分散到二维的薄膜材料中，它又可分为均匀弥散和非均匀弥散两类，称为纳米复合薄膜材料。有时，也把不同材质构成的多层膜（如超晶格）也称为纳米复合薄膜材料。

（二）　纳米塑料

在食品包装领域，应用最广的纳米复合材料是纳米塑料，所谓"纳米塑料"是指聚合物纳米复合材料，即由纳米尺寸大小的超细微无机粒子填充到聚合物基体中的复合材料。

1. 纳米塑料的特征

聚合物复合材料将有机聚合物的柔韧性好、密度低、易于加工等优点与无机填料的强度和硬度较高、耐热性好、不易变形等特点结合在了一起。纳米塑料的特点是耐高温、耐磨，而且像金属一样刚硬，它具备金属、塑料和陶瓷的共同优点。用它做的酒瓶比玻璃瓶轻一半以上，而且烤不坏（可耐 150℃ 高温），也摔不碎，是现代社会中最重要、应用极为广泛的一种高科技材料，具有广阔的开发和应用前景。

纳米粒子与聚合物复合后，使聚合物性能得到很大提高：

①改善力学性能。

②提高热性能。

③增强耐磨性。

④提高聚合物的成型加工性。

⑤其他性能（如发光、电性能）。

聚合物纳米复合包装材料还具有如下特点：

①加入很少量（质量分数 3%~5%）即可使聚合物的强度、刚度、韧性及阻隔性能获得明显提高，而常规填料的用量与之相比则多达 4~6 倍，因此这种复合材料密度小。

②由于聚合物分子进入层状无机纳米材料片层之间，分子链段的运动受到了限制而显著提高了复合材料的耐热性及材料的尺寸稳定性。

③层状无机纳米材料可以在二维方向得到良好的增强作用。

④不同的层状纳米材料还可赋予复合物不同的功能特性，如阻隔性能、导电性等。

与原来母体树脂相比，纳米塑料提高了材料的力学性能和热性能，弯曲模量（刚性）可提高 1.5~2 倍，摩擦和耐磨损性及耐热性也得到提高，热变形温度可上升几十度，热膨胀系数则下降为原来的一半。其次，纳米塑料赋予材料更多、更强的功能性，使材料具有高阻隔性、阻燃性，并可改进材料的透明性、导电性和磁性能等，如使材料对二氧化碳、氧的透过率降为原来的1/5~1/2。因此，人们往往称这种改性材料为功能性纳米塑料。另外，它还能提高材料的尺寸稳定性。

虽然纳米塑料的使用性能有了很大的提高，但从外观上看，纳米塑料跟普通塑料没有什么差别。因为纳米分散后，它的尺寸跟可见光的波长差不多，因此纳米塑料通常也是无色透明的，少量显示乳白色，但并不影响其使用。另外，纳米无机粒子添加量很小，一般为2%~5%，仅为普通无机填料添加量的1/10左右，因而纳米塑料的密度几乎不变或增加很小，不会因密度提高而增加塑料加工的成本，也不会因填料过多而导致其他性能的下降。由于纳米粒子的尺寸小，成型加工和回收时几乎不发生断裂破损，具有良好的可回收性。纳米塑料的制造工艺并不复杂，将普通塑料的加工工艺稍加改进便可进行生产，因此与普通塑料相比，纳米塑料有更好的性价比。又由于纳米塑料对材料的改性不是通过制备新结构塑料完成的，因此，利用现有设备或稍加改造便可进行生产，设备投入资金少。

2. 纳米塑料制造

纳米塑料制造法主要归纳为四大类：插层复合法、原位复合法、分子复合法和超微粒子直接分散法。

（1）插层复合法　这是目前制备纳米塑料的主要方法。首先将单体或聚合物插入经插层剂处理后的层状硅酸盐（如蒙脱土）之间，进而破坏片层硅酸盐紧密有序的堆积结构，使其剥离成厚度为 1nm 左右，长、宽为 30~100nm 的层状基本单元，并均匀分散于塑料基体树脂中，实现塑料高分子与层状硅酸盐片层在纳米尺度上的复合。插层复合法又可分为两大类。

①插层聚合法：先将聚合物单体分散，插层进入层状硅酸盐片层中，然后原位聚合，利用聚合时放出大量的热，克服硅酸盐片层间的作用力并使其剥离，从而使硅酸盐片层与塑料基体以纳米尺度复合。

②聚合物插层法：将聚合物熔体或溶液与层状硅酸盐混合，利用化学和热力学作用使层状硅酸盐剥离成纳米尺度的片层，并均匀地分散于聚合物基体中。该方法的优点是易于实现无机纳米材料以纳米尺寸均匀地分散到塑料基体树脂中。

（2）原位复合法　原位复合法包括原位聚合法和原位形成填料法。将纳米粒子溶解于单体溶液再进行聚合反应，叫原位聚合法，特点是纳米材料分散均匀。原位形成填料法也叫溶胶凝胶法，是近年研究比较活跃和前景看好的方法。该法一般分两步，首先将金属或硅的硅氧基化合物有控制地水解使其生成溶胶，水解后的化合物再与聚合物共缩聚，形成凝胶，然后对凝胶进行高温处理，除去溶剂等小分子即可得到纳米塑料。

（3）分子复合法　代表性的产品是液晶聚合物（LCP）系纳米塑料，利用熔融共混或接枝共聚、嵌段共聚的方法，将 LCP 均匀地分散于柔性高分子基体中。原位生成纳米级的 LCP 微纤，其尺寸比一般纳米复合材料更小，分散程度接近分子水平，因此称为分子复合法。优点是可大幅提高柔性高分子基体树脂的拉伸强度、弯曲模量、耐热性、阻隔性，效果显著。

（4）超微粒子直接分散法 它包括乳溶共混法、溶液共混法、机械共混法、熔融共混法等，其中最常用的是熔融共混法，其他方法难以达到理想的分散效果。如机械共混法虽然简单，但很难使自聚集的无机纳米粒子在塑料基体中以纳米尺寸均匀分散。用捏合机、双螺杆挤出配混机将塑料与纳米粒子在塑料熔点以上熔融、混合的难点和关键是，要防止纳米粒子团聚。因此一般要对纳米粒子进行表面处理、表面处理剂有兼容剂、分散剂、偶联剂，并经常使用两种以上表面处理剂。另外，要优化熔融共混装置的结构参数，达到最佳分散效果。该法工艺简单，纳米粒子与复合材料制备分步进行，易于控制纳米粒子形态、尺寸。

（三） 纳米抗菌材料

抗菌材料是一类具有抑菌和杀菌性能的新型功能材料，而抗菌材料的核心成分则是抗菌剂。无机抗菌剂是近年来兴起的新型抗菌材料，特别是随着纳米技术的发展，各种新型、高效无机抗菌材料层出不穷。无机抗菌剂主要有金属离子型和氧化物光催化剂两类。将纳米无机抗菌材料通过特殊工艺均匀添加到包装材料中，它能赋予该种材料的加工制品持久、长效的抗菌、杀菌性能，使其成为符合现代科学技术发展的新型功能材料。纳米无机抗菌剂结合了光催化抗菌技术、金属离子抗菌技术和纳米级粉体抗菌制备技术，它将无机材料固有的稳定性和抗菌成分的抗菌高效性及广谱性相结合，具有杀死和阻止细菌繁殖，防止各种微生物生长的功能，更兼备抗菌作用的持久性、安全性能。

纳米无机抗菌材料根据其对微生物的作用机理可分为两类：一类是抗菌活性金属材料，如银系无机抗菌材料，其利用银使细胞膜上的蛋白失活而杀死细菌；银的化学结构决定了银具有较高的催化能力，高氧化态银的还原势极高，足以使其周围空间产生原子氧。原子氧具有强氧化性可以灭菌，银离子（Ag^+）可以强烈地吸引细菌体内蛋白酶上的巯基（—SH），迅速与其结合在一起，使蛋白酶丧失活性，导致细菌死亡。当细菌被 Ag^+ 杀死后，Ag^+ 又由细菌菌体中游离出来，再与其他菌落接触，周而复始地进行上述过程，这也是银杀菌持久性的原因。另一类是光催化半导体材料，利用光催化作用与 H_2O 或 OH^- 反应生成一种具有强氧化性的羟基而杀死病毒，如纳米氧化锌、二氧化钛等材料。由于纳米粒子所特有的表面界面效应，其表面的原子数量大大多于原材料粒子，表面原子由于缺少邻近的配位原子而具备了很高能量，增强了抗菌材料与细菌的亲和力，对细菌有很强的吸附固定作用而达到杀菌的目的。试验证明：在 5min 内纳米氧化锌的浓度为 1% 时，金黄色葡萄球菌的杀菌率为 98.86%，大肠杆菌的杀菌率为 99.93%。纳米氧化锌、二氧化钛等纳米抗菌材料还具有耐热性（1000~1500℃）、长效性，及广谱抗菌、耐盐碱、能再封、易开封等优点，被广泛地用于食品包装业。

日本目前应用较广的抗菌薄膜能使菌体变性或沉淀，一旦遇到水，便会对细菌发挥更强的杀伤力，且吸附能力、渗透力也很强。此抗菌薄膜的阻隔气溶胶的效率达到 98% 以上，该膜具有极好的透气、阻隔和过滤性能。

另外，纳米抗菌包装材料可提高新鲜果蔬等食品的保鲜效果，延长货架寿命。在保鲜包装材料中加入纳米银粉，便可加速氧化果蔬食品释放出乙烯，减少包装中乙烯含量，从而达到良好的保鲜效果。

（四） 纳米阻透性包装材料

对于食品包装，无论是硬包装还是软包装，包装材料的阻隔性一直是一项重要性能，因为包装品的货架寿命与此性能直接有关。为了提高包装材料（主要指聚合物）的阻隔性，多年以来已经对聚合物材料实施了很多改性研究、复合研究及加工过程的研究，取得了显著的成果。现在世界上开发出几百种塑料包装阻隔性材料，并取得了相当广泛的应用。但是，要使这种材料的阻隔性达到玻璃容器或金属薄膜那样的水平，仍然还有着相当大的差距。纳米技术的理论及应用研究的成果为进一步提高包装的阻隔性开辟了一条新途径。

与普通塑料相比，纳米塑料产品的性能有很大的提高，例如弯曲强度可以提高约50%，热变形温度上升几十度，热膨胀系数下降为原来的一半等。另外纳米塑料还具有一些新的功能，如有的纳米塑料对二氧化碳和氧气的透过率仅为普通塑料的1/5~1/2，这种通过添加无机纳米颗粒改性的新材料被称为阻隔性纳米塑料。

为什么纳米塑料具有这样好的阻隔性能呢？普通塑料的分子之间是自由堆积的，一些空气分子如二氧化碳、氧气都可以透过。而在纳米塑料中，无机纳米颗粒沿着薄膜的表面排列，像马赛克瓷砖那样一片一片地贴在高分子上。这样，气体就可能无法穿过，即使能穿过，也要绕过很长的路径，这就降低了气体的透过率。也就是提高了材料的阻隔能力。纳米塑料和普通塑料的结构见图7-1。

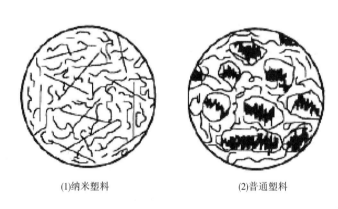

(1)纳米塑料　　　　　　　　　(2)普通塑料

图7-1　纳米塑料与普通塑料结构对比示意图

复合阻透性包装材料的研究主要集中在尼龙、聚酯（PET）、环氧树脂、硅橡胶、聚烯烃、聚氨酯等与无机层状硅酸盐材料所制备的插层型纳米复合材料等方面。该材料的主要特点是能保质、保鲜、保风味及延长食品贮藏时间，这种阻隔性包装材料将更广泛地应用于食品包装领域。

1. 纳米薄膜

尼龙6制得的塑料薄膜，可将食品与空气隔绝以避免食品氧化变质，但它对氧气和二氧化碳的阻隔性较差，对水的阻隔性更差。中科院化学所将纳米级蒙脱土这种天然黏土矿物均匀地分散到尼龙6中制成纳米（NPA6）薄膜，与普通尼龙6相比，该纳米薄膜抗氧气和二氧化碳透过的能力提高6倍，提高阻隔性的机理被认为是由于基材中微分散的片状填料起到了气体扩散的屏障作用，并使气体扩散路线变长（见图7-2）。当尼龙中分散有2%的蒙脱土时，对气体的阻隔性约提高2倍，以保证被包装的食品色、香、味不变，营养、卫生、保质期可靠安全。其可用于肠衣膜、蒸煮袋膜、热收缩膜等。

2. 纳米塑料

纳米塑料所用的原料是"蒙脱土"，是我国丰产的一类天然黏土矿物，是一种层状硅酸盐。纳米塑料全称"聚合物/层状硅酸盐纳米复合材料"或"聚合物/黏土纳米复合材料"，简

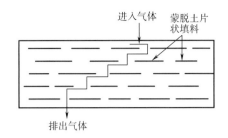

图 7-2　尼龙 6 黏土纳米复合材料气体阻隔薄膜透气模式

称"纳米塑料"。用纳米塑料做成啤酒瓶，其氧气透过率比普通的 PFT 瓶大大降低，而且用这种塑料做成包装膜，对肉类、罐头等食品，都将起到良好的保鲜效果。美国 Nanocor 公司的纳米啤酒瓶装的 Miller Lite 啤酒已经上市。

检测结果表明，纳米塑料呈现出优异的力学性能，强度高，耐热性好，相对密度较低。同时，由于纳米粒子尺寸小于可见光波长，纳米塑料显示出良好的透明度和较高的光泽度。部分材料的耐磨性是黄铜的 27 倍、钢铁的 7 倍。

由于氧气透气率低，部分纳米塑料还具有阻燃自熄灭性能，加工性能优良，尤其是注塑级纳米超高分子质量聚乙烯的研制成功，解决了超高分子质量聚乙烯加工的国际难题。纳米塑料特别适用于做啤酒、肉类和奶酪制品、方便面的包装材料。

中科院化学所的研究人员使用聚酯（PET）聚合插层复合技术将纳米尺度的有机蒙脱石与 PET 单体一起加合到聚合釜中，成功地制成了纳米塑料（NPET）。少量的纳米蒙脱石粒子就会明显地改变聚酯强度、阻隔性、耐热性而不影响透光性，并且热变形温度提高了 30℃，有利于在啤酒灌装过程中进行高温巴氏消毒。经实验，把啤酒装在 NPET 瓶中保存了半年之后，打开的啤酒口味与新鲜啤酒没有区别。检测表明，用 NPET 容器盛装的酒类、肉类、饮料类和奶酪制品的保质期可达 30 个月。

纳米复合阻透性包装材料是目前国内外研究的一个热点。目前研究主要集中在与尼龙、聚酯（PET）、聚烯烃（PE、PP、PS 等）、环氧树脂、硅橡胶、聚苯胺、聚氨酯、液晶聚合物（LCP）等无机层状硅酸盐材料复合所制备的插层型纳米复合材料等方面。由于气体分子要穿透这种材料就必须绕过硅酸盐片层粒子所组成的"迷宫"，延长了扩散路径，减缓了扩散速度，从而提高了基材的阻透性能。

日本是最早将纳米复合材料应用于商品包装的国家。他们率先开发出具有优良阻透性能、较高拉伸强度和热变形温度的 PA6/A 蒙脱土纳米复合材料。将这种纳米复合材料与其他树脂复合共挤成膜，即得到高强度、高阻透性薄膜。纳米复合插层型高阻透材料具有广泛的发展前景，很多产品已经实现了商业化。如日本的优尼吉可公司用上述方法生产的纳米复合尼龙 6；中科院化学所将纳米级蒙脱土层状硅酸盐加入到尼龙 6 中制成了纳米复合尼龙 6 薄膜，并应用于肠衣膜、蒸煮袋膜、热收缩膜等。

（五）纳米紫外线屏蔽材料

紫外线是波长为 136~400mm 的电磁波，在食品工业中早就用于杀菌。但是紫外线照射在食品上，其高能量会使食品成分发生变化，如使食品中的油脂发生氧化、色素分解，而且还会破坏食品中的维生素和芳香化合物，因而研究开发可吸收紫外线的食品包装材料具有重大的意义。在包装材料中添加无机纳米超微粒子紫外线吸收剂，可以取代目前的防紫外线的方法，无机超微粒子的紫外线吸收剂主要有氧化铁、氧化锌、二氧化钛等。其中氧化铁超微粒子的吸收能力最强，它能完全吸收 400nm 左右的紫外线。利用添加 0.1% ~ 0.5% 的纳米二氧化钛制成的透明塑料薄膜包装食品，既可以防止紫外线对食品的破坏作用，还可以使食品保持新鲜。经研究证明，将 30 ~ 40nm 的二氧化钛分散到树脂中制成薄膜，对 400nm 波长以下的光有强烈吸收能力，可用作食品杀菌袋和保鲜袋。

三、 纳米包装技术种类及设备

由于纳米粒子具有许多特殊性能，因此纳米技术在食品包装工业中从各个方面发挥着重大的作用。

1. 纳米涂覆技术

阻隔性是塑料包装的基本功能要素之一。聚酯（PET）是饮料包装的首选材料，它具有透明性好、化学性质稳定、阻隔性较好、质轻价廉和可回收利用等多种优点，因而应用广泛。但作为啤酒瓶，聚酯（PET）的气体阻隔性仍不够高。因此，提高聚酯瓶的气体阻隔性是实现啤酒包装塑料化首要解决的技术问题。在众多工艺技术中，表面涂覆技术是研究最早、应用最广、投入最多的新工艺技术，如今已成为提高聚酯瓶气体阻隔性的主要手段。在表面涂覆技术中，纳米表面涂层法是行之有效的方法之一。在各种表面技术涂覆方法中，最具有市场潜力的是等离子体纳米涂覆技术，它也是开发的热点。等离子体纳米表面处理研究起于 20 世纪末期，它是一种真空干式处理工艺，具有操作简便、清洁、高效、安全无污染等优点，能满足环保要求。等离子表面处理的涂层厚度为纳米级，在使材料界面物理性能得到显著改善的同时，确保材料基体不会受到不良影响。

2. 纳米添加技术

随着包装的迅速发展，包装对特种功能需求的增加，如防爆、防电磁、迷彩、高阻隔、防紫外线等要求的出现，促进了纳米包装技术的发展。由纳米技术复合而成的纳米包装材料是一种高新材料。如在高分子聚合物中加入 10% 的纳米热致液晶聚合物（TLMC），就会使材料的拉伸强度提高到 450MPa，从而大大拓展其用途，也节省了稀缺资源。2004 年 5 月，英国 Foraday 公司宣布，为了与环境相配合，它们将在聚合物分子的超薄层中运用纳米技术。在未来，这种产品将为包装材料提供新的功能。这项研究与物理学和化学息息相关。化学家已经找到了能够使聚合物层只有一个分子厚的方法，而物理学家则以单个分子的水平研究各层的性质。这些成果将能够使单个分子根据环境来做出反应，根据温度和湿度的变化来保护产品。

3. 防静电纳米包装技术

包装材料和包装容器在运输途中很容易因摩擦而产生静电，而金属纳米微粒具有消除静电的特殊功能，所以在生产包装材料时，只要加入少量的金属纳米微粒，就可以消除静电现象，使得包装表面不再吸附灰尘，减少了因摩擦而导致的擦伤，同时在进行印刷时，因表面无静电吸附现象，能够以更高的印刷速度获得更好的印刷效果。例如纳米型高分子聚合物导电包装材料不仅导电能力极大提高，外观颜色也有多种变化，而且其他物理、化学性能也大为增强。

4. 保鲜纳米包装技术

提高新鲜果蔬食品的保鲜效果和延长保质期，必须在包装中加入乙烯吸收剂以减少包装中的乙烯含量。但目前所有的乙烯吸收剂作用效果并不理想，而纳米级银粉正好具有催化乙烯氧化的作用，也就是说，纳米银粉可作为乙烯氧化的催化剂，在保鲜包装材料中加入纳米银粉，便可加速氧化果蔬食品释放出的乙烯，减少包装内乙烯含量，从而达到良好的保鲜效果。

5. 韧性纳米包装技术

传统的陶瓷容器与玻璃容器，具有无毒、密封性好和表面光洁等优点，已在包装产业中占有重要的地位。但由于存在易碎、不便搬运的缺点，因而被部分金属包装所取代。近些年来，西欧、美国、日本等国家将纳米微粒加入陶瓷或玻璃中，得到了富有韧性的陶瓷材料。又如，日本将氧化铝纳米颗粒加入到普通玻璃中，明显改变了玻璃的脆性。

第二节 纳米包装技术在食品包装中的应用

纳米技术作为一种最具有市场应用潜力的新兴科学技术，其潜在的重要性毋庸置疑。目前纳米技术在医药、材料、信息与通讯技术以及环保与能源开发等领域内已经得到了大量的应用。比如，纺织行业中的抗菌服饰、抗污纤维，汽车工业中的防刮伤油漆、具有自洁功能的车窗，文化、体育场馆的天幕等，这些产品早已经投入市场并开始了商业化的应用。而纳米技术在农业与食品工业上的应用相对较少。直到 2003 年 9 月，纳米技术在农业与食品工业上的应用才由美国农业部第一次提出，并且预言纳米技术将会改变食品的生产、加工、包装、运输和消费的传统方式，进而改变整个食品工业。目前全球数百家企业正在研究和开发食品工业中的纳米技术，这些企业里面有联合利华（Unilever），雀巢（Nestle），克拉夫特（Craft）等国际知名的大企业，也有刚刚起步的一些中小企业。

一、 纳米技术在食品包装与食品安全上的应用

（一） 纳米技术在食品包装上的应用

食品包装与品质监控是食品领域中纳米技术研发的一大热点。纳米技术在食品工业中首次实质性的应用始于纳米材料在食品包装中的应用。开发智能包装来提高产品的货架期是很多企业努力的目标。纳米技术能够大幅度地提高材料的阻隔性能，改善材料的机械性能和耐热性能，同时还使材料的表面表现出很强的抗微生物与抗菌性能，并且能检测食品中微生物指标和生化指标的变化。加入纳米材料的包装具备一定的智能性，这种智能的包装系统会根据环境条件的变化（如温、湿度的变化）自动修复一些包装中可能存在的空洞或裂缝并且在食品遭受污染的情况下能够及时地提醒消费者。如：德国的拜尔公司（Bayer）研制出一种含有硅酸盐纳米粒子的透明塑料薄膜。硅酸盐纳米粒子的加入不仅使材料更轻巧，强度更大，耐热性能更好，而且还能够阻隔氧气、二氧化碳和水蒸气等气体成分，从而有效地预防了食品的腐败变质。美国的安姆科公司（Amcol）研制的用纳米复合材料制作的啤酒瓶能够提供 6 个月的保质期，解决了以往的树脂瓶容易引起啤酒败坏和香气成分散失的问题。目前，该公司正致力于研制使啤酒保质期突破 18 个月的树脂瓶。柯达公司（Kodak）利用纳米技术研制的抗菌包装材料已经得到了商业化应用，同时该公司正在开发其他活性包装，这种包装能吸收包装内的氧气从而阻止食品的变质。荷兰的研究人员通过利用纳米技术研制的一种生物开关来操纵包装内防腐剂的可控性释放。这种智能包装可以在食品品质开始败坏之前，通过防腐剂的可控性释放延长食品保质期。

（二） 纳米技术在食品安全上的应用

纳米技术在食品安全与品质检测等方面也同样取得了很大的进展。以前，针对食品微生物污染方面的检测通常要花几天甚至一周的时间，并且检测仪器往往过于笨重或庞大，难以实现即时在线检测。美国的研究人员正在开发一种能够快速而又准确地检测食品中病原菌的纳米生物传感器，并且推断这种"超级传感器"将会在针对食品供应的恐怖袭击中扮演关键的角色。欧盟的研究人员开发了一种便携式的纳米检测器用于检测食品中的化学污染、病原菌污染以及毒素等。检测人员无需把样品送到实验室，通过这种纳米检测器可以在农场、屠宰场、包装车间、食品的加工或运输过程中进行即时、快速的食品安全与品质分析。克拉夫特公司（Craft）的研究人员正在和 Rutgers 大学联合研发一种智能包装系统，通过在包装内植入纳米传感器来检测包装内的病原菌。这种被称为"电子舌"的传感器的检出限阈能达到万亿分之一的物质浓度；在食品遭受污染或开始败坏时，还可以通过引发包装颜色的变化来提醒消费者。AgroMicron 公司开发了纳米荧光粒子喷雾检测技术（Nano Bioluminescence Detection Spray），为食品品质的检测提供了方便快捷的方法。喷雾中的纳米荧光粒子含有一种发光蛋白质，这种蛋白质可以结合在沙门菌和大肠杆菌等细菌的表面。蛋白质一旦与细菌结合就会发出一种可见光，食品污染越严重则光的强度越大。

二、 纳米技术在包装机械中的应用

（一） 包装机械中应用的纳米材料

1. 介孔固体和介孔复合体

介孔固体和介孔复合体是近年来纳米材料科学领域引人注目的研究对象，由于这种材料较高的孔隙率（孔洞尺寸为 2~50nm）和较高的比表面积，因而在吸附、过滤和催化等方面有良好的应用前景。对纯净水、软饮料等膜过滤和杀菌设备又提供了一个广阔的发展空间。

2. 纳米磁制冷工质

磁制冷发展的趋势是由低温向高温发展，构成磁性的纳米团簇，当温度大于 15K 时，其磁熵升高，并高于 GGG（Gd3Ga5012），成为 15~30K 温度区最佳的磁制冷工质。美国利用自旋系统磁熵变的制冷方式，研制成 Cd 为磁制冷工质的磁制冷机。它与通常的压缩气体式制冷方式相比较，具有效率高、功耗低、噪声小、体积小、无污染等优点。这为食品冷冻和冷藏设备又开辟了新的途径。

3. 纳米陶瓷

纳米陶瓷具有良好的耐磨性、较高的强度及较强的韧性，可用于制造刀具、包装和食品机械的密封环、轴承等。也可用于制作输送机械和沸腾干燥床关键部件的表面涂层。日本东京已有公司研制成功自洁玻璃和自洁瓷砖。其表面有一薄层纳米二氧化钛，在光的照射下，任何粘污在表面上的物质，包括油污、细菌，由于纳米二氧化钛的催化作用，使这些碳氢化合物进一步氧化变成气体或者很容易被擦掉的物质。二氧化钛可用于制作包装容器、仪器、机械的箱体和生产车间等。

（二） 纳米技术在其他仪器设备中的应用

1. 微注塑机

香港理工大学研制了一部全球最精确的微型微注塑机（微型纳米）。据介绍，微型微注塑机是目前世界上唯一可以运用真空注塑，注塑速度可达 1m/s，锁紧的力度可达 19.6kN 的注塑机。一般的注塑机制作时是由横向和斜向聚合，但这部微型微注塑机是由上而下直向聚合，可以大大提高精确度。该微注塑机壳能制作出小如半粒骰子的零件，适合生产一些精确度高的零件。此外，还可以应用到手机的镜头、腕表的齿轮等。

2. 量子点激光器

科学家普遍认为，量子点阵列激光器进入市场已为时不远了，最有前途的制备方法是通过自组织设计纳米结构，形成规则阵列的量子点激光器，它不需要平版印刷，也不需通过腐刻来获得，可以代替价格昂贵的外延生长技术，大大降低激光器的成本，可以预计它将发展成为制造下一代激光器的主导技术。

3. 纳米湿度传感器

在轻纺、化工、气象预报、军用物资库、食品加工、保鲜、良种贮存、半导体器件封装、包装、物流、电缆、造纸等领域，对湿度传感器的需求都很大。湿度传感器可以将湿度的变化转换为电讯号，易于实现湿度指示、记录和控制的自动化。湿度传感器的工作原理是基于半导体纳米材料制成的陶瓷电阻随湿度的变化关系。纳米固体具有明显的湿敏特性。纳米固体具有巨大的表面和界面，对外界环境湿度十分敏感。环境湿度迅速引起其表面或界面离子价态和电子运输的变化。例如钛酸钡纳米晶体电导随水分变化显著，响应时间短，2min 即可达到平衡。湿度传感器的湿敏机制有电子导电和质子导电等，纳米 $Cr_2O_4 - TiO_2$ 陶瓷的导电机制是离子导电，质子是主要的电荷载体，其导电性由于吸附水而增高。

🔍 **思考题**

1. 纳米包装材料的种类有哪些？它们的作用原理是什么？
2. 举例说明纳米包装材料在食品包装中有哪些应用？
3. 纳米包装技术有哪些？
4. 纳米技术在包装与食品安全上有哪些应用？

参考文献

[1]刘士伟,王林山.食品包装技术[M].北京:化学工业出版社,2008.

[2]高愿军,熊卫东.食品包装[M].北京:化学工业出版社,2008.

[3]孙炳新,马涛.国外纳米技术在食品工业中的应用研究进展[J].食品研究与开发,2008,29(9):173 – 175.

[4]张书斌,高家诚.纳米技术在包装中的应用[J].重庆工商大学学报,2008,25(3):329 – 332.

[5]刘彩云,周围,毕阳,等.纳米技术在食品中的应用[J].食品工业科技,2005,26(4):185 – 187.

[6]任发政.食品包装学[M].北京:中国农业大学出版社,2009.

气调包装技术原理与应用

第一节 概 述

食品保鲜是保证食品的原汁原味，是在保质基础上迈进了一大步。食品保鲜是目前市场的需要也是人民生活水平提高的表现。食品保鲜方法很多，气调包装是先进的方法之一，是当今食品包装的新变革。气调包装的科学研究从19世纪初开始，距今已有一百多年的历史。欧美在20世纪30年代已开始研究使用二氧化碳气体保存肉类食品；50年代研究开发了用氮气和二氧化碳气体置换空气的牛肉罐头和奶酪罐，有效延长了保质期；60年代由于各种气密性塑料包装材料的开发，很多食品如乳制品、肉食加工品、花生等都成功地采用了气体充填包装技术；70年代生鲜肉的充气包装在欧美各国广泛应用。食品气调包装产品进入欧美市场至今已有较大的发展，年增长速度达25%，包装总量超过50亿盒，产品包括新鲜食品（鱼、肉、果蔬）、熟肉制品、焙烤食品和面条食品等。我国自20世纪90年代初开始食品气调包装工艺、设备的开发与研究，现已初步具备商业应用的条件，但至今市场开发仍有大量发展空间，在我国经济快速发展的条件下，气调包装就越发显得重要。

一、 气调包装技术的概念及特点

（一） 气调包装技术的概念

大气的主要组成气体为：氮气（N_2）78.08%（以下均为体积分数），氧气（O_2）

20.96%，二氧化碳（CO_2）0.03%以及含量不定的水蒸气和少量惰性气体。许多食品在空气中快速变质是因为食品暴露在空气中容易散失水分、与氧气反应以及嗜氧型微生物如细菌、霉菌的生长。微生物的生长会引起食物的组织、色泽、风味、营养成分的变化，从而导致食品的口感变差甚至对食用者有潜在的危险。将食物贮存在气调环境中，通过降低化学或生物化学腐化反应速度和（或用某种长效防腐剂）抑制腐败菌的生长，从而保持食品质量，延长食品保质期。

气调包装就是通过改善食品包装内的气体组成，使食品处在不同于空气组成的环境中，从而延长食品保质期的包装技术。气调包装的一个重要性是贮藏初始调节包装内的气体组分，以达到抑制食品腐烂和变质，维持易腐烂食品正常保质期内的品质或延长其保质期的目的。

（二）　气调包装的特点

1. 保鲜效果好

气调包装可更有效地延缓鲜活食品的生理衰老过程，并且在长期贮藏中能较好地保持食品的感官品质，如果蔬的色泽、硬脆度和口味等。水果使用气调包装也能始终保持其刚采摘时的优良品质。

2. 保鲜期长，保质期长

在保证同等质量的前提下，至少是冷藏的两倍。

3. 贮藏损失小

由于气调的温度可高于一般冷藏的温度，因此，可以避免某些果蔬食品冷藏时因不能适应过低温度而出现的低温冷害和冻害。大大降低水果蔬菜的低温冷害，减少生理损伤和微生物的损害，从而降低水果的损失。据试验测定，在把好入库质量关的前提下，苹果、梨的损失率一般不会超过1%。

4. 无污染

气调包装采用物理方法，不用化学或生物制剂处理，卫生、安全、可靠。因此，近年来，气调包装技术越来越受到人们的重视，已成为世界各国所公认的一种食品保鲜方法。

二、　气调包装技术的分类

根据气体调节原理，气调包装一般包括改善气氛包装和控制气氛包装两种形式。改善气氛包装（Modified Atmosphere Packaging），简称 MAP，指用一定理想气体组分充入包装，在一定温度条件下改善包装内环境的气氛，从而抑制产品的变质过程，延长产品的保质期。控制气氛包装（Controlled Atmosphere Packaging），简称 CAP，指控制产品周围的全部气体环境，即在气调贮藏期间，选用的调节气体浓度一直受到保持稳定的管理或控制。

国际上将通过改变包装袋内的气氛使食品处在与空气组成（78.8%、20.96%、0.03%）不同的气体环境中而延长保质期的包装，归属为同一类型的包装技术，称为 CAP/MAP 包装技术，包括真空包装（VP）、真空贴体包装（VSP）、气体吸附剂包装、控制气氛包装（CAP）、改善气氛包装（MAP）等。

三、　气调包装技术的原理及气体组成

（一）　气调包装的原理

气调包装体系是一个封闭的系统，在这个系统中同时存在着两种过程：一是产品的生理过程，即新陈代谢的呼吸过程；二是包装材料透气作用导致产品与包装内气体的交换过程，这两

个过程使气调系统成为一个动态系统。气调包装的原理可归纳为两点：①破坏微生物赖以生存繁殖的环境。②满足维护食品内部细胞一定的活性，延缓其生命过程，保持一定程度的生鲜状态。食品贮藏过程中有两个主要影响因素，即需氧菌和氧化反应，两者均需要氧气。因此，要延长保质期或保持果蔬的品质，就需要降低环境的氧气含量。试验证明，当包装内的氧气含量<1%，各种细菌生长就急速下降，降低到0.5%时，其生长受到抑制并停止繁殖。然而，一些果蔬的腐烂变质是由于厌氧/微需氧微生物和非氧化反应，实际上单独利用真空包装对其很难有效，并且产品不可避免地发生皱缩。气调包装技术是特别为真空包装中存在的问题而设计的，能进一步地抑制微生物的腐败和产品皱缩。气调包装技术与真空包装一样，产品通常与冷藏相结合。其核心是将果蔬周围的气体调节成与正常大气相比含有低氧和高二氧化碳含量的气体，配合适当的温度条件，来延长新鲜产品的保质期。气调包装技术的调节气体有氧气、氮气和二氧化碳。气调系统设计原理可以用一个简单的图来表示，如图8-1所示。

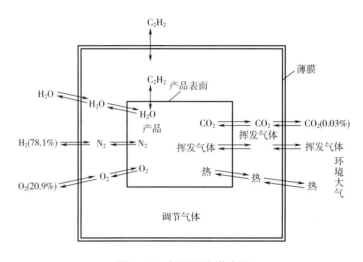

图8-1 气调系统模式图

（二） 气调包装的气体组成

用于气调包装的三种主要气体是氧气（O_2）、二氧化碳（CO_2）和氮气（N_2）。对气体的选择完全取决于所包装的食物产品。无论是单独或混合使用，这些气体都是常用来在维持食品最佳风味与延长安全保质期之间达到平衡。像氩气这种稀有的惰性气体在商业上一般用于包装咖啡和甜点等产品，但是，有关它们的应用和效益方面的文献记载并不多见。据报道，一氧化碳（CO）和二氧化硫（SO_2）气体也已在实验室中使用。

1. 氧气

氧气是一种无色无味的气体，容易和其他物质起反应，是一种助燃气体，在水中的溶解度很低。气调包装理想的条件是要排除氧气。然而，当包装新鲜果蔬时，氧气又是必不可少的。因为果蔬采收后必须进行呼吸作用（如消耗氧气和产生二氧化碳），并且如果缺少氧气将进行厌氧呼吸，这样将加速感官品质的变化和腐烂。对于氧气，它的主要作用有以下三点：①维持食品的颜色，例如肉的红色。②维持水果蔬菜的呼吸作用。③抑制厌氧微生物生长。

2. 二氧化碳

二氧化碳能抑制细菌和真菌的繁殖与生长，这取决于包装内的气体扩散，有以下理由：

①抑制效果与二氧化碳的存在直接相关。Gill 和 Tan（1980）指出抑制效果与二氧化碳浓度呈线性关系直到其浓度达到 50% ~60%（体积分数），而进一步增加浓度对大多数微生物效果不明显。Shay 和 Egan（1987）以及 Gill 和 Penney（1988）均认为超过 50% ~60% 将会扩散至产品中，这样可达到最佳效果。因此，包装体积和包装材料的透气性及表面积应该重点考虑。②二氧化碳溶解性与贮藏温度成反比，因此低温具有协同作用。③当二氧化碳浓度很高时，将产生酸味。④产品吸收气体将使得气体体积减少，因此这会引起产品塌陷，这将稍微引起外观上的变化，有时候会使人误认为是包装不严和包装材料的缺陷。另外，二氧化碳的抑菌效果还取决于存在的微生物的生长阶段。二氧化碳能增加延迟期，减少对数生长期的繁殖效率；然而前者的影响更明显，因此当细菌从延迟期向对数生长期过渡时抑制效果将减弱。这样，二氧化碳充气包装在早期将更有效。

3. 氮气

氮气是一种惰性、无味的气体，能控制化学反应。氮气是空气的主要成分，约占78%。在同食品的接触过程中呈中性，因此可用于食品防腐。与其他常用的气体相比，氮气不容易透过包装膜，在气调包装系统中主要作为充填气体。在混合气体中加入充足的氮气，由于其在食物中的低溶解量可以平衡因二氧化碳溶解而引起的包装瘪塌。

4. 一氧化碳

一氧化碳（CO）是一种无色、无臭、无味的气体，具有很高的化学活性，易燃。其水溶性差，但易溶于某些有机溶液。已经对肉类的气调包装（MAP）加入一氧化碳进行了研究，并且美国已经允许一氧化碳用于莴苣包装，防止莴苣生锈。由于一氧化碳有毒，与空气混合有潜在的爆炸危险，所以在商业上的应用受到限制。

5. 惰性气体

惰性气体是缺少化学活性的一组元素族，包括氦（He）、氩（Ar）、氙（Xe）、氖（Ne）。这些气体现已在很多食品中应用，如以马铃薯为主料的甜点。然而从科学的角度来看，并没发现这些惰性气体比 N_2 更具保藏优势，然而仍然在应用，这意味着它们可能有一些应用方面的优势还没有被公开发表。

四、 气调包装的材料及设备

（一） 气调包装材料

选择适当的包装材料对于保持气调包装食品的质量和安全是至关重要的。挠性、半刚性塑料和塑料薄膜是食物气调包装中最常用的材料。塑料材料大约占食品包装材料需求总量的 1/3，并且需求量预计还会增长。

易成型、质量轻、透明度好、可热封和高强度等特性，使塑料适于作为食品包装材料。随着聚合物加工工艺的进步，塑料已经应用于某些特殊食品包装。但是，还没有哪种塑料材料能够适用于所有食品的包装。

塑料包装材料可以由一种单一塑料组成，但是大部分 MAP 材料是由多层不同材料组成的复合结构。通过共挤、干式复合或挤出涂布等复合技术，将不同性能的塑料结合在一起，形成满足需要的薄膜、片材或刚性包装。通过精心地选择每一层的塑料基材，设计出一种具有特殊包装性能、满足产品包装需求的复合材料。MAP 的塑料包装最常见的形式是用于制作袋、枕式包的挠性薄膜和用于制作碟、盘、杯及盆等刚性、半刚性结构的片材。常用于制作挠性塑料薄膜的材料有聚乙烯（PE）、聚丙烯（PP）、聚酰胺（尼龙）、聚对苯二甲酸二醇酯（PET）、聚氯乙烯（PVC）、聚偏二氯乙烯（PVDC）、乙烯基乙烯醇（EVOH）。硬质和半硬质结构通常用聚丙烯（PP），聚酯（PET），硬质聚氯乙烯（PVC）和发泡聚苯乙烯等材料制作。

另外，这些材料可以通过进一步的加工来改善其包装性能。例如，在塑料材料上涂覆一层铝箔，可以提高其对气体和水汽的阻隔性，改善外观等。在真空室中，将聚丙烯（PP）膜通过铝蒸气，便可以完成蒸镀铝工艺。热成型基盘常用的复合材料有 UPVC/PE、PET/PE、XPP/EVOH/PE、PS/EVOH/PE、PET/EVOH/PE 等；镀膜的复合材料有 PVDC 涂布的 PP/PE、PVDC 涂布的 PET/PE、PA/PE 等；外包装膜的复合材料有 PA/PE、PA/离子交联聚合物、PA/EVOH/PE 等；预成型基盘的复合材料有 PET、PP、UPVC/PE 等。

（二）塑料包装材料的选择

1. 允许与食品接触的材料

与食物接触的包装材料不可以将其成分从包装材料中大量迁移到食物中，而影响消费者的健康。供应商必须提供足够的证据证明，其食品中的塑料迁移量低于允许值，并保证塑料包装对于使用者是安全的。

2. 气体和水汽的阻隔性能

对于某些特殊食品的 MAP 包装材料必须具有阻气和防潮要求。有些材料如玻璃、金属类材料就能完全阻隔气体和水汽。而塑料材料总有一定程度的气体和水汽透过率。在 MAP 包装中，包装内部气体与包装外部环境气体间存在浓度差，为了维持包装内气体的组成成分，包装材料必须具有一定的阻隔层来阻隔气体。阻隔性能主要取决于塑料类型、渗透气体或水以及材料两侧的分压差和温度。没有一种单一商用塑料对气体和水汽具有完全的阻隔性，因而，对材料的选择要视产品的类型、期望的保质期、气体的组成成分，以及供货渠道和价格而定。

3. 光学性能

用光学性能好的材料，如高光泽度、透明度的材料制成的袋、盖等包装件，满足消费者能够清晰地看到包装内产品的需求。为了提高产品的吸引力和货架展示冲击力，市场提供了各种颜色的包装基材。这也强化了浅盘包装产品的视觉效果，有助于消费者确定超市货架上产品的类型和品牌。聚酯（PET）、聚丙烯（PP）和发泡聚苯乙烯（EPS）浅盘可以做成各种颜色，聚氯乙烯（PVC）浅盘一般采用本色生产透明包装。

4. 防雾性能

当包装环境温度下降时，水蒸气会凝结在食品包装罐的内表面上，从而导致包装内容物和包装材料之间产生温度差。镀膜的内表面蒙上的水雾是由于水汽珠对阳光的散射造成的，影响包装的视觉效果和审美效果。这可以通过对材料的热封层添加防雾剂来解决，将其作为内部黏接剂，或者作为表面涂布层。常用来作防雾处理的塑料有低密度聚乙烯（LDPE）、线性低密度聚乙烯（LLDPE）、乙烯 - 醋酸乙烯共聚物（EVA）和聚酯（PET）等。

5. 力学性能

包装材料的抗撕裂强度、耐戳穿强度和良好的机械加工性能，对于优化包装作业和保持包装成型的完整性以及后续搬运和运输都是非常重要的。同样，对于复合和挤出涂布薄膜或片材而言，相邻两层材料间黏接强度在包装作业、后续贮藏和搬运过程中也很关键。某些有机化合物可能对于黏合力有消极影响，这种弱黏接，会导致材料层与层之间剥离。

6. 热封性能

有效的热封对维持包装内所需气体组成至关重要。在实际应用中，通过肉酱、粉末、脂肪和油脂时，仍然能够形成有效热封，是一大优势。影响热封质量的因素很多，包括热封材料、热封宽度以及诸如机器热封温度、压强和时间的设置。

（三）气调包装形式与设备

1. 气调包装形式

国外气调包装方式有三种：一种称为气体冲洗式（gas flush）；一种称为真空补偿式（compensated vacuum）；一种称为真空膜式（VSP vacuum skin packaging）。

现将其原理分述如下：

（1）气体冲洗式 气体冲洗式气调包装原理是连续充入混合气体、气流将包装容器内空气驱出，袋口构成正压并立即封口。这种气调包装方式可使包装容器内含氧量从21%降低至2%~5%。图8－2所示为气体冲洗式用于枕式包装机的工作原理。混合气体从充气管2经喷头3喷出，此时包装袋的纵向和前端横向已封口，混合气体气流将空气从薄膜成型模箱前端9封口处驱除出，随即横封装置4和切断刀具5将袋口热封并切断为单件包装品。气体冲洗式包装容器内残氧量较高，不适宜对氧敏感食品包装，但因不抽真空并连续充气，机器生产效率高。

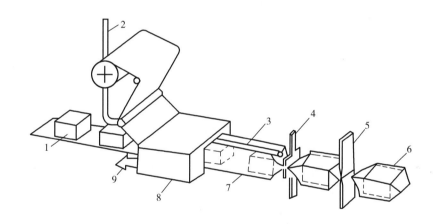

图8－2 气体冲洗式气调包装原理

1—食品输送带 2—充气管 3—喷嘴 4—横封装置 5—切断刀具
6—枕式包装件 7—包装薄膜袋 8—薄膜成型模箱 9—空气排出

（2）真空补偿式 真空补偿式气调包装原理是先将包装容器中的空气抽出构成一定真空度，然后充入混合气体恢复至常压并热封封口。图8－3所示为真空补偿式气调包装原理，该机是热成型自动真空包装机的改型。机器的底膜在热成型模2内加热并吸塑成型，随后放入食品的塑料盒与盖膜4同时进入真空－充气－热封室6内。塑料盒在密闭的热封室内先排出室内空气，随后从充气管5充入混合气体，热封膜将盖膜与盒的周边热封。热封后的气调包装件被刀具7分割成单件。

（3）真空膜式 真空膜式包装机不同于上述两种气调包装方式，它使包装薄膜裹紧于食品表面构成食品形状包装件，包装膜内残氧量低于普通真空包装，其包装原理类似国内近年发展的商品包装用的贴体包装机。

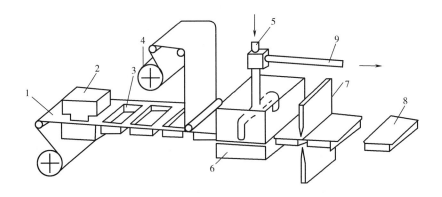

图 8-3 真空补偿式气调包装原理

1—底膜 2—热成型模 3—塑料盒 4—盖膜 5—充气管 6—抽真空 - 充气 - 热封室

7—分割刀具 8—盒式气调包装单件 9—抽真空

2. 气调包装设备

食品气调包装在欧洲应用较广泛，德、英等国家的气调包装机械有 12 种基本机型，其中 9 种用于小包装、3 种用于大包装，包装型式有塑料盒、纸塑复合盒、枕式、大袋包装和袋装盒式等。这些气调包装机械大都是在热成型真空包装机、枕式包装机或自动制袋充填包装机等机型上改装、配置气体混合装置和充气装置，使机型具有多种功能。常见的几种机型有 FFS 卧式热成型气调包装机、卧式或竖式气调包装机、预制袋或盒气调包装机、纸塑复合盒气调包装机、袋装盒或袋装箱气调包装机、真空膜包装机等。

图 8-4 所示为 GM 型气体比例混合装置，可对氮气、氧气和二氧化碳进行设定比例的自动混合。

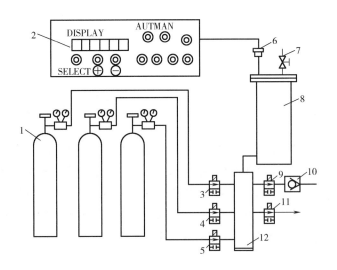

图 8-4 GM 型气体比例混合装置

1—气体瓶 2—配气数字设置控制器 3，4，5，9—电磁阀 6—压力传感器

7—放气阀 8—平衡罐 10—单向阀 11—混合气体出口阀 12—气体混合罐

五、 气调包装中的注意事项

由于食品本身的生理特性不同以及食品在运销环节中遇到的条件也不一样，对包装的要求变化很大，使用食品气调包装技术时需考虑的因素是非常多的，主要包括以下四大要素。

（一） 适当比例的气体混合物

气调包装最常使用的是氮气、二氧化碳、氧气三种气体或它们的混合气体。氮气性质稳定，使用氮气一般是利用它来排除氧气，从而减缓食品的氧化作用和呼吸作用。氮气对细菌生长也有一定的抑制作用，另外氮气基本上不溶于水和油脂，食品对氮气的吸附作用很小，包装时不会由于气体被吸收而产生逐渐萎缩的现象。

二氧化碳是气调包装中最关键的一种气体。它能抑制细菌、真菌的生长，用于水果、蔬菜包装时，增加二氧化碳具有强化减氧、降低呼吸强度的作用；但是使用二氧化碳时必须注意，二氧化碳对水和油脂的溶解度较高，溶解后形成碳酸会改变食品的 pH 和口味，同时二氧化碳溶解后，包装中的气体量减少，容易导致食品包装萎缩，影响食品外观。气调包装中对二氧化碳的使用必须考虑贮藏温度、食品的水分、微生物的种类及数量等多方面的因素。我们在气调包装过程中应尽量排除氧气，不过要根据具体问题来分析加入的量。

（二） 包装材料

包装材料是气调包装中最重要的一环，它必须要有较高的气体阻隔性能，从而保证包装内的混合气体不外漏。另外，对水果、蔬菜而言，由于其呼吸作用会改变混合气体的比例，在这种情况下还必须使混合气体达到动态平衡，即利用包装材料的透气性能来维持混合气体的理想比例。气调包装对包装材料的透气性能要求非常严格，除此之外，还必须考虑材料的热成型性、密封的可靠性等。

目前，经常采用的材料有：聚酯（PET）、聚丙烯（PP）、聚苯乙烯（PS）、聚偏二氯乙烯（PVDC）、乙烯—醋酸乙烯酯（EVA）、乙烯—乙烯醇（EVOH）及各种复合膜、镀金属膜。

（三） 贮藏温度

贮藏温度是影响食品保质期的一个重要环节。在低温条件下食品的氧化速度、呼吸速度等都会减弱，微生物的生长也会受到抑制，甚至在某一温度界限以下，微生物的活动会完全停止。引起食品腐败变质的微生物大部分属于嗜温微生物，以埃希氏大肠杆菌为例，其最低生长的温度为 10℃，最适合生长的温度为 37℃，因此一般采用冷冻、冷藏的方法来贮藏食品。但是另一方面，低温对某些食品也有不同程度的影响。具体采用什么温度贮藏应根据其所包装的食品来决定，一般鱼肉采取冷冻的方法，而果蔬则采取冷藏的方法来贮藏。

（四） 食品质量及微生物环境

食品产生发霉及腐败现象主要是由霉菌、细菌等微生物造成的，所以包装前食品内及表面依附的微生物种类和数量也是影响食品保质期的一个重要因素，特别是对于水分活度较高的食品。微生物的生长除了受温度影响以外，还与食品的水分活度有关，不同类群微生物生长繁殖的最低水分活度范围是：大多数细菌为 0.99 ~ 0.94；大多数霉菌为 0.94 ~ 0.80；大多数耐盐细菌为 0.75；耐干燥霉菌和耐高渗透压酵母为 0.65 ~ 0.60；在水分活度低于 0.60 时，绝大多数微生物就无法生长。除了微生物环境以外，在包装前的食品质量的好坏是非常重要的。例如：采摘下来的水果成熟度如何，有没有机械损伤，这些都直接影响食品的呼吸强度及抗菌性能，从而影响包装内氧气和二氧化碳的浓度，在使用气调包装技术时，在包装前的食品质量是一个必须要考虑的要素。

食品气调包装的四大要素是互相联系和缺一不可的，它们的共同作用决定了食品保质期的长短，当然由于所包装食品的不同，对各要素的要求也各不相同。

第二节　气调包装技术在食品工业中的应用

一、气调包装技术在果蔬制品保鲜中的应用

由于新鲜果蔬采收后仍然是"活"的有生命的有机体，仍然可进行呼吸和蒸发等各种生理代谢活动，从而分解和消耗自身的养分，并产生呼吸热，进而使新鲜果蔬发生变质、变味和失水萎蔫、甚至腐败等品质劣变问题。加之果蔬生产有很强的季节性、区域性和易变性，因此，为了保证果蔬的新鲜、洁净安全和营养等品质，减少不必要的损失，就需要采取有效的果蔬保鲜技术以延长新鲜果蔬的保质期。

气调包装技术可以延缓食品营养成分的损失，有效抑制食品腐败、保持食品高品质以及延长其保质期。近年来，随着消费者对于食品安全问题的重视，更加趋向于选择不含化学添加剂的新鲜果蔬食品，而气调包装工艺恰恰可以在不使用化学添加剂的情况下有效延长果蔬食品的保质期，维持果蔬较高的品质，因此，气调包装在果蔬贮藏保鲜方面得到迅速发展。

（一）新鲜果蔬气调包装保鲜原理

新鲜果蔬用塑料薄膜包装后，果蔬的呼吸活动消耗氧气，并产生约等量的二氧化碳，逐渐形成包装内与大气环境之间气体浓度差。大气中的氧气通过塑料薄膜渗入，补充果蔬呼吸作用消耗的氧气；包装内由果蔬呼吸作用产生的多余二氧化碳则渗出塑料薄膜，扩散到大气中。开始时，包装内外的气体浓度差较小，渗入包装的氧气不足以抵消消耗掉的氧气，渗出的二氧化碳小于产生的二氧化碳。随着贮藏过程中包装内外气体浓度差的增加，气体渗透速度加快，但包装内氧气消耗速度等于氧气渗入速度，二氧化碳产生的速度等于渗出的速度，包装内的气体达到一个低氧和高二氧化碳（相对于空气）的气体平衡浓度。如果包装内的气体平衡浓度使果蔬产生仅能维持生命活动需要的最低能量的有氧呼吸，此时，果蔬置于最佳的气调贮存环境，从而延缓成熟，达到保鲜的目的。

（二）气调包装对果蔬采后生理及病害的影响

气调贮藏一般要求果蔬的采摘期为尚未成熟期，但有些果蔬会因提早采收而降低自身的固有风味与品质。同时，不同种类新鲜果蔬的适宜气体贮藏条件也会因其自身生物学特性的差异而各不相同。因此，在采收之前不仅应把握果蔬适宜的成熟度，而且应配以相应的采后商品化处理技术，以保证果蔬贮藏前的品质，从而达到最佳的保鲜效果。

1. 气调包装对果蔬呼吸作用的影响

每个水果或每棵蔬菜均是一个生命体，它在采后贮运过程中仍然进行着呼吸作用，通过分解作用消耗体内的营养物质以维持其生命活动，同时产生热量、二氧化碳、水和少量酯类气体（如乙醇、乙醛、乙烯等）。在氧气充足的环境中，果蔬进行有氧呼吸，即从环境中吸收氧气，

分解自身的葡萄糖，生成二氧化碳和水，其呼吸作用反应式如式（8-1）所示；在缺氧或供氧不足的环境中，果蔬进行无氧呼吸，靠分解自身的葡萄糖等，生成乙醇和二氧化碳来维持自身的生命活动，其反应式如式（8-2）所示。

$$C_6H_{12}O_6 + 6O_2 \longrightarrow 6CO_2 + 6H_2O + 热量 \tag{8-1}$$

$$C_6H_{12}O_6 \longrightarrow 2C_2H_5OH + 2CO_2 + 热量 \tag{8-2}$$

气调包装就是通过控制果蔬所处环境中氧气的浓度，使其既可以维持较低强度的有氧呼吸，又不会产生无氧呼吸，从而降低果蔬中营养物质的消耗，延长果蔬的保鲜期。其原理是人为向包装中充入一定比例的气体，再利用果蔬呼吸作用经过一段时间后，使包装内氧气浓度降低、二氧化碳浓度升高，最终达到一个呼吸交换与包装膜透过的氧气和二氧化碳量相平衡的状态，在包装内形成一个氧气、二氧化碳、氮气相对稳定的气体环境，从而实现保质保鲜。果蔬采后的呼吸作用会受到贮藏环境中 O_2 和 CO_2 浓度变化的影响。已有相关研究表明，果蔬气调包装中较高浓度的 CO_2 能够有效延缓蓝莓果实的呼吸速率，降低果实的腐烂率。姜爱丽等研究了 5℃温度下体积分数分别为 5% 的 O_2 和 CO_2 或 5% 的 O_2 和 10% 的 CO_2 箱式气调贮藏条件对鲜切富士苹果的保鲜效果，结果表明，前者有利于控制鲜切富士苹果的褐变，后者更能抑制其腐烂现象的发生。

2. 气调包装对致病微生物的影响

高浓度的二氧化碳存在于包装中，不仅能起到抑制果蔬呼吸的作用，同时，作为一种抑菌气体，二氧化碳能抑制好氧致病微生物的繁殖。当环境中的二氧化碳浓度达到一定值时，多数水果致病菌会呈"休眠"状态。已发现高浓度的二氧化碳对抑制金黄色葡萄球菌、沙门菌属、埃希大肠菌有效，且其抑制效果随温度的升高而降低。

气调包装中，充入的氮气占很大比例，作为一种不活泼气体，它不会与水果发生化学反应，不会被吸收而改变包装形态和内部气体的比例。同时，氮气对致病微生物的生长也有一定的抑制作用。

王宝刚等采用自动自发气调保鲜箱，在（0±0.5）℃温度下贮藏甜樱桃，结果发现，在此条件下果实病害的发生率明显降低，贮藏 80d 时，其病害发生率仅为对照组的 28.46%。

（三）影响果蔬气调包装保鲜效果的因素

对于新鲜果蔬而言，影响气调包装的主要因素有果蔬的呼吸作用、贮藏温度、气体比例及包装方式等，这些因素交叉作用，互相影响，共同决定了气调包装的保鲜效果。

1. 呼吸作用

果蔬的呼吸速率会直接影响其保质期，因此，准确掌握被包装果蔬的呼吸速率，对气调包装的设计和数学模型的建立具有举足轻重的意义。高效的气调包装设计，其首要工作就是对果蔬的呼吸速率进行准确测定，进而建立果蔬的呼吸速率模型。目前，测定果蔬呼吸速率的方法主要有碱吸收法、流动系统测定法、静态密闭系统测定法和渗透性系统测定法，其中静态密闭系统测定法的计算较为简单，故较为常用；而碱吸收法不仅操作较为繁琐，且其误差较大、精度较低，一般不采用。

果蔬的呼吸速率预测模型在气调包装中占有重要地位，将直接影响气调包装技术参数的确定。近年来，国内外学者们对于果蔬呼吸速率预测模型方面的研究较多，并取得了一定的成果，主要包括基于统计学公式的经验模型、基于酶动力学呼吸速率模型、基于 Langmuir 理论模型等。

2. 贮藏温度

贮藏温度是影响果蔬保质期的重要因素，低温条件能降低果蔬的蒸腾作用、氧化速度、呼吸作用，抑制微生物的生长。在某一临界温度以下时，微生物的活动会完全停止。以水果为例，随着温度的升高，水果果实内水分子的运动速度加快，蒸发速度相应加快。呼吸作用产生的热量由水果表面向包装内自由空间中释放，造成包装内部环境中近水果表面和远水果表面存在温度差，形成气体对流。气体流动则会加速水果内部水分的蒸发，使水果失水萎蔫。且当温度升高时，水果的呼吸速率加快，果实内的营养物质消耗相应加快，因而加速了细胞和组织的分解与衰亡。在果蔬的正常生理温度范围内，且保证其不会发生冷害的条件下，温度越低，贮藏效果越好。

饶先军的研究表明，采用自发气调包装箱在 (0 ± 0.5)℃冷藏条件下贮藏结球生菜，可有效减轻其褐变，并抑制多酚氧化酶的生物活性。王宝刚等研究了预冷物流后气调处理对"雷尼"甜樱桃贮藏过程品质的影响。其研究结果表明：在0℃温度条件下贮藏60d时，以体积分数为10%的二氧化碳处理的樱桃的腐烂率低于1%，在25℃温度条件下货架3d时，其腐烂率低于10%。且采后进行5℃温度下预冷，贮藏期间进行体积分数为10%的二氧化碳处理，可以显著降低甜樱桃物流和贮藏过程中的品质损耗。

3. 气体比例

气调包装技术中，气体比例是重要的气调工艺参数，是保证果蔬保鲜效果的关键和核心。二氧化碳对各种水果都有一定的保护作用，能抑制细菌和真菌的生长。但气调包装中使用二氧化碳时必须注意，二氧化碳对水的溶解度较高，当其溶于果实中的水分中后会形成碳酸，因而会改变水果的pH和风味。同时，二氧化碳体积的减少也容易导致包装萎缩，影响包装外形的美观。二氧化碳浓度的升高有利于延缓果实的成熟、衰老过程，降低其呼吸速率，减少呼吸热的产生，但过高的二氧化碳含量会引起水果中毒。因此，应根据不同水果在被包装条件下对二氧化碳的耐受性来确定包装中应充入的二氧化碳浓度。郜海燕等认为，当去壳茭白的气调小包装内的气体成分为体积分数为 $0.5\% \sim 0.6\%$ O_2 和 $10\% \sim 11\%$ CO_2 时，可显著降低其呼吸强度和乙烯释放量，在 $0 \sim 3$℃冷藏环境中，其贮藏期可延长至49d。降低包装中的氧气浓度会降低果蔬的呼吸作用，但是氧气含量过低会造成缺氧损伤。果蔬在低氧环境中主要进行无氧呼吸，会代谢出有害物质，降低果实的品质。近年来，高氧气调保鲜技术（即包装中 O_2 的体积分数为 $21\% \sim 100\%$ ）作为新型果蔬采后处理技术，有关其对果蔬采后生理与品质变化影响方面的研究逐渐增多。车东以鲜切苹果、莲藕为试验材料，研究了高氧气调包装的保鲜效果。其研究结果表明，初始气体中 O_2 的比例越高，抑制鲜切产品褐变、失重的效果越好，但对鲜切莲藕的酸含量和维生素C含量的损失越大。

综上可知，高氧气调保鲜技术的研究尚处于减少果蔬微生物、抑制其褐变及呼吸作用等阶段，因此，针对不同种类果蔬的呼吸及生理特性，进一步探索其适宜的高氧浓度临界值，将会是未来果蔬保鲜贮藏领域的研究热点。

4. 包装材料

气调包装的设计要严格控制包装材料的透气性能。果蔬的呼吸作用会造成包装内气体比例的波动，这就要利用包装膜的透气性能使包装内气体达到动态平衡，并将其维持在一个理想的比例。果蔬品种不同，其呼吸速率存在较大差异，因此不同包装对象对包装材料的透气性能要求也就千差万别，大量科研工作者对不同品种果蔬适用的包装材料进行了研究。沈莲清等在

5℃冷藏环境下以低密度聚乙烯（LDPE）为包装膜，研究了体积分数为10% O_2 + 10% CO_2 或 5% O_2 + 5% CO_2 的气调包装对芦笋的保鲜效果，结果发现其贮藏18d后仍具有较好的感官品质。目前，果蔬气调包装材料大多选用聚氯乙烯（PVC）、低密度（LDPE）等，但还不能完全满足市场应用需求，所以较多科研工作者对已有保鲜用薄膜进行改性处理，以开发更多的适用包装材料。李方等采用微孔膜对菠菜进行气调保鲜包装，在贮藏过程中通过观察菠菜外观、测量其失重率、色差及叶绿素含量等发现，微孔膜作为气调包装材料有利于菠菜形态与品质的维持。因此，开发新型高透气性能的塑料包装膜是水果气调包装技术的关键环节。

水果腐烂的原因众多，其中由于果实自身呼吸作用产生水分，并凝结在包装薄膜上造成果实腐烂的现象较为常见。利用表面活性剂对薄膜内表面进行处理，或开发透湿性能更加优良的包装膜，防止水珠的凝结，不仅可以美化包装，更有利于延长水果的保质期。此外，还必须考虑包装膜的热成型性能、热封性能等。若在包装膜中添加一些具有抗菌作用的填料制成抗菌包装膜，则更利于获得良好的保鲜效果。这也是材料科研工作者今后的主要研究方向之一。

（四）果蔬气调贮藏工艺的研究现状

气调设备可以为果蔬贮藏保鲜效果提供基础，而气调工艺条件对果蔬贮藏保鲜的效果非常重要，需要对特定果蔬进行大量研究分析，找出最适合果蔬贮藏的气调工艺条件。这样不仅可以达到贮藏果蔬的目的，还可以相对减少能源消耗，降低果蔬贮藏的成本。由于我国各地果蔬品种、种植及采收情况不同，果蔬采后生理生化特点不同，其对气调贮藏环境的适应性和最适贮藏条件也各不相同，而缺乏有针对性的气调工艺参数成为制约气调技术在我国推广的重要因素。气调包装贮藏受到很多因素的影响，如：包装膜的渗透性、果蔬的呼吸强度、初始气体成分、环境中气体成分的变化和温度湿度调节。

气调贮藏工艺主要研究的对象是温湿度控制和气体含量的确定。一些果蔬的最佳气调工艺条件经研究已基本确定（如表8-1），但是由于果蔬的品种繁多，同一水果或蔬菜的不同品种所要求的工艺条件就有很大差别，例如，不同品种葡萄果皮结构不同，果梗木质化程度不同及代谢途径不同，所需的最佳气调条件也不同。

表8-1 部分果蔬气调贮藏保鲜工艺条件

果蔬品种	气调工艺条件				
	O_2/%	CO_2/%	N_2/%	温度/℃	湿度/%
青菜	3	4	93	1~3	95
香梨	4~6	2~4	90~94	-1~0	90~95
苹果	2~5	1~5	90~97	-1~0	85~90
桃	1	5	96	0	90~95
葡萄	2~4	3~5	91~95	-1~1.5	95
樱桃	3~5	10~12	83~85	-1~0	90~95
猕猴桃	2~4	3~5	91~95	-1~1.5	90~95
冬枣	5~6	0~0.5	94~95	-2~-1	95
柑橘	19.8	1.2	89	2~4	98
李子	3	3	94	0	90~95

续表

果蔬品种	气调工艺条件				
	O_2/%	CO_2/%	N_2/%	温度/℃	湿度/%
哈密瓜	3	1	96	3 ~ 4	80
香蕉	4 ~ 5	5 ~ 8	87 ~ 91	13 ~ 14	95
胡萝卜	3	5 ~ 7	90 ~ 92	1	85 ~ 90
花椒菜	2 ~ 3	0 ~ 3	94 ~ 98	0	92 ~ 95
芹菜	3	5 ~ 7	90 ~ 92	0	92 ~ 95
黄瓜	5	5	90	14	90 ~ 93
马铃薯	3 ~ 5	2 ~ 3	92 ~ 95	3	85 ~ 90
生菜	3	5 ~ 7	90 ~ 92	1	95
香菜	3	5 ~ 7	90 ~ 92	1	95
西红柿	4 ~ 8	0 ~ 4	88 ~ 96	12	90
四季豆	3	3	94	8	90

刘海东提出，多数气调库的制冷是以库温为指导的，而库温不能准确地反映果品的实际温度，应建立起以果心温度为指导的降温体系，根据果心温度来调整其他参数，不同时期的果心温度，相对应不同的气体成分组合，一旦库体条件发生改变，各个参数可做相应的改变。在气调包装系统中，果蔬的呼吸作用和通过膜交换的气体相互作用形成了果蔬需要的微环境，王相友等分析了国内外果蔬 MAP 中呼吸速率的研究进展，包括呼吸速率的测定方法、影响因素和呼吸速率模型的研究动态，提出果蔬呼吸过程极为复杂，现已建立的呼吸模型有待于进一步的研究与论证。气调包装内相对湿度的调节控制也是气调贮藏的重要环节，卢立新等以香菇为研究对象，考虑包装内外热量交换和气体质量传输，依据质量与能量守恒定律，建立包装内质量与能量平衡关系，导出气调包装内产品呼吸 - 蒸发模型，得到包装内相对湿度变化的预测模型；同时测定香菇气调包装袋内的湿度，预测值与实验结果基本吻合。

在果蔬气调包装袋内气调有主动和被动两种方式，主动气调即人为地建立果蔬气调包装所需的最佳气调环境，将果蔬放入后，抽出部分或全部空气，再充入适合此种果蔬的混合气体；被动气调即将果蔬放入包装袋后利用果蔬呼吸作用和塑料薄膜与大气的交换维持袋内外气体平衡。主动和被动气调的贮藏效果因果蔬品种不同而有差异。Costa 等比较了主动气调和被动气调对鲜食葡萄贮藏期的影响，结果发现被动气调更有利于延长葡萄贮藏期和保持其感官品质，主动和被动气调对袋内气体变化没有显著性差异，但是葡萄却因主动气调气体快速平衡而失水更严重。

气调中研究较多的是低氧、高二氧化碳模式，近年来，高氧气调贮藏保鲜技术（21% ~ 100%）对果蔬采后品质变化影响的研究越来越多，一定的高氧环境可抑制某些细菌和真菌的生长，减少腐烂现象，降低果蔬的呼吸作用和乙烯合成，减缓组织褐变程度，减低乙醛、乙醇等异味物质的产生，从而改善果蔬的贮藏品质。陈雪红等研究了高氧气调对鲜切莴苣抗氧化活性和呼吸强度及酶活性的影响，高氧气调包装可抑制鲜切莴苣维生素 C 及其对 DPPH 自由基清除率的下降，促进类胡萝卜素及其对 DPPH 自由基清除率的下降，促进多酚及其对 DPPH 自由基清除率的上升，从而改善鲜切莴苣的抗氧化活性；促进超氧化物歧化酶（SOD）酶活性的上升、抑制氧自由基生成量的增加和多酚氧化酶、苯丙氨酸解氨酶酶活性的上升。

气调技术与其他保鲜技术相互补充，结合使用能够达到更好的贮藏保鲜效果。比如，Ustun 等研究乙醇蒸气预处理和多空聚乙烯（PPE）包装相结合对"红地球"葡萄抗氧化能力的影响，结果表明葡萄利用乙醇蒸气和气调相结合比单一处理抗氧化能力更强。果蔬的成熟度、加工方式等也影响果蔬气调贮藏的品质，需选择适宜气调的果蔬品质或产品进行贮藏保鲜才能达到较好的效果。

二、　气调包装技术在冷鲜肉保鲜中的应用

气调包装已成为一种应用广泛的食品保存方法，其特点是能有效地保持食品的新鲜而产生的副作用最小。高浓度二氧化碳的气调在肉保鲜上的第一次应用是在 1930 年。到了 1938 年，澳大利亚的 26% 和新西兰的 60% 鲜肉都在有 CO_2 的气调保存方法下运输的。在我国应用到生鲜肉保鲜是在 20 世纪 80 年代，当时 100% 纯 CO_2 气调包装为最理想的保鲜方式。目前，只有北京、上海等城市的市场上能看到这类气调包装保鲜肉的产品。近几年来，随着国外先进的充气包装设备与连续式真空包装设备的引进，使得我国气调包装保鲜肉的生产成为可能。

（一）　气调包装保鲜鲜肉的机理

1. 冷鲜肉腐败变质的原因

影响冷鲜肉腐败变质的主要原因可归纳为三点：①肉体表面微生物繁殖造成肉的腐败变质。其主要微生物在有氧的条件下主要是假单胞菌（*Pseudomonas*），真空条件下主要是厌氧和兼性厌氧的乳酸菌群（*Lactobacillus*）和肠杆菌群（*Enterobacter*）等。细菌大多数是生长在肉体表面，肉的表面细菌能够分解蛋白质和其他营养物质，从而使肉体表面发黏，产生臭味，在短时间内腐败变质。②肉中肌红蛋白氧化变色而影响肉的外观颜色。肉的颜色变化是由肌红蛋白和残留的血红蛋白的化学状态所控制。在冷藏保藏过程中，肌肉组织吸收空气中的氧气，使肉体组织结构发生变化。在贮藏前几天，肌红蛋白形成不稳定的、使鲜肉具有鲜红色的氧合肌红蛋白，以后逐步形成稳定的、使鲜肉具有暗红色（棕色）的高铁肌红蛋白。③因酶的作用引起肉品的腐败变质。温度偏高，使鲜肉及微生物中的各类酶类活性显著增高，并使微生物所分泌到其周围的酶类活性明显增加，因而有利各种酶促反应的发生，使肉品腐败变质。

2. 气调包装的保鲜机理

气调包装的保鲜机理是通过在包装内充入一定比例的混合气体置换出包装容器内的空气，调节贮藏所需要的环境，破坏或改变微生物赖以生存繁殖的条件，以减缓包装食品的生物生化变质，来达到保鲜防腐的目的。冷鲜肉气调包装所用的气体通常为氧气、二氧化碳和氮气或是各气体的组合，但每种气体对冷鲜肉的保鲜作用不尽相同。另外，在混合气体中加入低浓度一氧化碳使冷却肉具有樱桃红色。

气调包装常用气体的功能：①二氧化碳，它是气调包装的抑菌剂，对大多数需氧菌和霉菌的繁殖具有较强的抑制作用，并可延长细菌生长的迟滞期，降低其对数增长期的速度，但对厌氧菌和酵母菌无抑制作用。由于二氧化碳具有水溶性，因此可降低肉的 pH，使某些不耐酸的微生物失去生存的必需条件，但它会导致包装盒塌落，进而影响产品的外观。②氧气，氧气对鲜肉的保鲜作用主要有：抑制鲜肉贮藏时厌氧菌的繁殖；维持氧合肌红蛋白的功能，在短期内使肉色呈鲜红色，易被消费者接受。研究表明，要保持冷却肉的良好色泽，氧气含量应达到

40%上，尽管高浓度氧气的加入可使冷却肉保持鲜艳的红色，但在0℃条件下，贮存期仅为2周。另外，包装袋内氧气的存在会降低二氧化碳对微生物的抑菌效果，并使冷却肉的脂肪氧化值升高。③氮气，不影响肉的色泽，对被包装的肉一般不起作用，也不会被其所吸收，但能防止氧化酸败、霉菌的生长和寄生虫的危害。氮气可作为混合气体缓冲或平衡气体，并可防止因二氧化碳逸出包装盒而受大气压力导致的压塌。④一氧化碳，一氧化碳在气调包装中的主要作用是形成稳定亮红的颜色，可使肉的色泽呈现出一种过于鲜亮的樱桃红色，但易给人造成添加色素的假象。

（二）　气调包装技术中气体的选择与应用

在气调包装中，氧气为保持肉品鲜红色所必需，二氧化碳具有良好的抑菌作用，而氮气主要发挥调节及缓冲作用。如何能够使各种气体比例合适，使肉制品的保存期延长，且其他感官指标均能够达到良好的状态，是气调包装应解决的首要问题。杨富民等对充气包装中氧气、二氧化碳气体体积比例以鲜肉保质期的影响进行了对比性研究，结果表明，采用O_2与CO_2体积比为3∶1的混合气体对鲜肉进行充气包装，效果最佳；国内有人用$O_2∶CO_2∶N_2 = 60∶20∶20$的气体保鲜牛肉，在（3±1）℃的温度下能够使保质期延长至12d。研究证明：100%的CO_2气调包装的防腐效果是最好的，但肉色是最差的，一旦再接触氧气，肉色会有所改善。75% O_2 +25% CO_2气调包装的肉色最好，但其防腐效果最差且保质期最短。段静芸等研究了不同气体配比的气调包装对冷却肉进行保鲜处理，其实验结果表明，气体配比中二氧化碳的含量越高，它的保鲜效果越好；氧气含量超过50%以上时，肉样仍具有良好的鲜红色泽。综合微生物指标，理化指标和感官指标来看，气体配比为50% O_2 +25% N_2 +25% CO_2的处理组效果最佳，既能对冷鲜肉起到较好的保鲜作用，使冷却肉的保质期达到17d以上，又能使肉样保持良好的感官质量。Grobbel等研究了高氧气调包装和超低氧气调包装对牛胫骨、肋骨、胸椎骨及肩胛骨骨髓褪色的影响，结果表明，超低氧包装具有较好的护色效果。戴瑞彤等用不同的气调成分包装冷却肉，研究结果显示0.5% O_2、60.4% CO_2、39.1% N_2组在贮藏28d时仍色泽鲜红，鲜度仍在国家标准规定的范围内。

（三）　影响冷鲜肉气调包装保鲜效果的因素

冷鲜肉气调包装保鲜效果受多方面因素的影响，其主要因素有冷鲜肉在包装前的预处理、食品质量及微生物环境、贮藏温度以及包装材料的选择。

1. 冷鲜肉在包装前的预处理

生猪屠宰后如果在0~4℃条件下冷却24h，三磷酸腺苷（ATP）停止活动后便产生排酸的过程。食品及微生物中的各种生化反应的进行都有一定温度要求，各种生化反应速度同温度在一定的范围内成正比。当温度降低时食品及微生物中的生化反应明显减弱，新陈代谢水平降低。同时酶类活性显著降低，也使微生物所分泌到其周围的酶类活性明显降低，因而可以控制各种酶促反应。经过处理后的冷鲜肉，其营养和口感远比热鲜肉与速冻肉要好。此外，为了保证气调包装的保鲜效果，还必须控制好鲜肉在包装前的卫生指标，防止微生物的污染。

2. 食品质量及微生物环境

食品在包装之前，表面所沾的微生物的种类及数量与食品的保质期密切相关。生猪在屠宰和分割的过程中，肉体表面被微生物污染，湿润的肉体为微生物的生长繁殖提供了良好的条件。因此，为了保证气调包装的保鲜效果，必须控制好冷鲜肉在包装前的卫生指标，防止更多的微生物带入包装内。Apostolos等研究表明，在4℃条件下，气调包装预加工鸡肉8d后，其肉中心的乳酸杆菌变成了优势菌群。

3. 贮藏温度

贮藏温度是影响食品新鲜度的重要指标，主要来自以下两个方面：一是温度的高低直接影响到微生物的活动。在低温的条件下，各类微生物和一些酶类的活性都受到抑制或是完全的停止，在适宜的条件下可以延长食品的保质期。二是包装材料的阻隔性与温度也密切相关，温度升高其阻隔性就会降低。应该在生产、加工、流通和销售实行"冷链"一条龙。

4. 包装材料的选择

生鲜肉品的含水量一般都超过了 70%，在后续的保存、运输及销售过程中易渗水。肉品气调包装后形成密闭结构，肉品流失的水分全部留在包装内，形成水雾，凝结成水聚集在包装底部，破坏了视觉效果，降低了购买者的欲望。水雾的产生通常是通过封口膜来解决，因此应选用阻隔性良好的包装材料，起到"内阻外隔"的作用，如保质期短宜采用阻隔性的聚酯（PET/PE）材料，但保质期长宜采用高阻隔性聚偏氯乙烯（PVDC）或是乙烯 - 乙烯醇（EVOH）复合的包装材料。目前，PVDC 高阻隔性材料应用最为广泛。张敏等使用 4 种不同气体阻隔性的塑料复合包装材料进行新鲜猪肉的气调包装，然后测定猪肉品质指标的变化，确定塑料包装材料的阻隔性对鲜肉贮存品质的影响，为包装材料的精确选择提供可以量化的科学依据。实验结果表明在气体比例为 50% O_2、50% CO_2 的充气包装条件下，选用高阻隔性包装材料 ［O_2 透过系数 18.539×10^{-6} cm^3/（$m^2 \cdot d \cdot Pa$）、CO_2 透过系数 54.62×10^{-6} cm^3/（$m^2 \cdot d \cdot Pa$）］对新鲜猪肉的保色及保鲜效果最好，其次是良阻隔性材料 ［O_2 透过系数 328.55×10^{-6} cm^3/（$m^2 \cdot d \cdot Pa$）、CO_2 透过系数 997.55×10^{-6} cm^3/（$m^2 \cdot d \cdot Pa$）］、中阻隔性包装材料 ［O_2 透过系数 625.29×10^{-6} cm^3/（$m^2 \cdot d \cdot Pa$）］、CO_2 透过系数 2001.98×10^{-6} cm^3/（$m^2 \cdot d \cdot Pa$）、低阻隔性材料 ［O_2 透过系数 4234.8×10^{-6} cm^3/（$m^2 \cdot d \cdot Pa$）、CO_2 透过系数 13987.46×10^{-6} cm^3/（$m^2 \cdot d \cdot Pa$）］。

（四）　气调包装与其他保鲜手段结合应用

单一的气调包装有一定的保鲜效果，但是如果能和其他一些复合保鲜剂结合使用，其保鲜效果会得到进一步的改善。付丽等利用生姜乙醇提取物对气调包装冷却猪肉的护色效果进行了研究，他们将不同浓度的生姜乙醇提取物溶液喷涂于肉体的表明，测定贮藏期间硫代巴比妥酸反应物值（TBARS）和高铁肌红蛋白（metMb）百分含量的变化，并用感官评价的方法进行感官评定，其结果表明：生姜乙醇提取物具有良好的抗氧化性能，并且添加浓度为 0.08g/mL 时的抗氧化效果是最佳的，其次生姜乙醇提取物与维生素 C 的协同抗氧化作用较弱，而生姜与维生素 E 及生姜与维生素 C、维生素 E 的协同抗氧化作用最强。能够使肉块在第 21d 时仍呈现良好的色泽。

赵春侠等研究了气调包装与复合保鲜剂协同对冷却肉的保鲜作用，他采用了复合保鲜剂（0.25% 壳聚糖 + 1% 乳酸钠 + 1% 乳酸 + 250mg/kg 乳酸菌素），测定了冷却肉的细菌总数、嗜冷菌数和硫代巴比妥酸反应物值（TBARS），其结果表明：保鲜液与一氧化碳气调包装复合处理的鲜肉贮存期达到 21d，而且一氧化碳气调包装能使肉色在第 21d 时仍保持鲜红色，还有一定的抗氧化性。张慧芸等研究了对接种和不接种李斯特菌的冷却肉喷洒不同浓度的香料提取物复配液 ［V（迷迭香）∶V（甘草）= 1∶1］ 后，采用气调包装（80% O_2，20% CO_2），测定其在贮存过程中微生物指标和理化指标的变化，以考察其保鲜效果。结果表明：不同浓度提取物复配液对冷却肉中常见腐败菌和致病菌都具有较强的抑菌作用，且香辛料提取物复配液的抑菌效果与浓度成正比关系。对不接种李斯特菌的冷却肉（气调包装）喷洒迷迭香、甘草提取物复配液后进行理化指标测定，结果表明提取物复配液对颜色无不良影响，喷洒提取物复配液对脂质氧化也起到了较好的抑制作用。

辐照技术是一种非热杀菌技术，Eirini 等研究了辐照和气调共同作用对新鲜鸡胸肉保质期（包括微生物、化学和感官的变化）的影响，结果表明：辐照剂量为 4kGy，并且在气调包装（70% O_2 + 30% N_2）条件下，12d 后其效果明显好于对照组。

三、 气调包装技术在水产品保鲜中的应用

水产品以其鲜嫩的口感、丰富的营养价值深受人们的喜爱。但由于捕捞加工过程的污染以及水产品自身的组成使得其容易腐败变质，从而降低其营养价值和口感。因此，大力发展水产品的保鲜研究具有重要意义。

气调保鲜属于物理保鲜技术，能避免化学保鲜剂和辐照保鲜可能带来的安全问题。气调包装（MAP）是通过改变一定封闭系统中气体组成，得到不利于微生物生长繁殖的环境，从而抑制微生物的生命活动，达到减缓食品质量降低速率、延长食品保质期的目的。国内外众多研究表明，气调保鲜与其他保鲜技术结合还能显著延长水产品的保质期。

（一） 气调保鲜的气体组成

气调包装中的气体通常是将二氧化碳（CO_2）、氧气（O_2）、氮气（N_2）、一氧化碳（CO）根据实际需要以一定比例混合而成。

1. 二氧化碳

二氧化碳能降低细胞的呼吸作用，延缓细胞的新陈代谢，同时二氧化碳能溶解于食品，形成弱酸性环境，降低食品的 pH，从而抑制微生物的生长。二氧化碳对一些需氧微生物、革兰阴性低温菌的抑制作用明显。有研究表明，二氧化碳的抑菌浓度范围是 25% ~ 100%。Lu 通过对比空气包装、MAP（40% CO_2/30% O_2/30% N_2）和 MAP（100% CO_2）3 种气调方式下中国对虾保质期的变化，发现 MAP（100% CO_2）的保质期达到 17d，而空气包装为 13d，且随着二氧化碳浓度的提高对微生物的抑制作用越明显。

2. 氧气

环境中 O_2 的浓度是影响微生物生命活动的主要因素之一。氧气能促进需氧微生物的生长繁殖和酶促反应，也能抑制厌氧微生物的生长繁殖，氧气能保持鲜肉的色泽，氧气也能引起水产品脂肪的酸败。阮贵萍研究表明，高氧环境减弱了 CO_2 对好氧菌的抑制作用，但较好地保持了肉的色泽和嫩度。Hovda 等对比了高氧和无氧环境下大比目鱼在 4℃ 下的保藏情况，发现大比目鱼保藏在 MAP 50% CO_2/50% O_2 中比在 MAP 50% CO_2/50% N_2 中的保鲜效果更好，由于氧气的存在，高氧组能更好地抑制嗜冷菌的生长繁殖。Ioannis 等比较了 60% CO_2/40% N_2（A）和 92.9% N_2/5.1% CO_2/2% O_2（B）两种气调环境下虾的理化和微生物变化，结果表明，由于氧气的存在，A 处理对虾中假单胞菌的被抑制效果最显著。

3. 氮气

氮气是一种无毒、无色、无味且化学性质稳定的气体。由于其化学惰性，在气调保鲜中多用于充当保护气体，维持包装的饱满外观，同时稀释包装中的氧气，抑制需氧微生物的生长繁殖，防止高脂肪水产品因氧气而发生酸败变质。Chia 等的研究表明，MAP 100% N_2 组相比于空

气包装和100% CO_2组，能提高盐溶蛋白的稳定性。

4. 一氧化碳

一氧化碳在气调包装中的主要作用是与肌红蛋白形成稳定的红色的一氧化碳肌红蛋白（MbCO），从而使肉制品在贮存过程中能长期保持鲜红色，提高食品的感官品质。Wilkinson 等研究了充有一氧化碳的气调保鲜对新鲜猪肉品质的影响，发现添加有 0.4% CO 包装中的肉颜色的明亮度和新鲜度都要比100% CO_2组效果好，且一氧化碳对腐败微生物的生长无影响。但一氧化碳具有毒性，Oddvin 等研究表明，气调包装中一氧化碳体积分数低于 5% 不会对消费者身体造成有毒危害。甄少波等通过小白鼠试验也证明了体积分数低于 4% 的一氧化碳气调包装对人体是无害的。一氧化碳在气调包装中的运用多见于对鲜猪肉和牛肉的保鲜，在水产品中的应用较少。含一氧化碳的气调包装在金枪鱼、三文鱼等肉色鲜艳的鱼类保鲜中具有广阔的应用前景。

（二）影响气调保鲜效果的因素

1. 水产品前处理

水产品死后的品质变化呈现出 3 个阶段：①僵硬阶段：此阶段鱼肉的新鲜度与活体差距不大，处于优良鲜度；②自溶阶段：此阶段鱼肉硬度降低，原有风味变化，鲜度降低；③腐败阶段：此阶段腐败微生物大量繁殖，产生各种代谢产物，鱼肉腐败变质。水产品气调包装的保鲜效果与水产品包装前处理关系密切。原料鱼的微生物数量越少，后续的保鲜效果越好。Gioacchino 等对比了1℃下臭氧处理结合气调包装（50% CO_2/50% N_2）处理、气调包装（50% CO_2/50% N_2）和空气包装 3 种保鲜方式下红鲷鱼品质的变化，结果发现经臭氧处理并结合气调包装的鱼的保鲜效果明显优于其他两组，这是由于臭氧对微生物具有抑制作用。

2. 贮藏温度

贮藏温度是影响水产品保质期的最重要因素。温度是影响微生物代谢活动和酶活性的主要原因，温度越低活性越低。温度还可以影响包装材料的阻隔性，从而影响包装环境内的气体比例组成。马海霞等采用低温结合气调对罗非鱼进行保鲜研究，发现气调结合低温能显著提高罗非鱼的保质期。Nejib 等研究表明，0℃下的黄鳍金枪鱼相比于8℃和20℃，从微生物菌落总数、感官等方面都显示出更好的保鲜效果。国内外众多研究表明，气调保鲜与低温结合保鲜效果更明显。

3. 包装材料

气调包装材料是影响气调保鲜效果的最重要因素之一。包装材料有严格的阻隔率要求，决定气调环境的稳定性和气体比例的变化。包装材料还应考虑其热成型性和密封型以及安全性。刘永吉等比较了不同包装材料对气调包装鱼糜制品的品质影响，结果表明保鲜性能优劣的次序是 PVDC/CPP 材料 > PET/CPP 材料 > PP/CPP 材料，对应的鱼糜制品的保质期分别为 42d、28d 和 21d。

4. 气体比例

对于不同的食品需用不同的气体比例。彭城宇等研究了罗非鱼在100% CO_2、70% CO_2/30% N_2、50% CO_2/50% N_2、30% CO_2/70% N_2等 4 种气调比例下的品质变化，结果表明 70% CO_2/30% N_2组保鲜效果最好。吕飞等对比了空气、真空、MAP（60% N_2/40% CO_2）、MAP（100% CO_2）4 种包装方式对醉虾贮藏品质的影响，结果表明 60% N_2/40% CO_2 的气体比例更适合醉虾的保藏。

5. 充气比率

充入包装容器的气体体积与包装容器内物料体积比影响着物料的保质期。Fagana 等研究了鳕鱼、鲭鱼、鲑鱼在冷冻结合气调包装保鲜条件下的品质变化，鱼、气体积比为 1:3，结果表明鲭鱼（60% N_2/40% CO_2）、鲑鱼（60% N_2/40% CO_2）、鳕鱼（30% N_2/40% CO_2/30% O_2）结合冷冻都表现了良好的保鲜效果。李杉等研究了恒定气体组成 70% CO_2/30% N_2 的气调包装，充气比率分别为 2:1、3:1、4:1 和 5:1 条件下罗非鱼品质的变化，结果表明充气比率为 3:1~4:1 的气调包装能显著延长罗非鱼的保质期。

6. 其他因素

单一的气调包装保鲜方式已不是当今的发展趋势，多方式的结合逐渐成为保鲜的主流。盐渍、生物保鲜剂和高压等与气调包装（MAP）的结合代替了单纯的气调保鲜。Yang 等的研究表明，4℃真空保存经过电子束照射的大西洋鲑鱼片能显著延长其保质期。Amanatidou 等研究表明，气调（50% CO_2/50% O_2）结合高压（150MPa、10min）处理新鲜大西洋鲑鱼，能显著延长其保质期。

（三）气调保鲜对水产品品质的影响

1. 对水产品特定腐败菌和微生物菌落总数的影响

水产品的腐败变质主要是由微生物引起的，在捕捞到销售过程中水产品受到多种微生物的污染，但引起产品腐败的只是小部分的特定腐败菌。不同条件下，水产品的特定腐败菌也不尽相同。真空或气调包装由于对好氧菌的抑制，特定腐败菌是磷发光杆菌和乳酸菌；冷藏环境下，特定腐败菌是希瓦菌和耐冷的革兰阴性菌假单胞菌。大量研究也表明，不同气体比例的气调保鲜对水产品菌落总数的影响较大。David 等通过 PCR 技术检测了大西洋鲑鱼在高 CO_2 浓度的气调包装结合低温保存下微生物的生长情况，结果表明在 30d 后，大西洋鲑鱼中的特定腐败菌是假单胞菌，3℃、CO_2 气调保鲜能显著抑制李斯特菌和低温嗜冷菌的生长。Qian 等研究了 4℃下 80% CO_2/10% O_2/10% N_2 气调环境对虾中肉食杆菌、腐败希瓦菌和杀鲑气单胞菌 3 种特定腐败菌的影响，结果表明气调环境能很好地抑制革兰阴性腐败菌（腐败希瓦菌和杀鲑气单胞菌）的生长。

2. 对水产品品质的影响

气调保鲜对水产品的品质影响表现在颜色、气味、汁液流失、弹性、挥发性盐基氮等方面。Qian 等研究了南美白对虾在不同 CO_2 浓度气调环境下的品质变化，发现 MAP（80% CO_2/15% N_2/5% O_2）组 TVB - N 和 TVC 值最低，白度、感官评分和 PPO 活性值最高，说明高 CO_2 浓度气调包装能显著提高虾的品质。在气调包装中，多数水产品都有汁液流失而降低产品的感官价值的问题。周娟娟等研究了南美白对虾在冰温结合气调保鲜下的品质变化，结果表明 MAP 组的汁液流失率显著大于空气包装组，这可能是 CO_2 溶解降低了虾肉的持水力。杨胜平采用不同浓度 CO_2 气调包装带鱼得出相似结果，气调包装组中带鱼汁液流失率高于空气包装组，随着 CO_2 浓度的增加，汁液流失率增大。

3. 对水产品安全性的影响

气调包装不仅要考虑对食品的保鲜效果，更应考虑到食品的安全性。水产品在加工过程中不仅感染了特定腐败菌，还可能感染了致病菌。气调包装结合其他保鲜方法的包装对致病菌的影响的研究就显得必不可少。水产品中常见的致病菌包括沙门菌、肉毒梭状芽孢杆菌、单增李斯特菌、副溶血性弧菌、金黄色葡萄球菌、志贺菌等。低温下 MAP 贮藏能抑制沙门菌、副溶血性弧菌、金黄色葡萄球菌、志贺菌的生长繁殖，但单增李斯特菌、肉毒梭状芽孢杆菌能在低温 MAP 环境下增长繁殖。张春琳等研究表明，0℃左右、低水分活度，再结合高浓度 CO_2 的气调包装有利于控制单增李斯特菌的繁殖。

四、 气调包装技术在其他食品保鲜中的应用

（一） 快餐和烘烤食品的气调包装

近年来，随着人们生活水平的提高，快餐和烘烤食品已经走进了人们的日常生活，但这类食品目前普遍存在着保鲜问题。快餐和烘烤食品腐败变质的主要因素有：细菌、酵母和霉菌引起的腐败变质；脂肪氧化酸败变质；淀粉分子结构变化的"老化"，使食品表皮干燥。采用气调包装可以抑制霉菌、酵母菌的繁殖，从而延长食品的保质期。

1. 微生物的腐败

微生物的腐败是影响快餐和烘烤食品保质期的主要因素，影响快餐盒烘烤食品微生物腐败的主要因素是水分活度。低水分活度的产品微生物腐败少；中等水分活度的产品（A_w 为 0.6 ~ 0.85），以高渗酵母、霉菌等微生物腐败为主；高水分活度的产品（A_w 为 0.94 ~ 0.99），所有细菌、酵母和霉菌都能繁殖。

（1）细菌　细菌腐败问题仅发生在高水分含量的烘烤食品中。面包的细菌腐败主要是由于需氧菌马铃薯杆菌使面包产生"黏稠"。这种微生物能产芽孢，可以在有氧或无氧的包装中繁殖。

糕点的变质与面包类似，但充馅的糕点，如蛋糕派的腐败则是由于其他类型细菌繁殖所引起。例如，含有蛋和乳制品的馅，就存在着蜡状芽孢杆菌和金黄色葡萄球菌等病原菌繁殖的可能性。奶油馅饼产品引起爆发性的食物中毒与这两种细菌繁殖有关。其他配料如巧克力、脱水干燥的椰子粉和可可粉与沙门菌引起的爆发性食物中毒有关。

（2）酵母　酵母腐败主要发生在烘烤食品中，程度轻时在产品表面可见到酵母繁殖，产生白色或红色斑点，严重时产品发酵腐败。酵母繁殖常见于高水分活度的产品中，低水分活度的产品较少。苯甲酸及钠盐、山梨酸等防腐剂可以有效地抑制酵母的繁殖。

（3）霉菌　烘烤食品的霉菌污染主要来自于焙烤的空气、设备表面及操作中的二次污染。特别在夏季，由于良好的温、湿度条件，焙烤食品的霉菌污染问题更加突出。此外，产品未完全冷却就包装，会使水分在包装内和产品表面凝结，促使霉菌繁殖。

2. 快餐盒烘烤食品的气调保鲜包装

快餐盒烘烤食品气调包装的混合气体由二氧化碳和氮气组成。因为二氧化碳对酵母菌没有抑制作用，可以通过加入适量的丙酸钙等添加剂抑制酵母菌。但最佳方法是食品加工过程保持卫生避免细菌污染。由淀粉分子结构变化使表皮干燥老化现象，可以通过在表面涂脂肪油来解决。混合气体中二氧化碳的浓度随食品水分含量或水分活度而定，水分活度高，各种细菌、霉菌易生长繁殖，所以二氧化碳浓度要高些，但二氧化碳浓度过高，会大量被水和脂肪吸收，造成食品带有酸味。

（二） 乳制品的气调包装

气调包装能够延长许多乳制品的保质期，包括含脂乳粉、乳酪以及其他富含脂肪的乳制品。一般来讲，这些产品的变质分两种情况，一种是乳粉的氧化变质；另外一种是乳酪中的微生物，特别是酵母菌和霉菌的生长而引起的变质。

全脂乳粉中脂肪氧化极易造成乳粉变味。市场上，乳粉都是在抽真空后充入 100% N_2 或是

N_2和CO_2的混合气体并随之密封的金属罐中。由于喷雾干燥过程中,乳粉的粉末粒子趋向于吸收空气,经过 10d 左右的时间,这些被吸收的空气又会重新释放出来并散播在整个容器中,这个特殊的过程会使得容器顶空氧气含量达到 1% ~5% ,甚至更高。由于部分市场要求产品中残留的氧气含量较低(<1%),一些厂家会在产品贮藏 10d 后重新包装。很明显,这样做会使成本增加而且还很麻烦。有研究发现氮气和二氧化碳混合气体的使用能够有所帮助,脱氧剂的使用也会产生效果。

英式乳酪,例如切达干酪,传统采用真空包装,现在越来越多地采用高浓度二氧化碳的气调包装,其优势在于可以获得一个残留氧气浓度低的气相环境,同时由于二氧化碳溶解使得包装牢固。一个很重要的问题就是在混合气体中使用适量的氮气来平衡二氧化碳的溶解,防止过高的压力作用在包装封口上。

使用氮气和二氧化碳混合气体具有延长脱脂乳酪的保质期的作用。脱脂乳酪是一个高湿低脂产品,因而对包括假单胞菌在内的许多腐败菌都很敏感。使用含 40% CO_2气体、60% N_2的混合气体,可以大大延长产品的保质期。

(三) 其他食品的气调包装

熟食制品的气调包装:这类包装主要抑制氧化作用,并阻止细菌、微生物、霉菌的生长繁殖,防止食品的变质。在气调包装中充注食品级二氧化碳,通常配气比为 40% ~60% (体积分数)。

蛋类的气调包装:二氧化碳对禽蛋类的保鲜十分有效,原因是久放的禽蛋,在其内部二氧化碳通过蛋壳上的微孔逐渐释放,造成蛋中 pH 增大,使蛋白缩合成水样蛋白。将 30% ~70% (V/V) 二氧化碳气调包装禽蛋 6 ~10h,二氧化碳通过蛋壳上的微孔渗入蛋内,能够延缓形成水样蛋白的速度,可达到保鲜目的。

🔍 思考题

1. 气调包装的概念是什么?
2. 气调包装的特点有哪些?
3. 气调包装分为哪几类?
4. 气调包装的原理是什么?
5. 气调包装使用的气体有哪些?各有什么特点?
6. 气调包装使用的材料有哪些?选用的依据是什么?
7. 气调包装的形式与设备有哪些?
8. 气调包装的注意事项有哪些?
9. 新鲜果蔬气调包装保鲜原理是什么?
10. 影响果蔬气调包装保鲜效果的因素有哪些?
11. 气调包装保鲜鲜肉的机理是什么?
12. 影响冷鲜肉气调包装保鲜效果的因素有哪些?
13. 影响水产品气调保鲜效果的因素有哪些?
14. 气调保鲜对水产品品质的影响有哪些方面?

参考文献

［1］Apostolos P, Irene C, Evangelos K. Relation of biogenic amines to microbial and sensory changes of precooked chicken meat stored aerobically and under modified atmosphere packaging at 4℃［J］. European Food Research and Technology, 2006, 223(5)：683 - 689.

［2］Costa C, Lucera A, Conte A, et al. Effects of passive and active modified atmosphere packaging conditions on ready - to - eat table grape［J］. Journal of Food Engineering, 2011, 102(2)：115 - 121.

［3］David M, Shane M P. Limited microbial growth in Atlantic salmon packed in a modified atmosphere［J］. Food Control, 2014, 42：29 - 33.

［4］Eirini C, Anastasia B, Ioannis S, et al. Combined effect of irradiation and modified atmosphere packaging on shelf - life extension of chicken breast meat：microbiological, chemical and sensory changes［J］. European Food Research and Technology, 2008, 226(4)：877 - 888.

［5］Hovda M B, Sivertsvik M, Lunestad B T, et al. Characterisation of the dominant bacterial population in modified atmosphere packaged farmed halibut (*Hippoglossus hippoglossus*) based on 16S rDNA - DGGE［J］. Food Microbiology, 2007, 24：362 - 371.

［6］Lu S M. Effects of bactericides and modified atmosphere packaging on shelf - life of Chinese shrimp (*Fenneropenaeus chinensis*)［J］. Food Science and Technology, 2009, 42：286 - 291.

［7］Raija A. 现代食品包装技术［M］. 崔建云, 等译. 北京：中国农业大学出版社, 2006.

［8］Richard C, Derek M, Mark J. 食品包装技术［M］. 蔡和平, 等译. 北京：中国轻工业出版社, 2012.

［9］常辰曦, 申雷, 章建浩. 冷鲜肉气调包装技术的研究进展［J］. 江西农业学报, 2010, 22(3)：140 - 142.

［10］车东. 鲜切果蔬产品气调包装工艺及质量评价［D］. 无锡：江南大学, 2007.

［11］陈阳楼, 王院华, 甘泉, 等. 气调包装用于冷鲜肉保鲜的机理及影响因素［J］. 包装与食品机械, 2009, (1)：9 - 13.

［12］初峰, 张黄莉. 食品保藏技术［M］. 北京：化学工业出版社, 2010.

［13］崔立华, 黄俊彦. 气调保鲜包装技术在食品包装中的应用［J］. 食品与发酵工业, 2007, 33(6)：100 - 103.

［14］丁华, 王建清, 王玉峰, 等. 论果蔬保鲜中的气调包装技术［J］. 湖南工业大学学报, 2016, 30(2)：90 - 96.

［15］董同力嘎. 食品包装学［M］. 北京：科学出版社, 2015.

［16］付丽, 夏秀芳, 孔保华. 生姜乙醇提取物对气调包装冷却猪肉的护色效果［J］. 肉类加工, 2005, (8)：23 - 26.

［17］部海燕, 杨剑婷, 陈杭君, 等. 气调小包装对去壳茭白品质的影响［J］. 中国农业科学, 2004, 37(12)：1990 - 1994.

［18］何松元, 崔立华, 黄俊彦. 新鲜果蔬的气调包装技术［J］. 包装世界, 2008, (5)：42 - 43.

［19］胡建平. 气调包装(MAP)技术及运用［J］. 包装与食品机械, 2006, 24(4)：33 - 36, 50.

［20］姜爱丽, 胡文忠, 代喆, 等. 箱式气调贮藏对鲜切富士苹果抗氧化系统的影响［J］. 食品与发酵工业, 2011, 37(10)：187 - 191.

[21]励建荣,刘永吉,李学鹏,等.水产品气调保鲜技术研究进展[J].中国水产科学,2010,11(4):869-877.

[22]梁洁玉,朱丹实,冯叙桥,等.果蔬气调贮藏保鲜技术研究现状与展望[J].食品安全质量检测学报,2013,4(6):1617-1625.

[23]刘永吉,励建荣,郭红辉.不同包装材料对气调包装鱼糜制品货架期的影响[J].食品科技,2013,38(4):135-138.

[24]卢晓黎,杨瑞.食品保藏原理:第2版[M].北京:化学工业出版社,2014.

[25]饶先军.结球生菜冷链物流保鲜技术研究[D].福州:福建农林大学,2011.

[26]任发政,郑宝东,张钦发.食品包装学[M].北京:中国农业大学出版社,2009.

[27]徐文达.国内外食品气调包装的方式和机械[J].包装与食品机械,1994,12(4):15-20.

[28]沈莲清,黄光荣.芦笋 MAP 气调保鲜研究[J].浙江农业学报,2004,16(1):42-46.

[29]王宝刚,侯玉茹,李文生,等.自动自发气调箱贮藏对甜樱桃品质及抗氧化酶的影响[J].农业机械学报,2013,44(1):137-141.

[30]王宝刚,李文生,侯玉茹,等.甜樱桃物流及气调箱贮藏期间的品质变化[J].果树学报,2014,31(5):953-958.

[31]尹磊,谢晶.水产品气调保鲜技术研究进展[J].广东农业科学,2015(5):92-97.

[32]张慧芸,孔保华,孙旭.迷迭香和甘草复配液对冷却肉李斯特菌抑制效果及品质的影响[J].食品与发酵工业,2009,35(5):119-203.

[33]张敏.不同阻隔性的包装材料对气调包装鲜肉品质的影响[J].食品工业科技,2008(1):238-240.

[34]赵春侠,孔保华,陈洪生.气凋包装与复合保鲜剂协同对冷却肉的保鲜研究[J].东北农业大学学报,2008,39(11):91-96.

[35]赵毓芝,刘成国,周玄.气调包装技术在冷鲜肉生产中的研究进展[J].肉类研究,2011(1):72-77.

[36]章建浩.食品包装学:第3版[M].北京:中国农业出版社,2009.

[37]章建浩.食品包装技术:第3版[M].北京:中国轻工业出版社,2015.

[38]周娟娟,马海霞,李来好.南美白对虾冰温气调保鲜效果评价[J].食品科学,2013,33(22):332-336.

第九章

智能包装、贮藏和流通的一体化

[学习目标]

1. 了解智能包装、贮藏和流通的一体化的含义，建立食品从原料到成品的包装、贮藏、加工和流通一体化、集成化的思路。

2. 掌握食品包装与互联网结合的发展趋势。

第一节　概　　述

一、易腐烂食品的供给链

如果运输包装失败，客户收到的是损坏的产品，那么之前所做的全部工作，包括工程、生产和销售都失去意义。食品是一种易腐产品，运输范围遍及世界各地，与汽车部件和衣物相比较，食品对温度、湿度和时间都很敏感，应用目前的物流服务、订购和网络化功能的系统，可能会损失食品的一些自然属性，如新鲜度等。

（一）农作物的栽培地点、季节和品种不同

世界上很多地方一年只种植一季，并且只有一两种作物。然而，消费者希望一年四季食用新鲜的食品，同时还喜欢某些特定地区的品种。这就要求实现食品的跨国或跨地区的运输。

有些食品（如罐头食品、无菌包装食品、干制食品）可以在室温下贮存，它们对温度变化并不敏感。冷冻食品、冷藏食品以及新鲜食品的品质随温度变化很大，而且它们的货架期有限。由于消费者不了解食品的特性，在购买产品后，食用前常常把它们存放在高温环境中或者使用一些不正确的贮藏条件。

例如香蕉是人们常年食用的水果，下面是香蕉从采摘到餐桌的全过程。

- 从香蕉树上将半熟的香蕉砍下来；
- 将砍下的香蕉放置到索道的挂钩上；
- 索道把香蕉送到包装场地；
- 清洗香蕉；
- 清洗过的大簇香蕉被切成小束，通常是 5 根一束；
- 清洗每一束香蕉；
- 将香蕉束放置到塑料托盘里，每个托盘约装 18kg；
- 将装有香蕉的塑料托盘送到称重站；
- 称重后，给香蕉贴上商标；
- 将香蕉从托盘卸下装入运输箱；
- 给运输箱打上包装日期和产地的标签；
- 将运输箱放置到货架上；
- 将货物装入集装箱；
- 将集装箱运到码头；
- 将集装箱装上货轮；
- 海运期间，监控香蕉集装箱的温度，大概要运输 2 周才能到达目的地；
- 在港口将集装箱卸下货轮；
- 将香蕉货架送到海运货场；
- 检查香蕉的温度；
- 将香蕉货架装上货车；
- 货车将香蕉送到熟化站；
- 到达后，立即检查香蕉品质，检测香蕉温度；
- 将香蕉送到熟化车间熟化；
- 在熟化期间（大约 6d），每天都要检查香蕉的温度和成熟度；
- 将成熟后的香蕉送到集货站；
- 将香蕉箱放到货架车上或者货盘上；
- 将满载的货架车或者货盘送到集货区的大门；
- 司机将货架车或者货盘装上卡车；
- 将香蕉送到商店；
- 司机将货盘送到商店的验货区；
- 店主检查，然后接受货物；
- 将香蕉送到商店的仓库；
- 根据销售情况，香蕉上架出售；
- 打开香蕉箱，展示香蕉；
- 顾客挑选一些香蕉，把它们装进袋子；
- 给香蕉称重；
- 将价格签贴到袋子上；
- 顾客到收银处；
- 顾客将香蕉送上收银台；

- 扫描器读出价格并且给出店员香蕉数量的信息；
- 顾客将香蕉装进购物袋，带回家。

上面所列出的过程显示，香蕉所处的温度和湿度条件各式各样，同时受到频繁的处置，并使用多种运输手段从一个地方运到另一个地方。

（二） 环境对产品质量的影响

运输是一个漫长的过程，其中包括多个步骤，就像上面香蕉运输的例子一样。运输的货物除了时间和温度因素外，还要承受碰撞、振动、气压以及湿度的变化。

流通包装在运输之前通常要通过完整性和一般模拟试验进行检验。模拟试验的第一步，是按实测结果对因装货的密集度和其他条件对包装产品造成的物流损坏进行定量。例如，测量跌落以及碰撞过程，根据高度、速度、碰撞时的包装箱方向以及发生频率分析数据。测量车辆振动过程，然后根据车辆的类型、装载条件以及运输持续时间（或者给出路程与时间的关系），对动力频谱数据进行分析，测量车辆和运输条件下的压迫，对压迫时间和货物叠放条件的数据进行分析；测量气压分布，按照极端条件、变化速率以及二者的交互作用对数据进行分析。要完成以上测量，必须借助于小型内置式电子式场数据记录仪，这些仪器可以记录静态和动态信息，其尺寸通常比砖块还小。

对于通过电子邮件订购的对温度和湿度敏感的产品，在运往其他地方时，必须设计独特的运输系统。收获后的新鲜产品仍然存在呼吸活动，吸入氧气，放出二氧化碳。水果、蔬菜和花卉的呼吸速率受到外部温度的影响，当贮藏温度升高时，呼吸速率会按指数规律增长，这将缩短产品的保质期，并最终导致腐烂。大多数新鲜农产品的水分含量很高，因此在运输期间要保持一个较高的湿度环境，这样可以防止产品的水分消耗，使用助冷剂和特殊的阻隔包装材料可以较好地保持环境的湿度。

二、 食品供给链中包装的作用

包装的主要功能是保护、容纳、提供信息和销售。正确的包装要有防腐和保鲜功能，使人们收到产品时完好可用。包装的保护功能需要综合产品特性和物流危害两个方面。良好的包装可以减少每一项流通活动的成本，包括运输、贮藏、加工、库存管理以及客户服务等，它可以减少由于损坏、安全和处理等增加的成本。

第二节 智能包装、 贮藏和流通的一体化

一、 包装、 贮藏和流通的集成

现有的物流系统一般包括发货标签与编码、报警系统、分立内置式控制系统和人工检查。对流通条件的检查有时也采用碰撞和振动装置以及连续监测设备，连续检测流通期间的时间、温度和湿度情况。因此，有必要开发一种能够满足整个供给链不同方面要求的经济型集成系统。生产商希望具有可追溯能力和从市场上召回产品的便利方法，同时也希望有低库存和反馈系统。

还需要监测实际运输中的环境及碰撞和振动后的情况，主要是为了得到发生操作错误的时间、地点方面的信息，以便确定责任、义务，完善后续措施。目前，记录仪器的价格昂贵，且回收较困难，市场迫切希望开发廉价、可加载到每个装载货物单元的系统。

1. 报警系统

据报道，每年由于失窃而造成的零售业损失高达数百亿美元。零售商绞尽脑汁使用各种办法减少损失。早期的电子装置非常笨重，成本也很高，使用时，需要在结账柜台处将其从商品上取下，然后再反复使用。而现代电子商品监视装置（EAS）如同薄纸，只有邮票大小，直接附加在包装或产品上。随着越来越多的零售商要求他们的供应商在其产品上设置 EAS 标签，给商品附加标签的工作由零售商转向包装供应商。现在广泛使用的两个系统是声磁和无线电技术。当电子商品监视装置经过 EAS 检测系统时，电子商品监视装置将会发出报警信号。

2. 内置控制系统

内置控制装置可在食品供应链的不同阶段随时进行测试。在贮藏设施中通常有温度记录仪，但是如何维持好温度，如仓门附近和过道的正确温度能否实现对温度较高的产品快速冷却的测试，都是值得重视的问题。最常见的测试就是简单的感官检查评价。如果运送的是冷冻或冷却食品，卡车通常配备有温度记录仪。当商品抵达时，商店将会检查商品的温度。然而这些零星的测试不能提供连续的信息。使用时间－温度指示卡，能够更好地对时间和温度的共同影响下的商品进行检测。当用于流通包装时，指示系统的成本可以分摊到若干个零售包装。

二、 可追溯性

（一） 自动识别

自动识别是收集和输入各种数据的方法的统称。自动化的数据收集可以减少人为误差和提高工作效率。世界上有多种自动识别系统，其中很多在我们的日常生活中就可以见到，只不过人们并没有意识到。这样的例子很多，如磁卡技术、扫描装置、机器视觉、光学识别、语音识别、射频识别等。目前设备的精确度不断提高，总体成本却在不断降低，而且速度越来越快。

（二） 射频识别（**RFID**）

射频识别是一种非接触式无线数据通信形式，其数据源为附加于物品上某种材质的标签，通常内嵌有 IC 芯片，编有特定信息的程序，用来识别和跟踪。根据实际需要，信息可以是地点、产品名称或编码、保质期/生产日期等。当贴有标签的物品经过阅读器时，标签上的数据被解码并传送到计算机上进行处理。与其他自动数据获取系统相比，射频识别有很多的优点：不需要传输线；可以同时解读多个标签甚至是运动中的标签；还可以向标签写入信息等。它与电子商品监视系统（EAS）的主要不同是，EAS 只提供一个报警信号，而射频识别标签还可以唯一地识别这个物品。

射频识别标签已经使用，如在图书馆系统、公交和公共场馆验票、服装追踪、产品的交接过程（嵌入式系统）。采用人工方法，读一集装箱货物的条形码标签需要 30min 左右，而使用智能化标签系统每秒则可以读取 1000 个以上的标签。最终的目标是整个供应链的无人实时监控。该技术通常使用含有芯片和接收天线的无源标签，当主机向这个标签传送信号时，它就会对读数器做出反应并把信息输入芯片。标签是无源的，因而不需要电池为其供电。也有有源标签，内部配有电池。有源标签可以在运送期间记录信息或向远距离目标提供信息。通过无源标签（发射应答器）以及集成主机系统与读数器，制造商、供应商、零售商和消费者均可以使用无线数据传输技术。发射应答器可以安装在标签、包装和产品中。

三、　未来发展趋势

（一）　互联网的发展

互联网革命的下一波浪潮将是实现无人参与的物品间信息交流。产品沿着生产线到达仓库，所有在线产品的编码被读入计算机，再通过自动传送装置转移到相应的货架，然后再运输到顾客所要求的地方，整个传送过程不需与任何人接触。目前少部分高端产品已经应用射频识别、蓝牙和互联网技术实现自动运输。由于计算机和信息技术的快速发展，该项技术将越来越普及。

（二）　可追溯性

目前，对于食品产品的可追溯性的要求越来越多。疯牛病和食物中毒这类事件的发生，使人们更加关注食品安全问题。追踪和召回的不仅仅是食品产品，还应包括包装材料，目的是能够在整个食品链内部控制系统中实施对产品的准确召回。这就需要做到，装箱要有记录产品批号的条形码，集装箱内所装产品的批次相关信息，所有的成分、预混合料及包装材料都可以通过各自的识别码进行追踪。同时也需要知道每个集装箱的送达地点以及产品的销售地点。

（三）　信息库

建立巨大的信息库，包括从批发商、零售商及顾客那里得到的有关快运消费商品的大量典型信息。目前的信息库所提供的仅仅是产品及其包装方面的信息。将来射频识别标签被广泛使用后，所有的产品信息都能在标签中反映，这也是一个动态通信信息库。

🔍 思考题

1. 智能食品包装中有何因素对产品质量造成影响？
2. 食品包装、贮藏和流通的集成系统包括哪些方面？
3. 智能食品包装未来的发展趋势是什么？

参考文献

[1]Raija Ahvenainen. 现代食品包装技术[M].崔建云,任发政,郑丽敏,等译.北京:中国农业大学出版社,2006.

[2]章建浩.食品包装技术:第2版[M].北京:中国轻工业出版社,2015.

[3]高愿军,熊卫东.食品包装[M].北京:化学工业出版社,2005.

[4]刘士伟,王林山.食品包装技术[M].北京:化学工业出版社,2008.

第十章

CHAPTER

其他食品工程包装新技术

10

[学习目标]

1. 了解微波食品加热原理与加热特性，掌握微波食品用包装材料。
2. 掌握可食性食品包装材料，了解可食性包装在食品工业中的应用。
3. 掌握食品的绿色包装材料及在食品工业中的应用。

第一节 微波食品包装技术

微波食品并不是单独意义上的食品，它是指为适应微波加热（调理）的要求而采用一定的包装方式制成的食品，即：可采用微波加热或烹制的一类预包装食品。微波食品主要有两大类：第一类是常温或低温下流通，经微波加热后直接食用的食品，如可微波速食汤料、可微波熟肉类调理食品、可微波汉堡包等；第二类是冷冻、冷藏下流通，经微波加热调理（烹制）后才能食用的食品，如冷冻调理食品等。

一、 微波食品加热原理与加热特性

（一） 微波食品加热原理

微波是一种电磁波，波长范围没有明显的界线，一般是指波长在 1 ~ 1000mm，频率为30 ~ 30000MHz 的电磁波。处在微波场中的食品物料，其中的极性分子（分子偶极子）在高频交变电场作用下高速定向转动产生碰撞、摩擦而自身产生热，表现为食品物料吸收微波能而将其转化为热能使自身温度升高。微波加热的效果与包装材料和食品物料的介电性质有关，对微波的吸收性越强则能量转化率越高，升温越快。

微波食品的方便性之一是可将包装连同食品一起进行加热调理，在包装设计时就必须将其包装作为加热容器来考虑。因此包装材料对微波的加热适应性，即对微波的吸收、反射与透过性能，以及对内装食品在加热时的影响，是微波食品包装时必须考虑的重要问题。食品连同包装一起在微波场中加热时，包装材料的温度升高，特别是食品中含有油脂或油脂黏附于包装材料时，材料受热速度快且温度很高（常可达130～150℃），因此要求包装材料具有较高的耐高温性能。另外，由于微波食品有很大一部分是冷冻、冷藏的调理食品，对此类食品的微波包装还要求包装材料具有良好的耐低温、耐冷冻性能，脆折点要低。

（二）微波加热特性

食品的成分和结构体系复杂，不同物料或同一物料的不同组分，由于介电特性不同其吸收微波能的能力也不同，其在微波场中的温升情况也表现出差异，要在微波场中达到理想的加热效果，常需借助包装材料的选择和包装形式的设计。

1. 快速性

在传统加热方式中，被加热的物体必须处于某一热的环境温度之下，热量通过传导、对流、辐射三种方式进行传递。微波对食品的加热则不然，被加热的食品在微波场中，能直接吸收微波能产生热量，只要厚度适中（保证微波能穿透），食品的内外部分能同时升温，因此加热时间比传统方法短得多。

2. 不均匀性

介质对微波能的吸收程度取决于其固有特性，如介电常数、介质损耗、比热、形状、含水量等。包装食品的成分和结构体系复杂，如食品中水分、脂肪、盐、糖等的含量不同，食品的形状、大小、厚薄有差别，造成食品吸收微波能的能力及升温情况也表现出差异，主要表现在"尖角集中效应"和"表面低温现象"。

（1）尖角集中效应　食品的几何形状、部位对微波加热也有较大的影响，如食品的大小、厚度、中心、边角等。微波能被物料吸收、反射和透过，其所能达到物料内部的最大深度称为微波的穿透能力，当物料的厚度、大小太大超过其穿透能力时，食品物料中心将得不到微波能，只能靠外部物料向内部传热，因此其温升较慢。而食品的边角部分很容易被微波穿透，其产热迅速而温升很快，常常会受到过度加热，甚至在其中心部分尚未熟透时边角就会产生焦煳现象，此即为微波加热的"尖角集中效应"。

（2）表面低温现象　微波食品加热时，在物料大小合适的情况下，由于其所受微波作用来自于各个方向，物料中心部位接受的微波能多而产热量大，而在较短时间内热量又无法传递到外部，因此其中心部位温度会因热量积聚而迅速升高。另外，食品物料表面在接受微波能而生热后，其中水分会迅速变为水蒸气蒸发使表面热量散失，表面温度难以升高；并且与传统加热方式不同的是，微波食品在加热时食品周围的环境空气不能生热，其温度大大低于食品表面的温度，因此微波食品加热时常常会出现食品内部温度高而表面低温现象，很难形成像传统焙烤食品那样具有鲜亮色泽和脆硬口感的外皮。对于此类微波食品在包装时就必须考虑采用可高度吸收微波的包装材料来改善食品表面受热状况，如采用微波敏片等。

二、微波食品用包装材料

（一）微波食品用包装材料的分类

根据包装材料在微波场中的特性及在特定包装中的作用可将其分为以下四类：

1. 能透过微波的包装材料

此类材料在微波场中很少吸收和反射微波，对微波的透过性很高，也称微波透明包装材料

（微波钝性材料）。一般的纸类、塑料、玻璃等包装材料大都属于此类材料。它们的介电常数一般都很小，在微波场中很少吸收和反射微波，因此微波的大部分能量可穿过包装材料而被食品吸收，使食品迅速升温，提高加热效率。包装食品在进行微波加热或蒸煮时，只有微波能最大限度地被食品所吸收，食品才能迅速升温，从而提高加热效率，因此，此类包装材料是微波食品包装的主要用材。

2. 可吸收微波的包装材料

该类材料在微波场中与食品一起吸收大量微波能而生热，甚至比食品升温更快。通常用于微波敏片包装，微波敏片与食品表面直接接触，其产生的高热能克服微波加热的"表面低温现象"，使食品表面能达到产生脆性和褐变色泽所需的温度，从而形成焦黄和脆性外皮，提高微波食品的质量。

3. 可反射微波的包装材料

利用该类材料在微波场中不能吸收和透过微波但能反射微波的特点，将其用作微波屏蔽材料，以防止食品边角或突出部位过度加热，或利用其屏蔽、控制微波通过量，达到使食品均匀良好受热的加热效果。常见的各种金属薄板、金属箔及厚金属涂层，如铝箔和铝箔复合薄膜材料等金属类都是微波反射包装材料。需注意的是此类包装材料在应用时需特殊处理，使用不当会引起打火。

4. 可改变电磁场的包装材料

可使被包装物在微波场中受热更均匀，也称为整场器件。如美国 Alcon 公司的一种名为 Micro Match 的容器，主要由铝箔复合制成，其圆顶可不同程度地反射微波，从而改变食品内部不同部位的电磁振荡，使食品加热更均匀，彻底。

（二）各种微波食品包装材料

在微波食品的开发中，选用微波包装材料要兼顾包装材料的微波加热特性和被包装食品的要求，主要对材料的以下性能进行考虑：①包装材料要符合卫生标准。②材料介电系数小，微波穿透性好，有利于提高食品的加热效率；或者材料能控制食品在微波场中受热状况，弥补微波加热的某些缺陷。③具有耐热性和耐寒性，耐热程度需大于食品加热后的温度，水性食品用微波炉容器的耐热性要求较低，但不应低于100℃。油性食品因油的沸点高，要求至少要能够耐受130℃左右的加热处理。由于有些微波食品需低温流通，材料还需耐受 – 20℃的低温。④具有高阻隔性能。常温流通的微波食品，为保证货架期，必须要经过灭菌处理，因此包装材料除耐热外，还要求具有高阻隔性。⑤包装材料需要耐油、水、酸、碱。⑥方便、价廉，符合环保要求。纸、塑料、玻璃、陶瓷、金属以及这些材料的复合物都能用作微波食品包装材料。下面介绍常用微波材料的特性。

1. 纸类

主要有各种纸和纸板、纸浆模塑材料、涂塑纸板等。

（1）纸和纸板　具有一定的强度、形状保持性和优良印刷性能，可与食品一起置于微波炉中加热，并可吸收微波加热过程中食品逸出的水蒸气，避免其在包装内表面形成凝结水而影响食品外观品质。纸板一般用于制作杯、碗、托盘和衬垫等。

（2）纸浆模塑材料　应用最多的是纸浆模塑托盘，为"双炉通用"性材料。这种托盘在纸浆模制后常层合耐热性、阻水性很强的聚酯膜，一般有两层封口：下层铝箔上层塑料膜盖封，微波加热时可将铝箔去掉重新盖上塑料盖，在普通加热方式下，只需去掉塑料盖即可直接进行加热，很适合作为冷冻调理食品和米饭类的微波食品包装。

（3）涂塑纸板 主要有涂 PE、PP、PET 的纸和纸板，经涂塑后其耐热、耐油、耐水性等大大提高，可用于各种微波食品包装。纸质材料特别是经涂塑处理后的材料非常适合于微波食品包装，但由于其本身能部分吸收微波能而被加热，如果在微波炉中加热时间过长，纸张存在因高温而被烤焦的危险，尤其是边角部分和含水分较低的食品。因此纸类包装微波食品最好使用带盖容器，使加热更均匀；在外观设计上要尽可能采用圆滑过度，以避免局部过热现象的发生。

2. 玻璃和陶瓷

（1）玻璃 玻璃用于微波食品包装的最大优点是它对微波透明、耐热性好、强度高并能承受较高内压，且使用非常方便。玻璃瓶一般采用金属旋盖密封或用由塑料保护的金属自泄压盖密封；前者去掉瓶盖后即可放入微波炉中直接加热，后者可直接放入微波炉中加热。玻璃包装材料主要用于饮料类等含水量大的液体食品的微波包装。

（2）陶瓷 陶瓷对微波的吸收较多，很少用于微波食品的包装，但作为微波炉加热器皿则很常见。由于陶瓷吸收微波，因此其能量利用率较低，不太适合长时间加热，另外当食品加热到其所需程度时，陶瓷往往已经很烫手，使用时应注意。

3. 金属

由于金属能反射微波，且在微波炉中容易产生打火现象，过去常认为其不能应用于微波食品包装。实际上，只要进行适当的控制，金属完全可以使用，如在金属表面涂塑或用纸裹包以避免容器与容器、容器与微波炉壁的接触即可防止打火。

利用金属对微波的反射可制成各种容器，实现食品的均匀加热。如将容器的开口一面用非微波透明材料制成而其他表面仍为复合铝箔，由于其一面可透入微波而其他面则反射微波，微波在容器中反复改变方向可使食品更容易得到均匀加热，在边角部位不易出现过度加热现象。将金属制成 $8\sim10\mu m$ 的箔片（铝或不锈钢箔），箔片中的金属离子不连续，通过不同的设计使微波透过性不同，从而可以根据食品的要求控制微波对食品的加热程度。另外，利用金属对微波的反射特性可制作各种微波屏蔽材料用于食品的包装中。

4. 塑料

塑料是微波食品包装中应用最多的一类材料，由于对微波的透明特性及材料种类繁多、性能各异，能提供各种不同的性能以适应不同微波食品的包装需要，主要有 PA、PE、PP、ABS、PC、PET、Ny（尼龙）、SAN（苯乙烯－丙烯腈聚合物）、EPS 和 PA/PP、PP/CPP、PET/PE、PA/PE、PET 蒸镀 SiO_2、PP/EVOH/PE 以及纸塑、铝塑等复合包装材料。PC、CPET、PA/PP、PP/CPP、PET/PE 等适合于长时间微波加热食品，PA/PE、EPS、PE、SAN 等可用于短时加热即可的微波食品包装。CPET、PC 等常制成托盘使用，在各种微波食品中都有应用，特别是冷冻调理食品中应用很广泛。

此外，微波食品包装中还常常使用微波加热敏片以促进食品表面上色和发脆，这些敏片主要是一些金属镀膜等材料。需要注意的是，敏片在加热过程中温度常常可达到200℃，如此高温下容易引起敏片中的某些成分向食品中迁移。

三、 微波食品包装示例

1. 冷冻调理食品微波包装

冷冻调理食品的微波包装一般采用 CPET、PC、纸浆模塑托盘等包装，涂塑铝箔封口，也可以采用盐酸橡胶薄膜拉伸裹包。盒中袋式包装时常采用复合薄膜袋外套纸盒，使用的复合薄膜主要有：Ny/LLDPE、PP/EVOH/PE以及各种铝箔复合薄膜等。食品与蔬菜冷冻套餐如果选用微波炉来加热，经常出现蔬菜已经过度受热变干而肉可能还未熟的问题。有专利将两种或两种以上的食物分开放置，上面覆盖铝箔，铝箔上开有数量和大小不同的小孔控制微波的透入量，使要求不同加热程度的食物都能达到适当的烹调要求。

2. 比萨饼、汉堡包与三明治类微波包装

（1）比萨饼微波包装　采用纸盒和外覆塑料薄膜包装，纸盒的底面和内表面有支撑物，在微波加热时纸盒被托起离开炉底一定距离，便于为金属表面反射的微波透入包装，同时食品被托起离开纸盒，纸板上留有出气孔，撕去塑料薄膜后使微波加热时产生的水蒸气可以逸出包装，从而防止水分重新被内容物所吸收，避免了比萨饼变软和潮湿。

（2）汉堡包微波包装　采用纸盒包装，纸板材料的中间部分复合有铝箔，除顶盖外其他五个面是屏蔽的。用于包装冷冻汉堡包时，将汉堡包放在微波中加热时两个半块面包在盒子的底部，小馅饼则在顶部；小馅饼因暴露在满功率的微波加热能量之下迅速被加热，而两个半块面包接受到的微波能量则相对较少，但足够其解冻和加热。

（3）三明治微波包装　用不透水的薄膜进行裹包，面包的底部采用铝箔屏蔽包装，面积至少达到5% ~10%。

3. 其他类食品微波包装

（1）圣代冰淇淋包装　将冰淇淋与其顶端的配料分开，上面的配料可以被微波加热，而下面的冰淇淋被完全屏蔽仍然保持其冷冻状态。当用微波加热后，两层之间的包装可以被刺破，这样融化的顶端配料就可以挂到冰淇淋上，或将其浇到冰淇淋上。使用这种包装消费者就可以同时吃到一冷一热的圣代，很有新奇感。

（2）可产生褐变的微波包装　一种可用微波加热的纸盒包装，在纸盒上面开有气孔，里面套有一只有垫脚的托盘，外包装可撕开的薄膜。当薄膜被撕开时就会露出排气孔，微波加热过程中产生的水汽可以通过此孔散发出去。托盘根据需要选择可以吸收微波的材料作涂层，使与托盘接触的食品表面能够发生褐变和松脆。也可以进行屏蔽设计以防止比萨饼顶端的配料等食品的过度加热。

（3）微波爆玉米花包装　将专用玉米与调料混合后微压成块状，然后用纸塑复合材料真空包装，最后将包装袋整理折叠后进行外包装。为保证玉米膨爆后包装袋不破裂，要求包装能耐受一定强度的内压，同时包装袋展开后的有效内容积应大于袋内玉米膨爆后的体积。使用时可以直接将内包装放入微波炉中加热，随着膨爆的进行，产生的气体将包装袋撑开使玉米可以散开。

（4）汤料的无菌包装　目前汤料的无菌包装有两种：一是康美包无菌纸盒包装系统；二是预成型的塑料碗无菌包装系统。很显然前者的无菌包装不能用于微波炉加热，不是微波包装，内容物必须先倒入微波专用器皿中才能加热。因为无菌纸包装材料中复合了铝箔。而铝箔会阻挡微波，所以内容物不能为微波所加热。预成型的塑料碗无菌包装可以用于处理含颗粒的物料，并且可以用微波炉加热，只要在加热前去掉铝箔盖子就行。

第二节　可食性包装技术

一、　可食性包装概述

（一）可食性包装的定义

可食性包装一般是指以人体可消化吸收的蛋白质、脂肪和淀粉等为基本原料，通过包裹、浸渍、涂布、喷洒覆盖于食品内部界面上的一层可食物质组成的包装薄膜的一种包装方法。

可食性包装主要用于食品内包装盒新鲜食品的表面，以阻止食品吸水或失水，防止食品氧化、褐变，使其具有良好的机械强度和弹性，可提高食品的感官品质，它常作为食品特殊成分（防腐剂、色素、风味物质等）的载体，使这些成分在食品表面或界面上发挥作用。

（二）可食性包装的优点

可食性包装目前在国内外广泛应用，主要原因是其具有其他包装方法无法比拟的优点，其优点主要体现在以下几个方面。

1. 可与被包装食品一起食用，对食品和环境无污染。

2. 可以作为各种食品添加剂的载体，并可控制它们在食品中的扩散速率。

3. 有的可食性成膜材料本身具有营养价值，尤其是蛋白膜。

4. 可以用于小容量、体型差异大的单体食品包装。

5. 可防止食品组分间水分和其他物质的迁移而导致食品变质。

6. 可食性膜和不可食用薄膜构成多界面、多层次的复合包装，提高了整体阻隔性能。

7. 具有较好的物理机械性能，可提高食品表面的机械强度，使其易于加工处理。

（三）可食性包装材料的性质

1. 可食性包装膜的性质

作为包装用材料，可食性包装膜要具有以下的性质：

（1）可降解性　可食性包装膜和包装用油墨不会像传统包装材料、油墨一样污染环境，它们可以被人体吸收或者被各种微生物降解，不会对环境造成污染，符合现代循环经济的要求。

（2）可食用性　例如，用可食性包装材料制成的方便面调味包，不需拆开，可直接加入热水冲泡。今后的可食性包装材料将朝着具有一定营养价值、具备一定保健作用等方面延伸。

（3）保护性　对包装内容物，特别是超市食品的保护作用强，例如可降低时令水果、蔬菜的水分散失，延长贮藏保质期，达到保鲜的作用。对一些特殊的食品要有特殊的要求，对油炸食品来说，要能够有效防止油料的外渗。

（4）具有一定的强度　在运输包装方面，可食性材料在保证对水蒸气阻隔的同时，还应具有一定的强度。这样就可以在运输的过程中，很好地保持包装物的质量。

2. 可食性油墨的性质

（1）油墨作为一种印刷材料，当它应用于食品包装时，必须遵守无转移的原则。

（2）食品包装不得使用常规油墨，承印厂商必须确保印刷后油墨中的溶剂全部挥发，油墨则要求固化彻底，并达到应用行业的相应标准。

（3）可食性油墨作为直接印刷在食品上的油墨，要保证其不会与食品内部物质发生反应，更不会影响食品的品味，它应向着无苯化的方向发展。

二、可食性包装材料

可食性包装材料按其名称可解释为：可以食用的包装材料。也就是当包装的功能实现后，即将变为"废弃物"时，它转变为一种食用原料，这种可实现包装材料功能转型的特殊包装材料，便称之为可食性包装材料。可食性包装材料主要包括可食性膜、可食性纸、可食性容器等。

（一）可食性膜

可食性膜是以天然可食性的大分子物质为基质，再添加可食性的增塑剂、交联剂及功能性添加剂，通过不同分子间相互作用形成具有多孔网状结构的、保护食品品质和卫生安全的薄膜。其可通过包裹、浸渍、涂布、喷洒等方式覆盖在食品的表面或内部，阻止或减少水分、气体（O_2、CO_2）或其他物质迁移，并对食品具有机械保护功能。

可食性膜根据其基质材料的种类可分为四大类：蛋白质类、多糖类、脂类及复合膜类。同时在成膜的过程中还要添加诸如甘油、丙二醇、山梨糖醇、蔗糖、玉米糖浆等增塑剂；再加入抗氧化剂、抑菌剂、营养素和色素等功能性添加剂。目前常见的可食性膜性能如表 10 - 1 所示。

表 10 - 1　　　　　　　　　　常见可食性膜性能

	种类	透氧性	防潮性	透明性	水溶性	抗菌性	机械强度	耐热性
多糖类	淀粉	+	+	−	−	−	+	−
	壳聚糖	+	+	+ +	+	+ +	+	+
	动植物胶	+	+	+ +	+ +	−	+ +	−
	改性纤维素	+	+	+	+ +	−	+ +	−
蛋白类	大豆蛋白	+	+	−	+	+	+	−
	小麦蛋白	+	−	+	+	−	+ +	−
	玉米蛋白	+	+ +	−	+	−	−	+ +
	乳清蛋白	−	+ +	+ +	+ +	+ +	+ +	+
脂类	蜡	+	+ +	−	−	−	+	−
	醋酸甘油酯	+	+	−	−	−	+ +	−
	表面活性剂	+	+ +	−	−	−	+	−

据国内外报道，在可食性包装研究领域，可食性膜的研究最多，研究课题的范围由原来简单的应用研究逐渐进入到材料的配比、膜的制成条件及性能改善等方面。

1. 蛋白质类膜

蛋白质分子在溶液中呈卷曲状，具有相对稳定性，在加入增塑剂和其他功能性添加剂的情况下，蛋白质亚基会解离，使分子变性，分子微观结构变得伸展，这样，其内部的疏水基团暴露出来，增强了分子间的相互作用，同时分子内的一些二硫键断裂，形成新的二硫键，并形成立体网络结构，在一定的工艺条件下就可以得到具有一定强度和阻隔性的膜。蛋白类可食性膜按蛋白质分类有胶原蛋白、酪蛋白、乳清蛋白、玉米醇溶蛋白、大豆蛋白、花生蛋白、角蛋白等，其透气性低，机械性能强、营养价值高。研究表明大豆分离蛋白膜的透氧率是低密度聚乙烯膜、甲基纤维素膜、淀粉膜和果胶膜的透氧率的 1/500、1/260、1/540 和 1/670。研究表明，在大豆分离蛋白膜形成过程中添加增塑剂，能使膜的机械强度改善，柔韧性增加；在其成膜溶液中引入疏水性的脂类物质，如蜂蜡、硬脂酸、月桂酸可以提高膜的阻湿性；在成膜溶液中加入交联剂，可以加强蛋白质分子间或者分子内的键合作用，有利于改善膜的机械性能和阻湿性能。

2. 多糖类膜

多糖成膜性好，其化学性质稳定，能长时间贮存且适应各种贮存环境。其主要是以淀粉、变性淀粉、食用胶及变性纤维素（CMC、MC、HPC 和 HPMC）、壳聚糖、结冷胶、黄原胶等为成膜基材。在多糖类物质形成薄膜的过程中，分子间氢键和分子内氢键扮演了重要的角色。

3. 脂类膜

脂类可食性膜具有极性弱和阻水性强的特点，易于形成致密分子网状结构。常用的脂质类物质有天然蜡类、微生物共聚酯、硬脂酸和软脂酸等。

4. 复合膜

当可食性复合膜由美国威斯康星大学首先研制成功后，越来越多的研究者认识到由单一基质材料制成的可食性膜都存在性能缺陷。研究表明将两种或多种基质材料混合所得的可食性膜往往可改善其气体交换、阻湿能力和抗菌、抗氧化效果，同时扩大可食性膜的适用范围。复合膜的成膜方式包括涂布法和乳化法。

（二）　可食性包装纸

目前已开发成功的可食性包装纸有蔬菜纸、水果纸及海藻纸等。蔬菜纸是用新鲜蔬菜加工制成的，是一种蔬菜深加工食品，其在加工为"纸"后，保留了原来蔬菜中的膳食纤维、B 族维生素、维生素 C、矿物质及多种微量元素，同时具有低糖、低钠、低脂、低热量的优点。我国蔬菜种植面积大，每年产量约占世界总产量的 25%，但每年有 30%～35% 的新鲜蔬菜因未能及时销售、流通和加工而腐烂。蔬菜纸的开发和应用，不仅能给消费者提供新型的膳食纤维食品，而且还能为蔬菜产业化发展开辟新的途径。

（三）　可食性油墨

油墨作为包装印刷工业中的重要原料，发挥着极其重要的作用。然而，传统油墨的组成成分含有部分有害物质，比如挥发性有机物、重金属、肽酸酯及其他添加剂，这些物质对人体都是有害的。可食性油墨是使用符合食用标准的天然色素、黏结料及其他添加剂，按一定比例混合制得的满足特殊印刷工艺的油墨。可以直接印刷在食品表面，具有提高食欲、改善儿童挑食、偏食行为等功能。

（四）　可食性包装容器

制作这种容器的材料，不仅可以食用，而且还可以加入熏味、酱味、鸡味以及酸、辣、咸等不同风味物质。澳大利亚已生产盛装炸土豆的可食性容器、可食性汉堡包盒、肉盘及蛋盒等新产品，受到了许多国家的关注。

三、 可食性包装技术在食品工业中的应用

（一） 在果蔬保鲜中的应用

英国科学家研制成一种可食用涂膜保鲜剂，是由蔗糖、淀粉、脂肪酸的聚酯物制成，采用喷涂、刷涂或浸渍方法涂于柑橘、苹果、西瓜、香蕉、番茄等果蔬表面，从而延长水果的保鲜期。加拿大研制成的 N,O - 羧甲基脱乙酰壳聚糖保鲜剂（NOCC），用 0.7% ~ 2% 的 NOCC 溶液即可延长果蔬保鲜期。国外有一种名为 "Semperfresh" 的可食性涂膜剂是由单甘酯、二甘酯与蔗糖和羧甲基纤维素制成的，可延长芒果的保鲜期。国内对壳聚糖在果蔬保鲜中的应用也做了许多研究，如龙眼在 2℃，相对湿度 90% 下可存放 30d；草莓在室温下可存放 5d 等。用魔芋甘露聚糖液保鲜龙眼，在 3℃ 下，贮存 60d，好果率近 90%，失重率约 2%，延长了保质期；用于柑橘等水果的涂膜保鲜，可显著减少贮藏损耗率。

在切分果蔬的保鲜方面，美国一家食品公司利用干酪和从植物油中提取的乙酰单甘酯制成薄膜，将它贴在切开的瓜果、蔬菜表面，可以达到防止果蔬脱水、褐变以及防止微生物侵入的目的，使切开的果蔬也能长时间地保持新鲜。日本蚕丝昆虫农业技术研究所利用废蚕丝加工保鲜膜取得成功，经对马铃薯的保鲜效果测定发现，用该膜包装后置于 25℃、相对湿度 21% 的室内，10d 后仍未发现马铃薯有褐变与变质现象，可以达到与冷库贮存保鲜同样的效果。美国专利全能保鲜膜液已有生产，主要用于水果的保鲜，不仅能防止水果褪色，抑制细菌繁殖，还能防止水果皱缩，保持果肉质地不变。

（二） 在肉制品保鲜中的应用

在肉制品加工与保鲜中，胶原蛋白膜是最成功的工业应用例子，在香肠生产中胶原蛋白膜已经大量取代天然肠衣（除了那些较大的香肠需要较厚的肠衣外）。另外，大豆蛋白膜也可用于生产肠衣和水溶性包装袋。有实验表明，用胶原蛋白包裹肉制品后，可以减少汁液流失、色泽变化以及脂肪氧化，从而提高了保藏肉制品的品质。例如，用胶原蛋白涂敷冷冻牛肉丁，可减少牛肉丁在冷冻贮藏时的损耗，且解冻后的汁液流失也降低。英国推出一项利用海藻糖保存食品的新技术，用于保鲜肉类，可使肉类所含的维生素保持完好，其色、味、香和营养成分都没有改变，与新鲜食品相比毫不逊色。乳清蛋白膜涂敷在大鳞大麻哈鱼上，可以降低其在冷冻贮存期间的过氧化物值，从而提高了保藏品质。

（三） 油性食品的保鲜膜

这种包装主要以大豆蛋白为原料，目前主要产品为薄膜类包装材料。利用从大豆中提炼出来的蛋白质，加入甘油、山梨醇等对人体或动物无害的增塑剂和成膜剂等，通过流延等方法制成类似于塑料薄膜状的可食性包装材料。此种包装薄膜具有良好的防潮性、弹性和韧性，强度较高，同时，还有一定的抗菌消毒能力，对于保持水分和阻止氧气渗入，防止内容物的氧化等均有较好的效果。这种包装材料用于含脂肪较高的油性食品时，能保持食品的原味，是一种较理想的油性食品包装材料，可做成肠衣、豆腐衣、肉类包装外皮等。

（四） 冷冻食品的包装

可食性冷冻食品包装主要以乳清蛋白、小麦面筋蛋白为材料。乳清蛋白是清蛋白的一种，极易溶于水，用它制取可食性包装材料时，还应加入甘油、山梨醇、蜂蜡等增塑剂。乳清蛋白可食性包装材料多制成薄膜状，具有透氧率低、强度高、可携抗氧载体、机械破碎防护性好等特点，可用于制作袋装冻鸡丁、冻鱼等。小麦面筋蛋白可食性包装材料主要是以从小麦粉中提

取的蛋白质为原料制取的。把小麦粉中的淀粉提取后，剩下的几乎都是蛋白质，这些蛋白质主要是麦胶蛋白和麦谷蛋白。制作包装薄膜时主要以麦胶蛋白为主，利用它的延伸性、弹性和韧性等性能，将面筋蛋白溶于乙醇，再加入甘油、氨水等增塑剂，最后通过流延等工艺制得。这种包装薄膜具有较好的韧性、良好的隔绝氧气和二氧化碳气体的能力，呈半透明状。但其防潮、防湿性较差，多用于冷冻食品的包装。

（五） 在焙烤制品中的应用

将壳聚糖或玉米醇溶蛋白膜涂敷在面包表面，可以防止面包失水而干裂。用玉米醇溶蛋白为主的膜可使山核桃的保质期从 1 个月延长到 3 个月（70℃，相对湿度 50%）。乳清蛋白膜涂敷在焙烤的花生表面，可显著地降低氧的吸收从而减少花生的霉变。

（六） 在糖果工业中的应用

在糖果工业中，对于巧克力以及表面抛光的糖果的生产来说，由于对挥发性组分扩散增加了限制性规定，所以用水溶性添加剂取代通常所用的含挥发性有机组分的涂膜剂是必要的。用乳清蛋白可以显著地减少糖果中挥发性有机组分的扩散。

（七） 干货及糕点包装

改性淀粉可食性包装材料主要是包装薄膜，以改性淀粉为主要成分，通过对淀粉改性，加入多元醇（如甘油、山梨醇、甘油衍生物及聚乙二醇等），并以脂类原料（如脂肪酸、单甘油酯、表面活性剂等）作为增塑剂，同时加入少量动、植物胶作为增强剂，再经流延等方法制得。此种材料具有较好的拉伸性、耐折性；透明度较高，不易溶于水，透气率较低，是干货和糕点包装的较好材料。

（八） 调味料用包装袋

用于快餐食品的调料包装多采用改性纤维素或胶体可食性材料作为主要原料。纤维素是制取包装材料的重要物质，很多包装材料的成膜、增黏都离不开纤维素，如甲基纤维素、羧甲基纤维素等。同时，还要加入硬脂酸、软脂酸、蜂蜡或琼脂等原料作为增塑剂和增强剂，制得的包装薄膜为半透明状，且柔软、光滑、入口即化，同时具有较高的拉伸强度，且透湿性和透气性较低。日本已经推出以豆渣为原料制取可食性包装膜的工艺，使用时只要将其放入热水中一冲即溶，不用开包便可将拌料溶化，食用时还有营养和特别的风味。胶体可食性包装材料是以动物胶（明胶、骨胶、虫胶等）或植物胶（葡甘聚糖、角叉胶、果胶、海藻酸钠、普鲁士蓝等）为基料，加入增塑剂制得的，多为薄膜形式。此种薄膜耐温、耐湿、耐油、阻气，还具有透明度好、强度高，热封性及印刷效果好等特性，可广泛用于调味品、汤料等食品的包装。

第三节　绿色包装技术

一、 绿色包装概述

绿色包装又称"无公害包装"或"环境友好型包装"，国际上普遍认为绿色包装应符合减少（Reduce）、再利用（Reuse）、再循环（Recycle）、可降解（Degradable）等要求。绿色包装的实施，要经过绿色材料—绿色设计—绿色消费—绿色处理等系统化过程。其中绿色包装材料的选择、研发与制造是整个绿色食品包装过程中的核心和基础，是实现绿色包装的关键。

（一）绿色食品包装的含义

①包装减量化（Reduce）。包装在满足其基本功能的前提下应尽量减少使用量。②包装可以重复利用（Reuse），或可以回收再生（Recycle）。在包装完成保护商品的功能后，废弃的包装可通过焚烧、生产再制品达到再利用的目的。③废弃包装物可降解（Degradable）。当包装物成为废弃物时可在一定时间内被土壤分解，而不是长期不可分解。④包装材料应无毒无害。食品包装中所含毒性材料应在国家有关标准之下或根本不含有。

（二）绿色包装级别

绿色包装大致可以分为两级：AA 级和 A 级。

1. AA 级绿色包装

AA 级绿色包装是指整个寿命周期中对人体及环境不造成公害，有毒物质含量在规定限量范围内，且废弃物能够循环重复使用、再生利用或降解。

2. A 级绿色包装

A 级绿色包装是指包装废弃物能够循环重复使用，且包装物有毒物质含量在相关规定的范围内。以上分级主要是从解决包装废弃物这一点考虑，这也是世界各国主要解决的问题。

二、 食品的绿色包装材料及在食品工业中的应用

绿色包装材料有利于回收重复使用和资源再生，同时不会造成环境污染。它的研制开发是绿色包装最终得以实现的关键。当以绿色包装材料为食品包装材料时，则应满足更高的要求，即不仅要满足包装的基本功能（保护性、方便性），还要对人体无害或具有一定的保健作用。随着经济发展和科技进步，用于食品的绿色包装材料种类也越来越多。

（一）可降解材料

可降解材料是指在特定时间内造成性能损失的特定环境下，化学结构发生变化的一种塑料。它可以在使用后被微生物或紫外线降解和还原，最终以无毒形式回归大自然。由于可降解塑料易加工成型且价格日渐降低，现已广泛应用于食品包装。

1. 生物降解材料

生物降解材料可分为完全生物降解和不完全生物降解两类。后者主要是往塑料中填充淀粉等物质引发降解，在国内外都还处于研制阶段。前者则主要采用淀粉等天然高分子材料和具有天然降解性的合成材料或水溶性高分子材料为原料。如西德 ZSSEN 大学就以甜菜渣为原料制成了可在 60d 内分解的牛乳包装罐。我国南通锻压机床厂用麦秸、稻草和蔗糖生产的降解餐盒也是绿色包装。当然，完全生物降解材料存在价格偏高这一缺陷，必然会阻碍它在食品中的应用。不过，科学家认为，不久的将来，人们可以像种植小麦和土豆那样种植和收获生物降解塑料，这为生物降解塑料的推广带来了曙光。

2. 光降解材料

聚酮材料是光降解材料的代表。如一氧化碳和单一烯烃的交替共聚物，再添加其他烯烃和乙酸乙烯酯、甲基丙烯酸甲酯类等作为第三组分形成的三元共聚物，是食品和饮料很好的包装材料。另外，加入光敏剂也可以获得光降解材料。瑞典 Filltec 公司研制的 TPR 绿色包装材料就属于这种。它在光照下 4～18 个月即降解成粉末，现已广泛用于黄油、冰淇淋等的包装。

3. 生物/光双降解材料

国内外都已开始向生物/光双降解方向努力，因而对它的研究和应用是十分活跃的。我国已经把它列入国家攻关科技计划。兰州大学化学系就研制开发了生物/光双降解塑料，其光解性能优良，可在 50 ~ 100d 内脆化，降解产物再进一步被霉菌降解成微生物碳源，回归大自然，因而可直接用于生产快餐饭盒和垃圾袋等。

4. 生物分裂塑料

生物分裂塑料是现有塑料与生物可降解大分子共存而制成的一类不完全生物分解性材料。我国 80 年代初开始研制的可降解塑料即属于此类。现在，我国以淀粉为主要原料研制的可降解食品包装袋早已投放市场，以低密度聚乙烯为主要原料，填充经特殊处理的玉米淀粉和其他辅助材料制成的包装薄膜，也已用于肉类、豆制品和其他食品的包装。

（二）　可食性包装

早在几百年前，中国已用蜂蜡封装水果，澳大利亚也以明胶为基料制成薄膜。近年来，为解决食品包装与环保间的矛盾，可食性包装更是成为包装行业的一大热门技术。其原料主要有淀粉、蛋白质、植物纤维和其他天然物质。人们的追求目标则是用这些原料制成一种不影响被包装食品风味的食品包装容器或薄膜。澳大利亚昆士兰一家土豆片容器公司就推出了可食容器，其味道不逊于所盛的炸土豆片。人们吃完土豆片后，还可美餐该容器。美国农业研究局南部研究中心的化学家则利用大豆蛋白质制成包装膜，用于食品包装时，既能保持食品水分，阻止氧气进入，又能确保含脂食品原汁原味，而且符合环境安全要求。用壳聚糖可食性包装膜包装去皮的水果或水果片，也有很好的保鲜作用。

（三）　可回收再利用的包装材料

包装材料的重复使用和再生是保护环境，促进包装材料再循环的一种积极方法。日本朝日啤酒公司、札幌啤酒公司和三得利公司制造的长命新颖啤酒瓶，美国 PET 饮瓶等都属于新开发的可回收再利用的包装材料。荷兰 Wellman 公司与美国 Johnson 公司都对聚酯（PET）容器进行 100% 回收，瑞典等国也实行聚酯（PET）奶瓶的重复利用达 20 次以上。而在美国和日本，包装材料的回收再利用系统则已形成产业化、商品化。

（四）　纸包装材料

纸包装是目前国际流行的"绿色包装"。由于纸袋的主要成分是天然植物纤维素，易被微生物分解，重新加入自然循环。同时，纸包装的原材料丰富易得，也可以减少将用过后的包装收集到工厂再循环所面对的成本和技术困难。因而可以用它代替金属制成无菌罐装纸易拉罐和纸包装来盛装各种液体饮料、食品和牛乳等。如用伸性纸袋来包装面粉时，与用布袋包装相比，保质期要长 2 ~ 3 个月，且无毒、无味、无污染，已成为一种时尚。纸包装在日本也很风行。市场上有 90% 的牛乳用纸包装出售；最常见的饮料 Jakutt 健康饮品也使用一种底部可撕开的特别设计杯形容器；一种 100% 回收再造纸板制成的 EcoPac 饮料包装用来盛装酒类，其在日本市场上使用率占 50% 以上。纸浆模塑制品的出现是纸包装的一次突出革命。

纸浆模塑来自天然可再生资源，用后能在短期内被自然吸纳再生，越来越受人们青睐。它具有优良的防腐缓冲性，在出口市场上几乎成为公认的水果蔬菜标准包装。用它制成的纸浆模塑餐具无毒无味，防油、防水、耐高温，可自然溶解已广泛应用于食品包装。如大连绿洲食品包装有限公司以纯天然纸浆为原料开发的"纸模餐具"，若废弃在大自然中，7 ~ 15d 内就完全分解，且不会残留任何有害物质。欧美等发达国家则用纸塑类复合材料，并结合无菌包装技术包装牛乳、果汁类饮料产品，不仅节省了大量包装资源，也较好保持了食品原有的风味和质量。据科学家预言，未来的食品多数将在食品厂集约化生产，为了保护食品的香味、鲜度及热度，现行的普通纸包装将退出市场，别具特色的新食品包装则应运而生。"人造果皮"就是未来一种新纸种。

（五）"绿色"印刷材料

食品包装印刷材料，作为一种包装辅助材料，其使用量在包装材料总量中所占的比重不大，但对于食品包装的"绿色"与否却影响很大。因此，要努力开发公害小、污染小以至无公害的"绿色"印刷材料。水性油墨、水性上光油等水性印刷材料的开发利用，毫无疑问可以给食品包装领域注入活力。它的应用和完善既符合环保要求，也必将促进食品行业和包装行业的发展。

三、绿色包装技术的生命周期评估体系

（一）绿色包装的科学评价方法

绿色包装要使包装与环境相容，不对环境造成污染，这种性能被称为绿色包装的环境性能。科学评价绿色包装环境性能的方法是列入 ISO 14000 国际环境管理系列标准中的生命周期评价（LCA）方法。ISO 14000 明确规定，凡是国际贸易产品必须进行环境认证（EA）和生命周期评价（LCA），并使用环境标志（EL）。

生命周期评价（LCA）的定义为：按照一定的目标要求（减少环境污染或节约资源消耗），从产品的整个生命周期即原材料的提取、生产加工、运输、销售、使用、废弃、回收利用直至最终处理的全过程，主要采用量化比较，对产品环境性能进行分析研究的方法。所谓量化计算就是对产品的环境性能，即在全生命周期过程中因消耗资源和排放废物对生态造成的破坏和对环境造成的污染用一个"环境负荷"（或称总的环境影响潜力）指标来表示。该指标越大，产品的环境性能（绿色性能）就越差。

进行生命周期评估时，第一要明确目标和范围，其次是投入和产出，再次是确定功能，以后所进行的分析是以满足相应的功能为前提，且有可操作性。要明确界定此次评估中含哪些具体问题（如温室效应、臭氧层破坏、酸雨、空气污染、水源污染、土地沙漠化、森林面积减少、物种灭绝等），并列出系统全过程的投入（耗能形势）、产出（废弃物）的数据清单进行分析研究。

就理论而言，生命周期评估是实现可持续发展的理想评价工具，但实施有许多问题，如成本/效益问题，评价方法的标准化问题，数据的可加性问题及可靠性问题。借助于计算机的强大数据处理功能，关键是如何解决投入、产出数据清单的问题。欧美等发达国家已经开发出专门软件。目前对影响力的评估方法趋向运用模糊数学的权重因子方法进行，就是把在前一轮所采集到的数据与某个具体的环境问题建立起对应联系，并给不同因素打分，把不可比的污染影响量化为可比参数后，建立与之对应的数学模型，进行综合评估，得出符合实际情况的决策。

（二）绿色包装应实行的评价标准

根据我国目前还不能普遍推行 LCA 的实际状况，为能更好推进绿色包装的发展，我们应在对绿色包装实行分级的基础上实行不同的分级评审标准。

AA 级绿色包装，应在我国包装企业较多地开展清洁生产，通过 ISO 14000，以及较普遍对资源消耗和污染排放进行数据收集后再正式推行。AA 级绿色包装可利用 LCA 制定认证标准或直接利用其清单分析和影响评价数据作为评审标准，并授予相应的环境标志。

A 级绿色包装，是目前应推行的重点，可根据其定义制定如下 5 条可操作指标，符合指标的则授予单因素环境标志。

（1）包装应实行减量化，坚决制止过分包装　减量化是国际上普遍认为发展绿色包装的首选措施，它能从源头上节约原材料，减少包装废弃物的数量。包装减量化一般可通过包装结构设计减量化，包装材料或制品薄壁化及轻量化来达到。制止过分包装，提倡适度包装是包装减量化的最低要求。

过分包装是一种功能与价值过剩的包装。其表现是耗用过多的材料，使用过大的体积，采用奢华的装饰来装点被包装的产品。国际上通行的对过分包装的认定是从空位容积率和包装的制作成本比例两个方面来衡量的。空位容积率是指从产品包装容积中扣除内容物（产品）体积所余下的空位容积部分和包装容积的比例。日本制定的《包装新指示》中规定空位容积率不得大于 20%。包装的制作成本比例系指包装的成本和产品价格的比例。

过分包装既浪费资源，又污染环境，和绿色包装的理念完全背道而驰，绝不能称为绿色包装。

（2）包装材料不得含有超出标准的有毒有害成分　在包装材料全生命周期内，不得释放有害环境和人身健康的受禁物质。在包装期内，包装材料或容器不得向食品迁移有害人体健康的有毒物质。包装材料包括印刷油墨中所含有机溶剂及重金属残留物质，以及铅、汞、镉、六价铬、聚溴二苯醚和聚溴联苯等有毒有害物质必须严格限制，不得超出国际流行或国家规定的有关标准。

（3）包装产品上必须有生产企业的"自我环境声明"　为了对使用者和环境负责，企业生产的包装产品应有"自我环境声明"，声明内容应包括：包装产品的材料成分，含有毒有害物质是否在国家允许的范围内；是否可以回收及回收物质种类；是否可自行降解；固态废弃物数量。若连同被包装产品的"自我环境声明"则除上述外还应有：是否节省能源；在使用过程中为避免对人体及环境危害而应注意的事项；其他。

（4）包装产品能回收利用（重复利用或回收再生），并明确是由企业本身还是委托其他方（须有回收标志）回收。

（5）包装材料能在短时期内自行降解，不对环境造成污染。

凡符合上（1）～（4）条的，根据分级的 A 级标准，应属于可回收利用的绿色包装，并授予相应的单因素环境标志；而符合上（1）～（3）和（5）条的，则属于可自行降解的绿色包装，并授予相应的单因素环境标志。

第四节　其他食品包装技术

一、防霉腐食品包装技术

在商品流通的各环节中都有被霉腐微生物污染的机会，如果周围有适宜的环境条件，商品就会发生霉腐。因此，为了保护商品安全地经过流通区域，就必须对易霉腐商品进行防霉腐包装。防霉腐包装技术当前主要有以下几种。

（一） 化学药剂防霉腐包装技术

化学药剂防霉腐包装技术主要是使用防霉、防腐的化学药剂将待包装的食品、包装材料等进行适当处理的包装技术。有的将防腐剂直接加在某个生产工序中，有的是将其喷洒或涂抹在商品的表面，有的需要在防腐剂中浸泡再予以包装，但是这样处理会使某些商品的质量与外观受到不同程度的影响。

防霉防腐剂的杀菌机理主要是使菌体蛋白质凝固、沉淀、变性，有的与菌体酶系统结合，影响菌体的代谢，有的降低菌体的表面张力、增加细胞膜的通透性而发生细胞破裂或溶解。

用于食品的防腐剂，比如苯甲酸及其钠盐等。使用防霉防腐剂时，应选择具有高效、无毒、使用方便、价廉、易购的产品。

（二） 气调防霉腐包装技术

气调防霉腐是生态防霉腐的形式之一。霉腐微生物与生物性商品的呼吸代谢都离不开空气、水分、温度这三个因素。只要能够有效地控制其中任一个因素，就能够达到防止商品发生霉腐的目的，如只要控制和调节空气中氧的浓度，人为地造成一个低氧的环境，霉腐微生物的生长繁殖就会受到抑制。在进行密封包装的条件下，通过改变包装内空气的组成以降低氧的浓度，造成低氧环境来抑制霉腐微生物的生命活动，从而达到对被包装食品防霉腐的目的，这就是气调防霉腐包装的机理。

气调防霉腐包装是填充对人体无毒性、对霉腐微生物有抑制作用的成分，目前主要是填充二氧化碳及氮气，二氧化碳在空气中的正常含量是0.03%，微量的二氧化碳对微生物有刺激生长的作用；当空间浓度达到10%~14%时，对微生物有抑制作用；如果空间的浓度超过40%以上时，对微生物就会有明显的抑制与杀死作用。所采用的包装材料必须是对气体或水蒸气有一定隔绝性能的气密性材料，才能保持包装内的气体浓度。

气调防霉腐包装技术的关键是密封和隔氧，包装容器的密封性能是保证气调防霉腐的关键，隔氧是其重要指标。

（三） 低温冷藏防霉腐包装技术

低温冷藏防霉腐包装技术通过控制食品本身的温度，使其低于霉腐微生物生长繁殖的最低界限，抑制酶的活性。它一方面抑制了生物性食品呼吸二氧化碳的过程，使其自身分解受阻，一旦温度恢复，仍可保持其原有的品质；另一方面通过抑制霉腐微生物的代谢与生长繁殖来达到防霉腐的目的。

低温冷藏防霉腐所需要的温度与时间视具体食品而定。一般状况下，温度越低，冷藏时间越长，霉腐微生物的死亡率也就越高。按冷藏温度的高低和时间的长短，分为冷藏和冻藏两种。冷藏防霉菌包装适用于含水量大又不耐冰冻的易腐食品，短时间在0℃左右的温度冷却贮藏，如蔬菜、水果、鲜蛋等。在整个冷藏期间，霉腐微生物的酶几乎都失去了活性；其新陈代谢的各种活动反应缓慢，甚至停止，生长繁殖受到抑制。冻藏则适用于耐冰冻且含水量大的易腐食品，较长时间地在 -18 ~ -16℃的温度下冻结贮藏，如肉、鱼等。在冻藏期间，食品的品质基本上不发生损害。

（四） 其他防霉腐包装技术

1. 干燥防霉腐包装技术

通过降低密封包装内的水分与食品本身的水分，使霉腐微生物得不到生长繁殖所需要的水分来达到防霉腐的目的。目前常采用的方法是：在密封的包装内置放一定量的干燥剂来吸收包装内的水分，使内包食品的含水量降到其允许含水量以下。

2. 电离辐射防霉腐包装技术

射线使被照射的物质产生电离作用，称为电离辐射。电离辐射的直接作用是当辐射线通过微生物时，能使微生物内部物质分解而引起诱变或死亡。电离辐射防霉腐包装目前主要应用 X 射线与 γ 射线，包装的食品经过电离辐射后也就完成了消毒灭菌的步骤。经过照射后，如果不再受污染，配合冷藏条件，小剂量辐射能延长保质期数周至数月；大剂量辐射可彻底灭菌，长期保存。

二、 自适应包装技术

自适应包装技术就是自动调节以适应食品在贮运过程中的环境变化，使包装内环境能最大限度地实现食品贮藏与保质。

自适应包装技术是一种智能包装技术，这种技术包含材料与工艺两部分，包装内的环境参数可通过化学方法、生物方法和物理方法进行调节。可以说这种技术是最圆满的包装技术，同样也是最难的技术。

三、 基因包装技术

基因包装技术是利用生物（动物、植物）转基因技术使食品的保质期延长的技术。该包装技术主要是从食品原料、包装材料的最初组成开始，将优良的基因移植到包装材料或食品中，制取性能优异的包装材料或自身适应于环境的食品，从而延长食品的保质期。

四、 隐形包装材料与技术

隐形包装材料与技术指用于食品包装的主要材料及成分是隐形的，如食品包装的透明涂层材料、包装中的气体保存剂、物理处理包装技术中的辐射处理、光照处理、磁化处理等。这些包装技术让消费者在食用时，只见其效果，而未能看到所用的材料实体。

🔍 **思考题**

1. 微波食品加热的原理和加热特性是什么？
2. 试列举微波食品常用包装材料，分析微波食品包装技术的开发方向和市场前景。
3. 可食性食品包装的材料有哪些？
4. 可食性包装在食品工业中的应用有哪些方面？
5. 绿色包装的含义是什么？
6. 绿色包装的级别有哪些？
7. 食品的绿色包装材料及在食品工业中的应用有哪些方面？
8. 防霉腐食品包装技术包括哪些方面？

参考文献

[1]Raija A.现代食品包装技术[M].崔建云,等译.北京:中国农业大学出版社,2006.

[2]Richard C,Derek M,Mark J.食品包装技术[M].蔡和平,等译.北京:中国轻工业出版社,2012.

[3]董同力嘎.食品包装学[M].北京:科学出版社,2015.

[4]高愿军,熊卫东.食品包装[M].北京:化学工业出版社,2005.

[5]洪小明,杨坚.国内外可食性包装研究进展[J].包装与食品机械,2011,29(2):60 – 63,55.

[6]李俊杰.可食性包装材料及其应用[J].中外食品工业,2003(12):32 – 34.

[7]刘坤,屈婷婷,方雯潼.绿色食品包装是我国食品包装的必然趋势[J].中国包装工业,2015(21):110 – 111.

[8]任发政,郑宝东,张钦发.食品包装学[M].北京:中国农业大学出版社,2009.

[9]王建刚,王园.简述可食性包装材料[J].广东印刷,2014(3):39 – 42.

[10]王蕊.可食性膜包装在食品工业中的应用[J].江苏食品与发酵,2005(1):19 – 21.

[11]王英.我国食品绿色包装材料的研究进展[J].中国包装工业,2015(23):58 – 60.

[12]王志伟.食品包装技术[M].北京:化学工业出版社,2008.

[13]章建浩.食品包装学:第3版[M].北京:中国农业出版社,2009.

[14]张新会,杨晓泉.绿色包装在食品中的应用[J].包装与食品机械,2000(5):29 – 32.

[15]戴宏民,戴佩华.绿色包装的评价标准及环境标志[J].包装工程,2005(5):14 – 17,20.

第十一章

食品包装安全与测试

1. 了解国内外食品包装相关的标识、标准和法规。
2. 理解食品接触包装物质的迁移与包装安全性的关系。
3. 掌握食品包装安全性和密封性的检测方法。

第一节　食品标签相关标准与标识

一、　食品标签相关标准

（一）　食品标签通用标准

食品标签是食品包装上的所有文字、图形、符号及一切说明物的总称，是食品包装中非常重要的组成部分。食品标签是向消费者传递产品信息的载体。做好预包装食品标签管理，既是维护消费者权益，保障行业健康发展的有效手段，也是实现食品安全科学管理的需求。

对此，我国专门制定了食品包装标签通用的 GB 7718—2011《预包装食品标签通则》。该标准规定了预包装食品标签的基本要求；直接向消费者提供的预包装食品标签标识内容；非直接提供给消费者的预包装食品标签标识内容等。

1. 基本要求

（1）应符合法律、法规的规定，并符合相应食品安全标准的规定。

（2）应清晰、醒目、持久，应使消费者购买时易于辨认和识读。

（3）应通俗易懂、有科学依据，不得标识封建迷信、色情、贬低其他食品或违背营养科学常识的内容。

（4）应真实、准确，不得以虚假、夸大、使消费者误解或欺骗性的文字、图形等方式介绍食品，也不得利用字号大小或色差误导消费者。

（5）不应直接或以暗示性的语言、图形、符号，误导消费者将购买的食品或食品的某一性质与另一产品混淆。

（6）不应标注或者暗示具有预防、治疗疾病作用的内容，非保健食品不得明示或者暗示具有保健作用。

（7）不应与食品或者其包装物（容器）分离。

（8）应使用规范的汉字（商标除外）。具有装饰作用的各种艺术字，应书写正确，易于辨认。可以同时使用拼音或少数民族文字，拼音不得大于相应汉字。可以同时使用外文，但应与中文有对应关系（商标、进口食品的制造者和地址、国外经销者的名称和地址、网址除外）。所有外文不得大于相应的汉字（商标除外）。

（9）预包装食品包装物或包装容器最大表面面积大于35cm^{2}时，强制标示内容的文字、符号、数字的高度不得小于1.8mm。

（10）一个销售单元的包装中含有不同品种、多个独立包装可单独销售的食品，每件独立包装的食品标签应当分别标注。

（11）若外包装易于开启识别或透过外包装物能清晰地识别内包装物（容器）上的所有强制标识内容或部分强制标识内容，可不在外包装物上重复标示相应的内容；否则应在外包装物上按要求标识所有强制标识内容。

2. 直接向消费者提供的预包装食品标签标识内容

（1）一般要求 直接向消费者提供的预包装食品标签应包括食品名称、配料表、净含量和规格、生产者和（或）经销者的名称、地址和联系方式、生产日期和保质期、贮存条件、食品生产许可证编号、产品标准代号及其他需要标识的内容。

（2）食品名称 应在食品标签的醒目位置，清晰地标识反映食品真实属性的专用名称。标示"新创名称""奇特名称""音译名称""牌号名称""地区俚语名称"或"商标名称"时，应在所示名称的同一展示版面标示前面的规定的名称。为不使消费者误解或混淆食品的真实属性、物理状态或制作方法，可以在食品名称前或食品名称后附加相应的词或短语。如干燥的、浓缩的、复原的、熏制的、油炸的、粉末的、粒状的等。

（3）配料表 预包装食品的标签上应标识配料表，配料表中的各种配料应按（2）的要求标识具体名称，食品添加剂按照相关的要求标识名称。

（4）配料的定量标识 如果在食品标签或食品说明书上特别强调添加了或含有一种或多种有价值、有特性的配料或成分，应标识所强调配料或成分的添加量或在成品中的含量。如果在食品的标签上特别强调一种或多种配料或成分的含量较低或无时，应标识所强调配料或成分在成品中的含量。食品名称中提及的某种配料或成分而未在标签上特别强调，不需要标识该种配料或成分的添加量或在成品中的含量。

（5）净含量和规格 净含量的标识应由净含量、数字和法定计量单位组成。应依据法定计量单位标识包装物（容器）中食品的净含量。净含量应与食品名称在包装物或容器的同一展示版面标示。容器中含有固、液两相物质的食品，且固相物质为主要食品配料时，除标识净含量外，还应以质量或质量分数的形式标识沥干物（固形物）的含量。同一预包装内含有多个单件预包装食品时，大包装在标识净含量的同时还应标识规格。规格的标识应由单件预包装食品净含量和件数组成，或只标识件数，可不标识"规格"二字。

（6）生产者、经销者的名称、地址和联系方式 应当标注生产者的名称、地址和联系方式。生产者名称和地址应当是依法登记注册、能够承担产品安全质量责任的生产者的名称、地址。依法承担法律责任的生产者或经销者的联系方式应标识以下至少一项内容：电话、传真、网络联系方式等，或与地址一并标识的邮政地址。进口预包装食品应标识原产国国名或地区区名（如香港、澳门、台湾），以及在中国依法登记注册的代理商、进口商或经销者的名称、地址和联系方式，可不标识生产者的名称、地址和联系方式。

（7）日期 应清晰标识预包装食品的生产日期和保质期。如日期标识采用"见包装物某部位"的形式，应标示所在包装物的具体部位。日期标识不得另外加贴、补印或篡改。当同一预包装内含有多个标识了生产日期及保质期的单件预包装食品时，外包装上标示的保质期应按最早到期的单件食品的保质期计算。外包装上标识的生产日期应为最早生产的单件食品的生产日期，或外包装形成销售单元的日期；也可在外包装上分别标识各单件装食品的生产日期和保质期。应按年、月、日的顺序标示日期，如果不按此顺序标示，应注明日期标示顺序。

（8）贮存条件 预包装食品标签应标识贮存条件。

（9）食品生产许可证编号 预包装食品标签应标识食品生产许可证编号，标识形式按照相关规定执行。

（10）产品标准代号 在国内生产并在国内销售的预包装食品（不包括进口预包装食品）应标识产品所执行的标准代号和顺序号。

（11）其他标示内容

①辐照食品：经电离辐射线或电离能量处理过的食品，应在食品名称附近标示"辐照食品"。经电离辐射线或电离能量处理过的任何配料，应在配料表中标明。

②转基因食品：转基因食品的标示应符合相关法律、法规的规定。

③营养标签：特殊膳食类食品和专供婴幼儿的主辅类食品，应当标识主要营养成分及其含量，标识方式按照 GB 13432—2013 执行。其他预包装食品如需标识营养标签，标识方式参照相关法规标准执行。

④质量（品质）等级：食品所执行的相应产品标准已明确规定质量（品质）等级的，应标示质量（品质）等级。

3. 非直接提供给消费者的预包装食品标签标识内容

非直接提供给消费者的预包装食品标签应按照 1 项下的相应要求标识食品名称、规格、净含量、生产日期、保质期和贮存条件，其他内容如未在标签上标注，则应在说明书或合同中注明。

（二）其他特殊食品标签

保证消费者得到感官质量和安全的产品的一个重要发展是应用时间－温度标签或指示条，即 TTI（time－temperature integrators/indicators），它是用于单个产品的自黏性的小标签。TTI 标签可以指示温度误差或产品从生产到零售陈列所经受时间－温度过程的积累。TTI 标签的工作原理是将温度变化传感为机械、化学或酶的不可逆反应变化，通常的变化反应是可以看得见的机械变形、色泽变化。从 TTI 标签上可见的反应变化得到所处贮藏条件的信息。

（三）国外食品标签简介

世界很多国家，如欧美、日本等，都有严格的食品标签管理制度。例如美国的新食品标签法对食品标签的内容有严格的规定，要求标注包装的质量、总热量、来自脂肪的热量、总脂肪量、胆固醇量、总碳水化合物量、膳食纤维量、维生素 C 量、钙及铁含量等多项内容。法国等一些欧洲国家也制定了严格的认证合格农产品的标签体系。法国的认证合格农产品的标签体系包括法国原产地命名标签，是用于保证该产品是在特定地区由特定工艺生产而成，产品与地域的联系紧密；红色标签，是用于保证该产品为同类产品中的优质产品，产品的生产全过程受到严格监控，尤其是在口感和质量方面；有机产品标签，是用于保证该产品的生产方式是纯天然的，不使用任何化学元素，遵循平衡原理；认证合格产品标签，是用于保证该产品具备某些特性，其生产方式遵循特定的规定，并受控于监控机构。

二、 特殊食品及其标识

（一） 无公害食品及其标识

所谓无公害食品，指的是无污染、无毒害、安全优质的食品，在国外称无污染食品、生态食品、自然食品。无公害食品生产地环境清洁，按规定的技术操作规程生产，将有害物质控制在规定的标准内，并通过部门授权审定批准，可以使用无公害食品标识的食品。

无公害农产品标识图案主要由麦穗、对勾和无公害农产品字样组成，麦穗代表农产品，对勾表示合格，金色寓意成熟和丰收，绿色象征环保和安全。如图 11 - 1 所示。

图 11 - 1 无公害农产品标识

（二） 绿色食品及其标识

所谓绿色食品是指遵循可持续发展原则，按照特定生产方式生产，并经国家有关的专门机构认定，准许使用绿色食品标识的无污染的、无公害的、安全、优质、营养型食品的统称。

绿色食品标识是由中国绿色食品发展中心在国家工商行政管理局正式注册的质量证明商标，用于证明绿色食品无污染、安全、优质的品质特征。如图 11 - 2 所示，它由三部分构成，即上方的太阳、下方的叶片和中心的蓓蕾，象征自然生态；颜色为绿色，象征着生命、农业、环保；图形为正圆形，意为保护。AA 级绿色食品标识与字体为绿色，底色为白色，AA 级绿色食品指在生态环境质量符合规定标准的产地生产，生产过程中基本不使用化学合成物质，按特定的生产操作规程生产、加工，产品质量及包装经检测、检查符合特定标准，并经中国绿色食

(1)AA级绿色食品标识

(2)A级绿色食品标识

图 11 - 2 AA 级和 A 级绿色食品标识

品发展中心认定，许可使用 AA 级绿色食品标志的产品。A 级绿色食品标识与字体为白色，底色为绿色。A 级绿色食品指在生态环境质量符合规定标准的产地生产，生产过程允许限量使用限定的化学合成物质，按特定生产操作规程生产、加工，产品质量及包装经检测、检查符合特定标准，并经中国绿色食品发展中心认定，许可使用 A 级绿色食品标志的产品。

（三）有机食品及其标识

有机食品是指粮食、蔬菜、果品、禽畜、水果和食油等食品的生产和加工中不使用任何人工合成的化肥、农药和添加剂，不允许使用转基因种子，并通过有关颁证组织认证，确为纯天然、无污染的安全营养食品。在国外，有机食品是具有法律效应的专有名词，经严格的程序认定后，符合的才能打上有机食品的标识。有机食品是食品行业的最高标准。

有机食品标识采用人手和叶片为创意元素。如图 11 - 3 所示，我们可以感觉到两种景象。其一，是一只手向上持着一片绿叶，寓意人类对自然和生命的渴望；其二，是两只手一上一下握在一起，将绿叶拟人化为自然的手，寓意人类的生存离不开大自然的呵护，人与自然需要和谐美好的生存关系。

（四）保健食品及其标识

保健食品是食品的一个种类，是指已取得国家食品药品监督管理局颁发的保健食品批文、具有调节人体机能，适于特定人群食用，但不能治疗疾病的特殊食品。

保健食品的标识为天蓝色图案，下有保健食品字样，俗称"蓝帽子"，如图 11 - 4 所示。国家工商总局和卫生部在日前发出的通知中规定，在影视、报刊、印刷品、店堂、户外广告等可视广告中，保健食品标志所占面积不得小于全部广告面积的 1/36。其中报刊、印刷品广告中的保健食品标识，直径不得小于 1cm。

图 11 -3　有机食品标识

图 11 -4　保健食品标识

三、条形码

（一）EAN/UPC 码

商品条形码是商品进入国内市场的"身份证"，也是商品国际市场的"共同语言"。目前国际上常用的条码有两种，一种是美国、加拿大组织统一编码委员会编制的 UPC 码（Universal Product Code），另一种是国际物品编码协会编制的 EAN 码（European Article Number）。EAN/UPC 码在我国又称为中国商品条码，是国际通用商品条码在我国的具体表现形式，通用于全世界。

EAN 系统包括商品包装上的条码本身和检测条码的电子扫描器（或者阅读器）两方面，而条形码由一组规则排列的条和空以及对应的字符组成。商品销售包装的 EAN 码分为标准式和简式。我国常用的商品通用条码为标准式。标准式商品通用条码，由 30 个条与 29 个空间和下方对应的 13 位数字符组成的代码表示，即由 3 位国家代码、4 位厂商代码、5 位商品代码和 1 位校验代码构成。简化 EAN 码称为 EAN – 8 或 EAN – 8 码或 EAN 缩短码表示，即前三位是国别代码、后四位是产品代码、最后一位是校验码。EAN 缩短码主要应用于包装体积很小的商品，其表面无法容纳 EAN – 13 标准码时才使用，并需由该国的编码组织判断决定。

（二）二维条形码

二维码又称 QR 码，是近几年来移动设备上超流行的一种编码方式，它比传统的条形码能存更多的信息，也能表示更多的数据类型。二维条码/二维码是用某种特定的几何图形按一定规律在平面（二维方向上）分布的黑白相间的图形记录数据符号信息；在代码编制上巧妙地利用构成计算机内部逻辑基础的"0""1"比特流的概念，使用若干个与二进制相对应的几何形体来表示文字数值信息，通过图像输入设备或光电扫描设备自动识读以实现信息自动处理：它具有条码技术的一些共性：每种码制有其特定的字符集；每个字符占有一定的宽度；具有一定的校验功能等。同时还具有对不同行的信息自动识别功能及处理图形旋转变化等功能。

二维条形码/移动通信技术在国际上是一项成熟的防伪技术，手机短信系统的作用是通过手机短信形式将识别出的二维条形码信息发送到短信系统，通过网络数据库进行验证，获取有关信息，并反馈一条短信告知工作人员该二维条形码标签的有效性，防止不法企业伪造二维条形码标签。

第二节 食品包装相关的法律及法规

随着人们对食品安全重视程度的增加，食品包装作为接触食品的重要组成部分，其安全性以及管理重要性也逐渐被人们所认识。世界各国特别是欧盟和美国等发达国家对于食品包装已经形成了比较成熟的管理机制。本节内容分别介绍了国内外关于食品包装的法律法规的相关规定。

一、食品包装材料相关的法律法规

（一）欧盟食品包装材料法律法规与标准

欧盟对于食品包装材料有着十分严格的管理规定。1972 年欧盟开始制定食品接触材料与制品的相关法律法规，1987 年，欧盟开始着手纸质食品包装材料的安全性研究。欧盟将食品包装材料按照食品接触性材料来进行管理。欧盟规定食品包装按所报食品类型分为包装水溶性食品、酸性食品、醇类食品、油性食品、水溶性酸性食品、酸性醇性食品、油水混合食品、油性酸性食品、醇类水溶性食品、油性－醇类－酸性混合食品等 10 大类产品。欧盟对食品接触性材料的要求包括包装材料允许食用物质名单、迁移量标准、渗透量标准、成型品质量规格标准、检验和分析方法规定等。

欧盟的食品接触性材料法律法规采用"层层剖析、逐级细化"的理念，由框架性法规、良好生产规范、专项指令、个别指令和标准等组成。框架性法规是目前关于食品接触性材料的主导性规章，主要是 EC NO. 1935/2004《关于拟与食品接触的材料和制品暨废除 80/590 和 89/109/EEC 指令》，该指令对食品包装材料通用安全要求进行了规定。该项规章建立了包装材料的"惰性"原则：材料和制品中的活性成分要具有足够的惰性，其向食品迁移的量不可危及人体健康，不可导致食品组成发生不可接受的改变或者食品感官特征的恶化。良好生产规范主要是 EC NO. 2023/2006《关于拟与食品接触的材料和制品的良好生产规范》，规定了食品包装材料良好生产规范的相关要求和原则。专项指令是指对框架法规中列举的每一类物质的特殊要求，在欧盟规定的必须制定专门管理要求的 17 类物质中，仅有活性和智能材料（2009/45/EC）、再生纤维素薄膜（2007/42/EC）、陶瓷（2005/31/EC）、塑料（2002/42/EC）四种物质颁布了专项指令。单独法规是针对于某一种特定的物质（例如，氯乙烯单体）而做出的专门的规定，有很强的针对性。而欧盟食品接触性材料标准则是针对具体的成型品或迁移量、渗透量的试验方法而制定的。

欧盟对于食品接触性材料的管理采取的是"从源头控制"的方法，控制食品接触性材料的原材料生产、加工、使用过程，而非针对于具体产品的特定包装材料进行规定。欧盟特别强调所有食品接触性容器及材料标准必须基于科学基础上的"风险分析"结果，消除风险评估中的各种不确定因素，将行政管理规定与技术要求合二为一，使政府管理具有更强的可操作性。

（二）　美国食品包装材料法律法规与标准

美国联邦法认为，食品添加剂是直接或间接地影响了食品成分或者是改变了食品特性的物质，包括生产、制造、包装、预制、处理及运输过程中所接触到的物质和以上过程中所接触到的放射性物质。因此，美国将食品包装材料按照间接食品添加剂来进行管理。其管理方式主要有豁免管理、审批制度和通报制度。作为包装材料或包装材料的一种成分物质的豁免物质要求迁移到食品中的量低于某一限值（迁移量小于 $0.5\mu g/kg$ 或每日通过饮食摄入该物质的量小于日允许摄入量的 1%），且不是已知致癌物质。致癌物质迁移不能超过其半数中毒剂量 TD_{50}。现有 FDA 规定是少于 $6.25mg/（kg \cdot d）$，随着毒理学研究进展，FDA 将采用适当的最低 TD_{50} 值。审批制度是指某一物质作为食品添加剂进行审批，如果某种物质通过食品包装过程迁移到食品中，且不是通常认为安全的物质，则需要对其按照食品添加剂的评价程序进行评价和审批。在美国联邦法里已经通过审批的与食品包装材料相关的间接食品添加剂包括胶黏剂和涂覆材料、纸和纸板成分、聚合物。通报制度主要是针对食品接触物质而言，食品接触物质通报要求申请者向美国食品药品管理局 FDA 提供充分的材料（包括化学特性、加工过程、质量规格、使用要求、迁移数据、膳食暴露、毒理学信息、环境评价等内容），证明该物质在特定使用条件下不会影响食品安全。

美国对食品包装材料的管理主要通过联邦法规来进行规范。美国联邦法规第 21 部分主要规范食品和药品的管理，其中第 170～186 节规范了食品包装的管理方法。21CFR－174 部分规定了食品包装材料生产企业良好生产规范要求、纯度要求和其他通用性安全要求。对于成型品，美国采取与欧盟相类似的管理制度，通过控制作为原料的聚合物或单体的安全性，来保证最终包装材料的安全，而对于某特定的终产品，不设立具体指标。作为食品接触物质的某种聚合物或单体或新型添加剂，采取食品接触物质通报方法，对于审批合格的物质采取肯定列表制度，同时 21CFR 根据不同类别进行具体限量和使用限制的相应规定。

（三） 日韩对于包装材料的法律法规

日本作为世界上的工业大国，其食品卫生法规定，禁止生产、销售、使用可能含有有害人体健康的物质的食品容器、包装材料。但是除了食品卫生法以外，日本更多的是通过相关行业协会的自我管理。仅食品包装用塑料材料，日本就制定了《基于食品卫生法的塑料包装容器的卫生规格》等针对不同材料的法规。

在韩国，根据韩国食品卫生法，韩国食品药品管理厅制定食品包装材料和容器的标准，并负责对食品包装材料的管理和评价。而且在《食品法典》中集中规定了食品容器、包装材料的各项标准，而且还包含了在生产过程中限制、禁止使用的具体物质的标准。由于韩国的食品包装材料质量评价体系源于日本，对于某些有害人体健康的物质的含量指标与日本的几乎相同。

（四） 我国食品包装材料的法律法规

我国对食品包装材料的卫生监管最早在 1972 年国务院批准的《关于防止食品污染的决议》中，食品容器和包装材料被列入引起食品污染的原因之一。之后，食品包装材料的安全性引起了食品安全监督管理部门的重视，并在 1995 年颁布的《食品卫生法》和 2009 年取代其作用的《食品安全法》中都将食品包装材料纳入了其管理范围，实施卫生监管，食品包装材料的安全性有了法律的保护。《食品安全法》第一章第二条规定：用于食品的包装材料、容器、洗涤剂、消毒剂和用于食品生产经营的工具、设备（以下称食品相关产品）的生产经营应遵守本法；至此，我国将食品容器和包装材料列入食品相关产品的管理范畴进行监管。《食品安全法》进一步明确食品标准的制定应包含食品相关产品的内容。2015 年《食品安全法》正式颁布实施后，我国食品包装材料的管理正在逐步完善，食品包装材料标准体系正在构建之中。

目前我国食品包装材料的标准主要由通用性基础标准、产品标准、检验方法标准三部分构成，基本具备了较为完整的食品包装材料标准体系雏形。其中，最为基础的通用性标准主要有 GB 9685—2016《食品安全国家标准 食品接触材料及制品用添加剂使用标准》、GB/T 23887—2009《食品包装容器及材料生产企业通用良好操作规范》和 SN/T 1880—2007《进出口食品包装卫生规范》。产品标准主要由产品安全标准和产品质量标准构成，产品安全标准规范了诸如塑料、橡胶、陶瓷、复合包装袋等一系列包装成型品的卫生规范，这些产品安全标准主要规定了产品卫生指标，除此之外，还有 GB 19778—2005《包装玻璃容器铅、镉、砷、锑溶出允许限量》、GB 8058—2003《陶瓷烹调器铅、镉溶出量允许极限和检测方法》两项涉及具体的重金属溶出量的安全标准。产品质量标准则是针对塑料制品、橡胶制品、陶瓷制品等日常使用品的耐热性、机械强度、阻隔性等质量指标。检验方法标准主要是 GB/T 5009 食品卫生理化检验方法系列，其中两项通用基础方法标准 GB/T 5009.156—2003《食品用包装材料及其制品的浸泡试验方法通则》和 GB/T 5009.166—2003《食品包装用树脂及其制品的预实验》。检验方法的另一个标准系列是 GB/T 23296 食品接触材料中物质迁移量的检测方法系列，其中 GB/T 23296.1—2009《食品接触材料 塑料中受限物质 塑料中物质向食品及食品模拟物暴露条件选择的指南》规定了迁移实验的通用要求。这两个标准系列分别规定了包装材料总添加剂安全限量指标和迁移量指标及其试验和检验方法，是我国食品包装材料检验方法的主要指导标准。

随着我国经济的高速发展和国家、消费者对食品安全重视程度的提高，我国食品包装材料的食品安全标准体系建设已经初具规模，相较于之前的无标可依、无法可究的局面有了长足的进展。食品安全国家标准评审委员会也成立了食品相关产品分委会负责食品包装材料标准的制定和修订，增大了标准的科学性和透明性，为食品包装材料的安全提供了保障。

二、　食品包装印刷相关法律法规

（一）　美国食品包装印刷法律法规

包装的印刷与包装材料的性质有很大的关系，其关系到印刷用剂的稳定性，是否发生迁移，进而是否污染食品。美国在这方面是将印刷用剂通过食品添加剂的形式进行规定，这样很大程度地限定了印刷用剂的使用范围。关于着色剂在食品包装材料中的使用，美国的有关食品添加剂中进行了详细的规定。

（二）　欧盟的印刷油墨法规

在整个欧洲范围，瑞士最先出台了一部用于食品包装材料的印刷油墨方面的法规：瑞士联邦民政事务部关于材料和制品法规 SR 817.023.21 附件 6（允许在食品包装材料里使用的正面物质清单），目前执行的是修订版（第 4 版），该版本从 2013 年 4 月 1 日开始执行。这是欧洲目前唯一一部关于印刷油墨的法规。该法规适用于非食品直接接触面的印刷油墨，其涵盖了 5 个正面物质清单，包括①黏结剂（单体）；②染料和颜料；③溶剂；④添加剂（不包括制造颜料时所用的颜料添加剂）；⑤光引发剂，同时也涵盖了 7 个重金属的最大允许迁移量、芳香伯胺的最大允许迁移量。上述每一个正面清单都分成 A 表和 B 表：A 表所列物质均经过官方认可专家的安全评估，允许在食品接触包装材料中使用（必须小于相应的特定迁移量）；若无特定迁移量，则总迁移量不得超过 $10\mathrm{mg/dm^2}$ 或 $60\mathrm{mg/kg}$。B 表所列物质未经过安全评估或未经过官方认可的评估，这些物质只有当其迁移量不能被检出时才允许在食品接触材料中使用，检出限为 $0.01\mathrm{mg/kg}$。

欧盟也发布了最新版《食品包装印刷油墨指南》。该指南对于所有食品接触材料和制品上非食品接触表面上使用的印刷油墨、油漆和涂层提出了一系列的质量要求和控制措施要求。要求包括：①油墨材料迁移到食品中的量不能危害健康，不能导致食品成分发生不可接受的变化或对食品的感官特征造成劣变；②油墨及其着色剂的原材料选择要符合规定要求，不能使用致癌、致突变和生殖毒性以及 REACH 等法规限制的有毒有害物质；③按照良好生产规范指令的要求生产；④油墨不能直接接触食品，不能对食品接触表面造成污染且其中所含的特定物质的迁移量要符合法规要求。同时，指南着重就印刷油墨保持与欧盟最新的塑料制品法规的符合性作出了一系列说明和规定。

（三）　我国食品包装印刷的法律法规

2016 年，我国颁布了 GB 9685—2016《食品容器、包装材料用添加剂使用卫生标准》。该标准规定了食品接触材料及制品用添加剂的使用原则、允许使用的添加剂品种、使用范围、最大使用量、特定迁移量或最大残留量、特定迁移总量限量及其他限制性要求。该标准也包括了食品接触材料及制品加工过程中所使用的部分基础聚合物的单体或聚合反应的其他起始物。

三、　食品包装标识相关的法律法规

（一）　美国食品包装标识法律法规

美国是世界上最先提出标识法律的国家，早在 1966 年就颁布了《公平包装和标签法》，在以后的发展中，又颁布了很多法律，用以规范和完善在标识这方面的规定和限制。在美国的联邦法和州法中都有规定。2006 年美国颁布的食品标识法，规定很多常见的食品都要标明是否含有花生、黄豆、大麦等可能引起过敏的物质，即使是微含量过敏源，同样要标注明确。这样可以使消费者在购买食用过程中知道过敏源含量是否足以引发过敏反应，使得法律更人性化。

（二） 欧盟食品包装标识法律法规

欧盟在这方面要求也是非常严格的。在欧盟市场上销售的食品必须在包装的正面清楚地标明六类营养成分单位含量，即热量、蛋白质、饱和脂肪、碳水化合物、糖和盐，并说明所含这六类营养成分的总量占人体每天建议摄入量的比例。还要求食品标志必须做到易辨认、清楚和准确。

（三） 中国食品包装标识法律法规

我国也颁布了《食品标签通用标准》和《特殊膳食用食品营养标签》两个标准用来规定和限制食品包装的标志。同时，我国国家质检总局 2016 年也积极修订了《食品标识管理规定》。主要从标识内容和标识形式两方面进行了规范。要求食品出现医学临床证明对特殊群体易造成危害的；经过电离辐射或者电离能量处理过的；属于转基因食品或者含法定转基因原料的；按照法律、法规和国家标准等规定，应当标注其他中文说明的都必须在其标识上进行中文说明。食品在其名称或者说明中标注"营养""强化"字样的，应当按照国家标准有关规定，标注该食品的营养素和热量，并符合国家标准规定的定量标示。《食品标识管理规定》还要求，食品标识应当清晰地标注食品的生产日期和保质期。如果食品的保质期与贮藏条件有关，应当标注食品的特定贮藏条件。乙醇含量 10% 以上（含 10%）的饮料酒、食醋、食用盐、固态食糖类可以免除标注保质期。日期的标注方法应当符合国家标准规定或者采用"年、月、日"表示。要求专供婴幼儿和其他特定人群的主辅食品，其标识还应当标注主要营养成分及含量。

第三节 食品接触包装材料、 容器的安全性

一、 包装物质的迁移与包装安全性

随着人们生活水平的提高，食品安全问题得到了广泛的关注。现代包装技术的应用，在延长食品的保存期、保持食品品质、提高食品的美观和商品价值方面发挥着重要作用。但是，食品包装材料中有害物质的迁移现已成为食品安全隐患的重要组成部分。食品包装材料中添加的功能性助剂以及包装印刷过程中使用的油墨、溶剂及辅料的迁移在一定程度上也增加了食品的不安全因素。近年来，食品中农兽药残留、重金属、生物毒素等已引起全世界的普遍关注和重视。包装材料直接和食物接触，很多材料成分可迁移到食品中，这种现象可在各种包装材料中发生，并可能造成不良后果。

（一） 食品包装材料中的有害物质

根据不同特性食品的需要，食品的包装材料可分为塑料、纸质、玻璃、金属以及复合材料等。迁移到食品中的有害物质主要来源于食品的包装材料，特别是包装材料在印刷过程中使用含苯、正己烷、卤代烃等有害化工材料为主要原料的油墨、溶剂及辅料。

1. 塑料包装材料中的有害物质

塑料包装材料中的化学物迁移是最早被研究的。Lau 等在分析液体食品模型基础上，建立了用来描述食品接触材料中的增塑剂进入固体食品的迁移数学模型，分析了迁移物在聚合物中的扩散、在聚合物/食品界面上的溶解以及在大块固体食品中的传质等因素对总迁移的影响，总结了聚合物包装材料中可能存在的迁移物（见表 11 - 1），并对于它们的检测方法也给予了介绍。

表 11 - 1　塑料包装材料中有害物质分类

分类		举例	备注
添加剂	抗氧化剂	叔丁基羟基茴香醚（BHA）、二叔丁基甲基苯酚（BHT）、抗氧化剂 1010、抗氧化剂 1098、抗氧化剂 1076 等	
	增塑剂	邻苯二甲酸盐类物质：邻苯二甲酸二（2 - 乙基）己酯（DEHP）、邻苯二甲酸二正辛酯（DNOP）、邻苯二甲酸二丁酯（DBP）、邻苯二甲酸丁基苄酯（BBP）、邻苯二甲酸二异壬酯（DINP）、邻苯二甲酸二异葵酯（DIDP）等	在聚氯乙烯（PVC）塑料中，增塑剂易挥发、抽提和迁移，而产生毒性
	稳定剂（阻燃剂）	碱式铅盐类、脂肪酸皂类、有机锡类和复合稳定剂	有利于提高 PVC 耐热性和耐光性，抑制聚合反应
	其他	增黏剂、润滑剂、着色剂、抗静电物质等	
单体和低聚体		苯乙烯、氯乙烯、双酚 A 类型的环氧树脂、异氰酸酯、己内酰胺、对苯二甲酸乙二醇酯低聚体等	
污染物		降解物质、环境污染物等	

2. 纸质包装材料中的有害物质

纸质食品包装材料虽然不如塑料材料市场份额大，但随着人们环保意识的提高，纸质将逐渐成为包装材料的主角。与塑料比起来，虽然纸质包装材料有易于回收利用、价格低廉、贮运方便及生产灵活性较高等优点，但是，其中仍然普遍存在着一系列有害物质（见表 11 - 2）。

表 11 - 2　纸质包装材料中有害物质分类

分类	举例
纸质品生产中添加的功能型助剂	防油剂 荧光增白剂（如二苯乙烯衍生物） 湿强剂（如脲醛、三聚氰胺等合成树脂） 消泡剂（如二噁英）
油墨中添加的功能型助剂	甲醛、多氯联苯、重金属及其化合物等

续表

分类	举例
其他	造纸原料中的杀虫剂、农药残留、再生纤维带来的污染以及二异丙基萘、米氏酮、4,4′－二－（二乙氨基）二苯甲酮、杀菌剂五氯苯酚等物质

3. 金属包装材料中的有害物质

金属包装材料即以金属薄板或箔材为原料加工而成的各种容器。由于金属包装材料的高阻隔、耐高低温、易回收等优点，在食品包装上的应用越来越广。但是，金属包装材料稳定性差，易被酸碱腐蚀，特别是金属离子的迁移，不仅会影响食品风味，还会对人体造成损害。铁制容器镀层锌的迁移会引起食物中毒；铝制材料含有铅、锌等元素，具有蓄积毒性；铝的抗腐蚀性很差，易发生化学反应析出或生成有害物质，且回收铝的杂质和有害金属难以控制；不锈钢制品中加入了大量镍元素，受高温作用时，食物中不稳定物质易发生糊化、变性等，还可能产生致癌物，且乙醇可使镍溶解析出，导致人体慢性中毒。因而，金属食品罐内通常有一个内表面涂层（清漆或聚酯）用以保护食品。

但是，聚酯涂层一般为高度交联的热固性树脂，清漆类涂层一般为 PVC 有机溶胶和环氧清漆，有机溶胶要求在大约200℃下进行固化，而在此高温下 PVC 易分解。因此，通常加入净化剂双酚 A 二环氧甘油醚（BADGE）和酚醛甘油醚（NOGE）及其衍生物以清除氯化氢（HCl）。双酚 A（BPA）是食品罐涂层环氧树脂和聚碳酸酯（PC）塑料的生产原料，将其交联即可用于涂敷。由于在产品的基础上增加环氧树脂和 PC 塑料，人类接触的双酚 A 有所增加，将对健康造成危害。

4. 其他

目前，我国允许使用的食品容器、包装材料比较多，不同类型的材料所带来的安全隐患也各不相同，油墨印刷过程中重金属、有机挥发物和溶剂等有害物质的残留及微生物的污染等问题普遍存在。此外，常作为食品包装的衬垫材料，橡胶制品就存在合成橡胶单体或加工助剂渗出的潜在危害；玻璃材料可能溶出重金属离子、二氧化硅；陶瓷包装的瓷釉中也可能溶出金属氧化物。

（二） 食品包装材料中有害物质在普通条件下的迁移

1. 塑料包装材料中有害物质的迁移

（1）添加剂

①邻苯二甲酸盐类：邻苯二甲酸盐类被称为挥发性（半挥发性）有机化合物，常作为增塑剂和阻燃剂广泛用于工业和消费产品。Gotardo 用 9g/L NaCl 和 50g/L 葡萄糖液作食品模拟物，研究了聚氯乙烯（PVC）材料中增塑剂邻苯二甲酸二（2－乙基）己基酯（DEHP）的迁移，研究发现 DEHP 短时间内没有迁移，但经过一定的时间后会发生迁移。Bueno－Ferrer 等对环氧大豆油塑化的 PVC 食品包装的特性和热稳定性进行了研究，指出邻苯二甲酸盐增塑 PVC 的使用存在潜在毒性和高迁移性。而无害环保增塑剂环氧大豆油（ESBO），可成为邻苯二甲酸盐类替代物，同时，环氧大豆油也已被证明能够有效地防止 PVC 在处理过程中稳定剂的退化。然而，Fankhauser－Noti 等在对环氧大豆油迁移到食品的研究中发现，环氧大豆油对老鼠具有

毒性作用，且毒性成分未知。同时，环氧大豆油从食物罐盖垫圈迁移至油腻食品的问题远远超过了欧洲的法律限制。Chen 等研究了 PVC 薄膜中邻苯二甲酸盐迁移的水平，且估计了邻苯二甲酸盐迁移的最坏情况，即在加热条件下，当膳食量是 400g 时，邻苯二甲酸盐摄入量为 1705.6μg，为 DEHP 每日耐受摄入量的 92.2%。Guo 等应用固相萃取和气相色谱质谱法成功检测了火腿肠包装膜中邻苯二甲酸盐的迁移，如邻苯二甲酸二甲酯（DMP）、邻苯二甲酸二乙酯（DEP）、邻苯二甲酸二丁酯（DBP）、邻苯二甲酸丁基苄酯（BBP）、邻苯二甲酸二（2-乙基）己基酯（DEHP）、邻苯二甲酸二正辛酯（DNOP）以及己二酸二丁酯（DBA）。

②双酚 A（BPA）：双酚 A 是重要的有机化工原料，不仅可用于生产聚碳酸酯、环氧树脂类等多种高分子材料，还可用于生产增塑剂、阻燃剂、抗氧剂、热稳定剂、橡胶防老剂、农药、涂料等精细化工产品，诸如食品及饮料容器的内涂层中。Le 等证实了双酚 A 从聚碳酸酯瓶至水及其他饮料的迁移。Maia 等研究了五种不同的清洁剂和漂白剂对聚碳酸酯瓶释放出双酚 A 的影响，实验结果表明，在最坏的情况下，即使聚碳酸酯样本清洗三次，检出双酚 A 的量仍保持约超出控制 500 倍。同时，Maia 等也指出双酚 A 迁移到食品模拟物以及众多塑料奶瓶的现象也已被证实。由于人们经常性地接触双酚 A，90% 以上的人体内或多或少地存在双酚 A。

③其他：肖道清等运用固相萃取/气相色谱 - 质谱法同时测定接触食品的塑料材料和制品中 24 种受限的芳香族伯胺的特定迁移量，该法在对宁波口岸出口的接触食品的塑料制品的检测中，检出了 2 - 氯苯胺和二甲基苯胺。Lu 等运用高效液相色谱法对中国货柜普遍使用的乳制品塑料包装材料中的三聚氰胺迁移到食品的现象进行了调研。Silva 等研究了时间、温度对塑料中阻燃剂二异丙苯齐聚物（DPBD）迁移至高脂肪含量食品如巧克力、人造黄油以及食品模拟物水溶液的动力学影响。

（2）单体和低聚体

①苯乙烯及其聚合物：苯乙烯单体具有一定的毒性，能抑制大鼠生育，使其肝、肾重量减轻，并且苯乙烯单体容易被氧化生成一种能诱导有机体突变的化合物苯基环氧乙烷。Vitrac 等研究显示，聚苯乙烯包装罐中存在残留的苯乙烯单体能够迁移到乳酪中，且被统计的人群中每人每天摄入的苯乙烯平均在 12μg 左右。Ghazi - Khansari 等研究了不同温度和时间条件下杯体材料聚苯乙烯到牛乳的迁移，并运用紫外可见检测器及高效液相色谱法对苯乙烯单体进行了检测。Ahmad 等在研究泡沫塑料杯和透明塑料杯时发现杯中的热水被杯体材料苯乙烯和其他芳香族化合物污染。同时有人指出，温度在聚苯乙烯杯体材料苯乙烯单体的浸出中发挥了重要作用。

②氯乙烯及其聚合物：聚氯乙烯材料目前已广泛应用于食品包装。聚氯乙烯材料本身热稳定性差，在相对低温条件下接触盐酸会发生剧烈链降解，出现褪色、老化等现象，影响包装质量。氯乙烯单体毒性很强，许多国家对它在聚氯乙烯食品包装中的含量进行严格控制。欧盟规定氯乙烯单体向食品或者模拟食品溶剂中的迁移量不能超过 0.01mg/kg。研究发现，在恒定的温度下，每天称聚氯乙烯材料质量，样品与溶剂接触时间越长，样品质量变化越大。Silva 等构建了一个集体运输的动力学模型，就脂肪含量和贮藏温度对接触塑料薄膜的不同肉类产品的迁移影响进行了研究。结果表明，脂肪含量和贮存温度升高，则塑料薄膜的迁移现象加剧。

③对苯二甲酸乙二醇酯低聚体：塑料包装材料在我国发展很快，产品以优良的使用性能快速地增长，被称为最具潜力的包装材料。但由于工业生产聚酯（PET）原料的复杂性，导致最

终生成的聚酯（PET）瓶中会含有一些化合物，如氯苯、苯酚、乙醛、苯甲酮、苯基环己烷、甲苯等。经检测证实，这些化合物中乙醛的量较大，可以达到 100mg/kg，脱醛后低于 5mg/kg，其他化合物的量均小于 5mg/kg。Schmid 等运用太阳能水消毒程序安全地对聚酯瓶释放的增塑剂二乙基羟胺（DEHA）和邻苯二甲酸二（2－乙基）己基酯（DEHP）进行检测和处理。

（3）塑料中其他污染物　在一定条件下，塑料包装材料中的一些物质会发生分解，分解产物扩散至包装材料表面将造成食品污染，如二苯基硫脲及其分解物（包括异氰硫基苯、苯胺、二苯脲等）。塑料包装材料在制造过程中使用化学处理剂，残留物也可能滞留在包装材料表面导致食品污染。此外，周围环境也可能成为污染源，比如空气中的萘能被低密度聚乙烯（LDPE）包装材料吸收，然后迁移扩散至包装的牛乳中，并且萘的迁移程度与牛乳中的脂肪浓度呈正相关性。

2. 纸质包装材料中有害物质的迁移

纸和纸板在使用时会经过后续加工处理：涂蜡、涂清漆、淋膜聚乙烯（PE）或聚丙烯（PP），其中包括消泡剂、脱墨剂、施胶剂、湿强剂等功能型助剂，还有油墨以及再生材料的二次污染。它们与食品具有高的接触面积，并且食品表面有脂肪，且大多都是高温接触，将加速材料中脂溶性物质的迁移。

（1）功能型助剂　Lopez－Espinosa 研究了几个欧洲国家（比利时、葡萄牙、西班牙、匈牙利）的快餐食品的包装，其中包括比萨饼、炸土豆、炸鸡翅的纸盒、三明治的纸（壳）包装，发现它们都不同程度地受到双酚 A 和邻苯二甲酸酯类化学品的污染。Ozaki 等研究了纸和纸板食品包装中的增黏剂松香酸和脱水松香酸类物质向不同食品模拟物中的迁移，且发现二者对 DNA 均具有破坏作用。Espinosa 等研究了外卖食品包装纸和纸容器中的化学残留物。Severin 等通过一些短期毒性实验评估了纸类包装溶出物的毒性，实验表明这些水或乙醇溶出物可以使细胞的渗透性、线粒体功能、细胞形态发生改变，细胞生长和基因的复制被阻止；溶出物的主要成分是邻苯二甲酸酯、甾酮、桦木醇、树脂酸等。

（2）油墨中的重金属及其化合物　Triantafyllou 等研究表明，不同类型和不同挥发性的污染物有可能会转移到干燥食品中，有机污染物迁移的最高水平与脂肪含量有关，且接触时间和温度都对食品污染物迁移模型有着显著的影响。由于牛乳包装一般采用多层复合的塑料软包装薄膜或者纸塑复合包装，而包装盒（膜）过薄或者印墨过浓都将有可能导致印墨中的化学成分异丙基噻吨酮透过包装渗透到牛乳或乳粉之中。作为剧毒化学品多氯联苯替代品的芳香族碳水化合物二异丙基萘的 6 种同分异构体很容易从纸张中迁移到干燥的食品中，且浓度达1.2mg/kg。Rodushkin 等对橙汁层压纸板包装中铝元素的迁移进行了研究，并对食品用纸包装中铝元素（Al）含量进行了长达一年的监测，细致研究了无菌纸包装材料中 Al 至橙汁的迁移。目前与食品接触的纸和纸板材料及制品不在欧盟特定指令的控制范围之内，这方面研究也缺乏必要的迁移预测模型。

3. 金属包装材料中有害物质的迁移

Cabado 等研究发现双酚 A 二环氧甘油醚（BADGE）和双酚 F 二缩水甘油醚（BFDGE）在海鲜罐头中存在着明显的迁移现象，且 BFDGE 的迁移发生在所有鱼类物种，迁移量不受灭菌条件所限，与存贮的时间、方式以及内容物的脂肪含量有关。罗生亮运用高效液相色谱－电喷雾串联质谱法重点研究了肉类罐头中的内容物、存贮时间对 BADGE 及其衍生物的迁移量的影响，结果表明，不同内容物罐头中从内壁涂层迁移至样品的 BADGE 及其衍生物存在显著性差异（$p < 0.05$）；Student – Newman – Keuls 法检验表明存贮 12 个月后目标化合物的迁移量与 6 个月、9 个月存在显著性差异，存贮温度为 4～20℃时化合物迁移量没有显著差异，但是罐头加热到 100℃后，目标化合物迁移量是最大的。

4. 其他包装材料中有害物质的迁移

戴骐等建立了氢化物发生原子荧光光谱法，并成功应用于进出口玻璃食具、器皿中砷（As）、锑（Sb）迁移量的检测，As 检出限为 0.02μg/L，Sb 检出限为 0.03μg/L，回收率范围为 96%～101%。Kim 等对 92 种儿童糖果的包装材料中重金属的迁移进行了分析，检测出了 7 种重金属，其中源于外壳墨水特别是绿色或黄色包装图案的铅（Pb）和铬（Cr）浓度较高，摄入后将对儿童健康造成危害。

（三）　食品包装材料中有害物质在特殊条件下的迁移

1. 微波加热条件下包装材料中有害物质的迁移

微波炉加热食品用塑料材料和容器已经得到广泛应用，但相应包装材料中化学物迁移的问题却悬而未决。微波产生的瞬间高温能够显著加快包装材料内化学物向食品（尤其是油脂类食品）的迁移。塑料和复合纸中的残留单体、添加剂等物质的扩散会随温度增高而增大，并且某些分解物质会成为潜在迁移物，带来不良的迁移后果。目前，国外开展了微波条件下聚氯乙烯（PVC）、聚酯（PET）等包装材料化学物迁移实验研究，但对 PE 材料的研究则较少，国内的研究更为缺乏。刘志刚等对微波条件下聚烯烃抗氧化剂向脂肪食品模拟物迁移的研究表明，对于同一加热功率，材料中抗氧化剂的迁移量随着微波加热时间的延长而增大；对于同一加热时间，迁移量随着微波加热功率的增大而增大。

2. γ 辐射条件下包装材料中有害物质的迁移

γ 辐射杀菌会导致产生有害的辐射分解产物，如低分子质量挥发性物质，引起臭味或新的化学迁移问题，给人们健康带来危害。Jeon 等研究了 γ – 辐照条件下，聚氯乙烯（PVC）薄膜中抗氧化剂向食品模拟物的迁移，结论表明线型低密度聚乙烯（LLDPE）在受到 γ 辐射后抗氧剂 Irganox1076 和 Irgafos168 向食品模拟物的迁移，且发现抗氧剂 Irgafos1076 的迁移量随辐射剂量的增大而增大。Panagiota 等研究了食品级聚氯乙烯（PVC）薄膜中增塑剂邻苯二甲酸二（2 – 乙基）己基酯（DEHP）和乙酰柠檬酸三丁酯的迁移，实验结果讨论了欧盟拟定的二乙基羟胺 DEHA 特定迁移量的上限（18g/L）。同时，增塑剂扩散系数的计算显示了辐照与控制样本之间的差异。

3. 高压处理条件下包装材料中有害物质的迁移

高压处理能够使包装材料的分子摩擦产生足够的热，从而使食品包装系统温度升高，根据食品成分的不同，在每增加 100MPa 时一般水溶性食物温度会升高 2～3℃。由此高压处理条件下包装材料中有害物质的迁移应当引起重视。有研究使用高压（400MPa，10min，12℃）处理鲜肉，发现塑料材料中支链烷烃和苯化合物为主的化学物质的大量迁移，当处理发酵香肠时，塑料材料中线性和支链烷烃、烯烃及苯化合物为主的化合物迁移更显著。

二、　包装与风味物质的相互作用

包装体系中各成分间的相互作用是指被包装的食品、包装材料与外部环境三者间的相互作用，是质量与能量的交换过程。

包装体系中的质量传递过程通常是指渗透、迁移和吸收。渗透过程包含两个基本机制：通过包装膜的分子扩散和来自/进入内部/外部气体环境的吸收/解吸。迁移是指包装材料中的某些物质（或化合物）进入到被包装产品中的过程。迁移物的种类、数量、迁移速度等与被包装材料的食品、包装与外部环境密切相关。在此以塑料包装材料为例。

（一）影响风味吸收的因素

产品与包装材料的相容性是风味的吸附或风味物质的吸收最重要的问题之一。塑料包装材料对被包装物香气物质的吸收很早就被人们所知，世界各国科研人员对此现象进行了广泛的研究。聚合材料的化学及物理结构对风味化合物吸附起着重要作用。其中玻璃态转化温度、结晶度和空穴是影响风味吸收的重要因素。

1. 玻璃态转化温度

聚合物材料在不同温度下会呈现玻璃态、橡胶态（又称高弹态）、黏流态等几种物态。聚对苯二甲酸乙二醇酯（PET）、聚碳酸酯（PC）和聚萘二甲酸乙二醇酯（PEN）是最具代表性的玻璃态聚合物，它们的玻璃态转化温度都高于常温。在室温下，玻璃态聚合物的键链坚硬，对于低浓度风味物质的扩散系数很小。聚烯烃类中的聚乙烯（PE）和聚丙烯塑料（PP）属于橡胶态聚合物，其玻璃态转化温度低于常温。在室温下，橡胶态聚合物对风味物质有较高的扩散系数，在这种结构中，能够很快达到稳态渗透。除空穴较大的聚合物外，玻璃态转化温度较高的硬链化聚合物其渗透性通常较低。

2. 空穴

聚合物的空穴是指分散在固态聚合物中的分子"空闲"容积。渗透分子很容易沿着这些空间通过。通常来说，在结构上存在低对称性或长侧链的聚合物其空穴和渗透性较高。

3. 结晶度

聚合物大分子在空间有规则地排列聚集形成的聚合体称为结晶型聚合物，其中分子排列规则的区域称为晶区。晶区与聚合物总体质量的百分比称为聚合物结晶度。所有的聚合物或多或少都有部分是无定形的，在这些无定形区域，聚合物大分子链次序混乱。一般结晶区域密度比无定形区域大得多，很多渗透物实际上无法渗透过去。因此，在聚合物中，扩散主要发生在无定形区域，在此区域沿着聚合物主链会有轻微的振动。这些轻微的布朗运动能够使部分聚合物链互相分离，导致"空穴"的出现，通过这些"空穴"，渗透物分子扩散进入聚合物。故聚合物中结晶度越高，其吸收作用就越小。

4. 风味物质的浓度与混合物

聚合物材料吸收风味化合物的量直接与吸收剂的浓度成比例。不同的风味化合物之间的相互作用，也可能会影响到聚合物食品包装材料对小分子化合物的吸收。与单一风味物质的系统相比，混合物中一些风味化合物的吸收率较低。这可能是各化合物之间对于聚合物空穴的竞争或是溶液中化合物溶解性的改变引起溶液与聚合物间相分离的变化。

5. 极性

聚合物与风味化合物的极性相近，风味化合物就比较容易被吸收进聚合物膜内。聚烯烃类聚合物的亲脂性较强，可能对脂肪、油类和香气等非极性物质的包装产品不利，因为它们有可能会被吸收并保留在包装材料内。而聚酯类聚合物极性比聚烯烃类强，对非极性物质的吸引力较小。

6. 分子大小和结构

相对于大分子来说，分子越小，数量越多，吸收越迅速。由大分子合成的聚合物，因新空穴的出现，具有较强的吸收能力。一般来说，含有同一官能团的化合物，其吸收能力随分子链上碳原子数目的增加而增强。当分子增大的影响超过了聚合物中化合物溶解性增加的影响，将导致溶解系数下降。

7. 温度

根据阿伦尼乌斯方程，气体和液体对于聚合物的渗透性随温度的升高而增加。较高温度条件下，风味吸收作用增强的可能原因有：提高了风味分子的动能；改变了聚合物的结构，如膨胀或降低结晶度；改变了挥发性成分在水相中的溶解性。

8. 相对湿度

对一些聚合物来说，潮湿的环境对它们的阻隔性能有很大影响。由于水的亲和性，水蒸气的存在加速了聚合物中气体和水蒸气的扩散。通常来说，对于亲水性薄膜，如聚乙烯醇（EVOH）和多数聚酰胺类，由于聚合网络结构所要求的动能提高，水的增塑效应将通过增加扩散而使渗透性增强。被吸收的水分并不影响聚烯烃类和另外一些聚合物的渗透性，如聚酯（PET）和无定形的尼龙，它们的氧渗透性随着湿度的增加只有轻微的降低。因为在许多包装中湿气无法避免，所以湿气对包装的影响不容忽视。环境的相对湿度通常高于50%，而生鲜食品包装内部的相对湿度则接近100%。

（二）食品基质的作用

包装食品的质量和保质期，在很大程度上取决于聚合物膜的理化特性及贮藏期内食品组分与包装的相互作用。

食品基质中的组分对于确定塑料包装材料吸收风味物质的量十分重要。Fukamaehi 等研究了聚乙烯膜对乙醇溶液中风味化合物的吸收行为。低密度聚乙烯膜对于均匀的挥发性成分（长度为 4~12 碳链的酯类、醛类和醇类）混合物的吸收量，在乙醇体积分数为 5%~10% 时达到最大值，随着乙醇体积分数的提高而迅速降低。EVOH 膜也呈现出相似的吸收行为，在乙醇体积分数为 10%~20% 时吸收量达到最大。

风味物质在油或脂肪相中的释放速度会比在水相中慢些。这主要原因在于：油脂中的传质阻力比水中的高；油/水乳剂中的风味化合物先是从油脂中释放到水相中，再由水相释放到顶部空间的。Kinsells 报道了风味化合物与食品组分间相互作用的几个机理。在脂质体系中，风味释放的速率受溶解度和分配速率的控制；对于多聚糖，大部分是通过非特异性吸收和内含物的形成而与风味化合物相互作用；在蛋白体系中，吸收、特殊键合、共价键合等都可以保留风味。研究表明，油脂和脂肪酸也能够被聚合物吸收，导致其氧渗透性的提高和多层复合包装材料的分离。因此，油脂对风味化合物（感官特性、强度、挥发性等）和包装材料的特性都有重要影响。

碳水化合物也会影响到线性低密度聚乙烯（LLDPE）对风味化合物的吸收。在有果胶和羧甲基纤维素存在的情况下，LLDPE 对柠檬烯和低浓度癸醛的吸收速率将会下降。增加黏性可以减缓基质中风味化合物向 LLDPE 中的扩散。

（三）包装材料的作用

塑料能广泛地用于食品包装，其主要原因就是它们的柔性、形状及大小多样性、热稳定性和良好的阻隔性。虽然聚乙烯（PE）具有较好的热稳定性、较低的成本和较低的透湿性，但其透气性差，做食品包装材料时，聚乙烯（PE）多与铝箔和纸层叠制复合包装材料。聚酯（PET）具有良好的机械性能、高透明度和相对低的透气性而聚碳酸酯（PC）坚韧、牢固、透明，在最近几十年里，聚酯（PET）和聚碳酸酯（PC）在食品包装中的使用日益频繁。

与玻璃不同，塑料不是惰性材料，它允许水、气体、风味物质、聚合物单体和脂肪酸等化合物通过渗透、迁移和吸收作用，而在食品产品、包装及环境三者之间进行传递。塑料包装的食品质量和保质期在很大程度上取决于聚合物膜的理化特性以及贮藏期内食品组分与包装材料的相互作用。一些研究表明，塑料包装材料能够吸收大量的香气化合物，导致香气浓度损失和风味失衡。吸收作用也可能会间接地影响到食品质量，影响途径如引起多层包装材料的层间开启和改变塑料包装材料的阻隔性能和机械性能。对许多包装食品的保质期来说，包装材料的透氧性是一个重要因素。有关被吸收的化合物对包装材料的透氧性影响方面的文献很少。Hirose 等报道，由于吸收了 d–柠檬烯，低密度聚乙烯（LDPE）的透氧性有所增加。

（四）风味调整与感官质量

风味吸收的一个主要问题就是它影响食品的质量。在这一领域，针对果汁开展的研究较多。利乐砖和康美包这两种低密度聚乙烯（LDPE）多层薄膜复合包装都是果汁常用的无菌包装。研究表明，LDPE 包装材料能够吸收大量的风味化合物。因此，食品工业经常在食品中过量添加风味化合物，以保证此类产品在保质期内的口感和风味能被消费者接受。Moshonas 和 Shaw 报道，将商业无菌包装的橙汁在 21℃和 26℃贮藏 6 周后，感官评价人员对于风味的评分明显下降。由于吸收和潜在的异味化合物增加的共同作用会造成柠檬烯的损失，而柠檬烯的损失又引起风味发生了可察觉变化。Van Willige 认为，聚合体包装材料的风味吸收不是造成食品产品的贮藏过程中可感知风味变化的主要原因，很有可能是其他机制起到了更重要的作用，如化学降解导致产生异味的化合物的出现。

Sizer 等指出，贮藏温度仍然是延缓风味损失和达到满意的保质期及品质最为重要的因素。因此，考虑到包装材料对风味的吸收速率和吸收量随温度的升高而增加，关于风味吸收对产品感官质量影响的研究应该在室温（也就是无菌包装产品的常规贮藏条件）下进行。此外对于相近的包装，应采用评价特性相近的整个包装体系的同一个感官评定方法，如透氧性（应是玻璃–玻璃，而不是玻璃–纸板）。

第四节　食品包装安全检测技术

一、食品包装安全性检测

食品包装材料中有毒、有害化学物质的迁移是引起食品污染的重要途径之一。目前，世界各国政府和消费者越来越重视食品接触材料，包括食品容器、器具和包装材料的卫生安全问题，也制定了越来越严格的卫生限量标准。近年来，我国频繁收到欧盟对我国出口食品接触性材料的卫生预警通报，由于我国出口的某些食品包装材料卫生指标不符合进口国要求而被拒绝进口，给企业造成了巨大的经济损失。因此，一方面要求我国相关食品企业应加强对食品包装材料卫生质量的控制，熟悉进口国对包装材料本身的卫生标准要求；另一方面应加强食品包装材料卫生安全领域的科研与制标工作，以应对发达国家在该领域对我国设置的贸易、技术壁垒，从而保障企业的经济利益与消费者的饮食安全。

（一）　塑料包装材料中有害物质的检测

塑料食品包装容器、包装材料的卫生标准中，均以各种浸泡剂对塑料制品进行溶出试验，然后测定浸泡液中有害成分的迁移量。溶剂的选择以食品包装容器、包装材料接触的食品种类而定，模拟中性食品选用水作溶剂，模拟酸性食品用4%的醋酸作溶剂，模拟碱性食品用碳酸氢钠作溶剂，模拟油脂食品用正己烷作溶剂，模拟含酒精的食品用乙醇作溶剂。实验时，以不同温度和时间进行浸泡，测定浸泡液中的溶出物总量、重金属、蒸发残渣以及各单体物质、甲醛等的含量。下面分别介绍几种迁出物的测定原理及方法。

1. 酚的测定（比色法）

在碱性溶液（pH=9~10.5）的条件下，酚类化合物与4-氨基安替吡啉经铁氰化钾氧化，生成红色的安替吡啉染料，颜色的深浅与酚类化合物的含量成正比，然后与标准比较定量。

2. 甲醛的测定（碘量法）

样品溶液中的甲醛使离子碘析出分子碘后，用标准硫代硫酸钠滴定，然后计算出样品液中的甲醛含量。

3. 可溶性有机物质的测定（氧化法）

样品经用浸泡液浸取后，用高锰酸钾氧化浸出液中的有机物，以测定高锰酸钾消耗量来表示样品可溶出有机物质的情况。

4. 重金属的测定（比色法）

浸泡液中重金属（以铅计）与硫化钠作用，在酸性溶液中形成硫化铅黄棕色溶液，与标准比较，不比标准深，即表示重金属含量符合标准。

5. 挥发物的测定（重量法）

样品于138~140℃，真空度85.3kPa的条件下，抽真空2h，将失去的重量减去干燥失重即为挥发物重。

6. 聚苯乙烯塑料制品中苯乙烯的测定（气相色谱法）

样品经二硫化碳溶解，用甲苯作为内标物，利用有机化合物在氢火焰中的化学电离进行检测，以样品的峰高与标准品峰高相比，计算样品中苯乙烯的含量。

7. 聚氯乙烯塑料制品中氯乙烯的测定（气相色谱法）

根据气体定律，将样品放入密封平衡瓶中，用溶剂溶解。在一定温度下，当氯乙烯单体扩散，达到平衡时，取液上气体注入气相色谱仪进行测定。

（二）　食品包装纸中有害物质的检测

食品包装纸种类很多，包括原纸、蜡纸、玻璃纸、锡纸、彩色纸、防霉纸、纸杯、纸盒、纸箱等；纯净的纸是无毒、无害的，但由于原材料受到污染，或经过加工处理，纸中通常会有一些杂质、细菌和某些化学残留物，从而影响包装食品的安全性。

1. 荧光染料的检测

（1）薄层层析法　纸张中除荧光染料外，还有荧光性有色染料、维生素B_2、石油类化合物等也能产生荧光；薄层层析法的原理是先将纸样经紫外灯照射，如呈阳性，再置于弱碱性（pH=7.5~9）水中，使荧光染料溶解，与水不溶性物质分离，调至弱酸性后，浸染纱布，在紫外灯照射下如产生荧光，再进一步应用薄层层析方法，使可能存在的维生素B_2分离，然后在紫外灯照射下，样液原点如有青色荧光，即可确定为荧光染料。此方法可以对纸包装材料中荧光染料进行定性分析检测。

（2）荧光分光光度法 样品中的荧光染料具有不同的发射光谱特性，利用这种特性的发射光谱图与标准荧光染料进行对照，此方法可以对纸包装材料中的荧光染料进行定量分析检测。

2. 多氯联苯的测定

多氯联苯的测定通常采用气相色谱法，其原理为：多氯联苯具有高度的脂溶性，用有机溶剂萃取时，同时提取多氯联苯和有机氯农药，经色谱分离之后，可用带电子捕获检测器的气相色谱仪进行分析。

3. 食品包装材料中铅、砷和镉的测定

（1）铅的测定 铅的测定采用火焰原子吸收光谱法，其测定原理是，样品经过处理后，铅离子在一定的 pH 条件下与二乙基二硫代氨基甲酸（DDTC）形成络合物，经 4 - 甲基戊酮 - 2 萃取分离，导入原子吸收光谱仪中，火焰原子化后，吸收 283.3nm 共振线，其吸收量与铅含量成正比，然后与标准系列比较定量。

（2）砷的测定 砷的测定采用银盐法，其测定原理是，样品经消化后，以碘化钾、氯化亚锡将高价砷还原为三价砷，然后与锌粒和酸产生的新生态氢生成砷化氢，经银盐溶液吸收后，形成红色胶态物，然后与标准系列比较定量。

（3）镉的测定 镉的测定采用比色法，其测定原理是，样品经消化后，在碱性溶液中镉离子与 6 - 溴苯并噻唑偶氮萘酚形成红色络合物，溶于三氯甲烷，然后与标准系列比较定量。

（三） 金属包装材料中有害物质的检测

金属容器因具有强度高、阻隔性好、耐高低温性能好等优点，是食品加工和贮藏中不可缺少的包装材料。常用的销售包装用食品金属包装容器主要有马口铁罐和铝罐，销售包装用金属包装容器主要有白铁皮大桶。马口铁是传统的制罐材料，是在薄钢基板上镀锡制得的，常用于肉类、鱼类等食品的包装。但由于锡能与肉类、鱼类发生作用，所以必须对马口铁罐内壁施涂抗腐蚀性的涂料，如耐酸涂料、抗硫涂料，以隔绝锡溶出迁移到食品中，从而造成对食品的污染。但也有实验表明，由于罐表面内壁涂料的使用而使罐中的迁移物质变得更为复杂；铝罐质轻、美观，用冲压法或黏合剂制罐，也需施内壁涂料，铝罐的强度比马口铁罐低，主要用于啤酒和充气饮料等带内压食品的包装，铝罐的食品安全性问题主要在于铸铝和回收铝中的杂质，回收铝中的杂质和金属难以控制，易造成对食品的污染。铝的毒性主要表现为对大脑、肝脏、骨骼、造血系统和细胞的毒性。白铁皮，又称镀锌薄钢板，镀有锌层的白铁皮接触食品后，锌会迁移至食品，从而对食品造成污染。

（四） 玻璃和陶瓷包装材料中有害物质的检测

玻璃是一种惰性材料，无毒、无味，化学性质极稳定，与绝大多数内容物不发生化学反应，是一种比较安全的食品包装材料。玻璃的食品安全性问题主要是从玻璃中溶出的迁移物，在高档玻璃器皿中，如高脚酒杯往往添加铅化合物，一般可高达玻璃的 30%，有可能迁移到酒或饮料中，对人体造成危害。陶瓷器皿是将瓷釉涂覆在由黏土、长石和石英等混合物烧结成的坯胎上，再经焙烧而制成的产品。搪瓷、陶瓷容器在食品包装中主要用于装酒、咸菜和传统风味食品，其主要危害来源于制作过程中在坯体上涂的瓷釉、陶釉、彩釉等，而釉料主要由铅、锌、镉、锑、钡、钛、铜、铬、镉、钴等多种金属氧化物及其盐类组成，当使用陶瓷容器或搪瓷容器盛装酸性食品（如醋、果汁）和酒时，这些物质容易溶出而迁移到食品中，从而造成对食品的污染。

二、 食品包装密封性检测

（一） 复合纸包装密封性的检测

1. 利乐砖产品密封性的检测

（1）非破坏性检查 非破坏性检查是指在每次做密封性检查时，检查底部折痕位置是否正确，包装形状、打印批号（由后段采样员、包装工和质检员检查）、图案印刷是否正确，表面是否完整无划痕、磨包、重叠和图案对接情况等。

（2）破坏性检查 破坏性检查包括剪包试验、渗透试验和注射试验。

剪包试验的检测方法如下：①折翼：检查折翼密封是否正确。②折痕线：展开包装顶部折翼，检查折痕是否相对或对称移动。③重叠：包装规格为 250mL 时，重叠宽度为 7~9mm。④剪开：将包装从两侧剪开并倒空，清洗并吹干，检查包装内外有无划伤或其他可能的缺陷。⑤横向密封：在包装两侧 TS（横封）直角处（约 1mm）剪开，弯曲 TS，检查在密封面内有无团块或隆起，以滚动方式从一端小心地将 TS 拉开一点，将密封长度拉开约 1/3，从另一端拉开密封，将密封长度拉开约 1/3，将 TS 和 LS 交点即顶部交叉处和底部交叉处拉开。⑥LS（纵封）位置：检查 LS 带材在包装上的位置是否对称，检查两个包装的 LS 带材拼接情况，检查铝箔片上有无气孔，沿包装材料内边剪开 LS 带的中央部分，沿包装外侧拉开包装材料的重叠部分，将密封带慢慢拉开 20mm（90°角）。在折缝处要拉的很慢，停一会儿再拉 20mm，沿整个边继续拉，将两侧拉开。如发现有剥层，切断密封带材，再继续拉。⑦TS 评估：唯一重要性是产品一侧的密封。检查密封处有无隆起或团块，如果有，说明密封有缺陷。拉开密封，在如下情况下，密封才算合格：密封完好，只有两个内涂层（PE）出现剥离；接头拉开后，密封保持完好，但铝膜从光滑金属表面的一侧剥落；纸板层破裂时，密封保持完好。如果密封极差，以至两个塑料层分离后仍不破损，说明密封有缺陷；交叉点（即 TS 和 LS 相交点），只有任何一层发生破裂，密封才算合格，如果未发生破裂，说明密封有缺陷。⑧LS 评估：拉开密封，在如下情况下，密封才算合格：两个内涂层之一与带材一同剥落，沿密封留下破裂边；两个内涂层与带材一同剥落，只剩下裸铝膜；所有内层包括铝膜与带材一同剥落，可能只剩下纸板纤维。如果带材剥离，未使包装内涂层受影响，说明密封有缺陷。

渗透试验的检测步骤如下：①平行于顶部与底部的中线剪开（形成纵封的一面不剪破）。②将产品倒掉，冲洗干净内容物并使用气枪吹干包装盒内表面的水分，沿没有剪破的一面对折，使顶部与底部同时向下。③吸取（倒取）一定量的渗透液于上述包装盒中（以浸没包装盒下部各折角为准）。④静置 15min 左右（时间不可太长，否则不利于观察）。⑤将渗透液倒掉。⑥取出进行检查，小心地把包装盒的纸板层撕开（尤其折角部分）观察渗透情况。然后以铝箔层是否破损为判断标准。若纸板层有渗透液渗入的痕迹，则包装完整性有缺陷；若纸板层无渗透液渗入的痕迹，则可说明检查的部位包装完整性良好。注意：在加入和倒出渗透液时不得将渗透液洒在纸盒外表面及剪切面上，以免影响实验结果的观察。

注射试验的检测步骤如下：①取认为有问题的产品，沿平行于纵封的方向将产品包装剪开，倒掉内容物，清洗干净。②只保留带有纵封的一面，将表面吹干，剪去上、下横封中任一部分，留下剩余部分进行检测。③用注射用注射器吸取一定量渗透液后，将注射器的针头沿剪掉横封的纵封处［MPM 条（由七层组成，中间层为 PET，其余 6 层成对称排列，从内向外分别为 PrimerA、LDPE 和 mPE）下］的气隙小心地插入少许，轻推注射器，将渗透液缓慢地沿气隙向前推。④在渗透液贯穿气隙上下后（或超出你需要检测的部位后），进行观察。然后以渗透液能否渗透到内表面的纵封以外来进行判断。若渗透液渗透到内表面纵封（PPP 条）范围之外，则包装完整性有缺陷；若渗透液没有偏离内表面气隙之外，则检测部位的包装完整性良好（须同时结合在线检测中的 LS 评估）。

2. 无菌软包装产品密封性的检测

（1）外观的检查　产品在进行封合评估前首先应检查外观及封合外观是否良好。产品袋上面日期打印必须清楚、正确，打印日期不允许打在色标、纵封压痕上和封合区域内；对包膜上的图案进行检查，图案应清晰、准确无误，无明显色差、无掉色、打褶现象；包装袋表面上无划痕、无斑点。横纵应为均匀锯齿状，无缺口、无拉丝、无黑边、无打折，封合压痕呈一条直线型，压痕上无黑印，无烫伤；纵封无皱褶，无明显压痕。

（2）挤包试验　挤包试验包括横封封合检查、纵封封合检查和横封、纵封四个角的封合检查。

横封封合检查：通过用双手施加足够的力量挤捏包装袋的横封。封合不良有如下三个标准：包装袋内液体是从紧贴横纵封边缘处析出；包装袋内液体从横封两旁处析出，且在横封口无拉伸的痕迹；在横封口有拉伸的痕迹但在挤包时横封很容易爆破，说明横封压力偏小，需对设备作必要的调整。如增加横封压力、调整四氟布位置旋转 10mm 等。封合良好的标准：挤包时横封不容易爆破，且横封口有拉伸的痕迹。

纵封封合检查：通过用双手施加足够的力气挤捏包装袋的纵封，并用手撕纵封封合线。封合良好的标准为：纵封封合的压痕无压力过大的痕迹，且挤包后宽度均匀一致，无液体渗出，不易破裂；手撕不容易撕开或撕开后其中有一层膜出现破损。

横封、纵封四个角的封合检查：用一只手挤包装袋，让一面横封或纵封角处向上鼓起，用另一只手弹拨角处观察有无液体析出。其封合判定标准为：如有液体析出则封合不良，如无液体析出则封合良好。

（二）　塑料包装袋密封性的检测

随着人类对生活质量要求的提高，众多食品厂家不断推出新的包装来满足需求，软包装以其独特的优势在整个包装行业所占的比重越来越大，而软包装产品的质量控制问题也越来越突出。尤其是产品的密封性问题，在袋生产过程中由于众多因素的影响，可能会产生封合时的漏封、压穿或材料本身的裂缝、微孔，而形成内外连通的小孔。这些都会对包装内容物产生很不利的影响。密封性不好是造成日后渗漏或食品变质的主要原因。其中风琴袋的包装特别是四层处最容易出现泄漏。

1. 密封性测试依据的标准

密封性测试依据的相关标准主要包括美国材料与试验学会标准 ASTM D3078—2013 通过气泡排放测定软包装泄漏的标准试验方法和 GB/T 15171—1994《软包装件密封性能试验方法》。

GB/T 15171—1994《软包装件密封性能试验方法》的试验原理：方法一（真空泵法）：此方法用于在水的作用下，外层材料的性能在试验期间不会显著降低的包装件，如外层采用塑料薄膜的包装件。通过对真空室抽真空，使浸在水中的试样产生内外压差，观测试样内气体外逸或水向内渗入情况，以此判定试样的密封性能。方法二：此方法用于在水的作用下，外层材料的性能在试验期间会显著降低的包装件，如外层采用纸质材料的包装件。分 A，B 两种方法，仲裁检验用方法 A（着色液浸透法），方法 A 是将试样内充入试验液体，封口后将试样置于滤纸上，观察试验液体从试样内向外的泄漏情况。方法 B（真空发生器法）是通过对真空室抽真空，使试样产生内外压差，观测试样膨胀及释放真空后试样形状的恢复情况，以此判定试样的密封性能。

2. 密封性测试方法

（1）着色液浸透法 这种方法通常用来检验空气含量极少的复合袋的密封性。检测方法如下，将试样中内装物取出，并将试样内部擦净。将试验液体（与滤纸有明显色差的着色水溶液）倒入擦净的试验样袋内，密封后将袋子平放在滤纸上，5min后观察滤纸上是否有试验液体渗漏出来，然后将袋子翻转，对其另一面进行测试。若无试验液体向外泄漏，则试样合格，否则为不合格。

（2）水中减压法（真空法） 这种方法又包括真空泵法和真空发生器法，通常用来检验空气含量较多的复合袋。

①真空泵法：这种方法因具有形成真空的时间长且不稳定，密封性能差，压力为指针式显示，精度偏低等缺点，现在已逐步被淘汰。试验方法如下：首先将试样放置在真空罐内的支撑架上，充填试验液，使液面距试样的上表面25mm以上；加盖密封，启动真空泵，使真空度缓慢上升，根据包装袋的种类、内装物以及包装要求，在30~60s内减压到规定的压力（20、30、50、90kPa之一），并保持30s；注意观察有无气泡连续冒出，试验后打开试样袋观察是否有试验液渗入。若试样在抽真空和真空保持期间无连续的气泡产生，开封检查时无水渗入，则该试样合格，否则为不合格。

②真空发生器法：将试样放入真空室，盖上真空室密封盖，关闭进气管阀门。打开真空管阀门对真空室抽真空，将其真空度在30~60s调至下列数值之一：20、30、50、90kPa等。到达一定真空度时停止抽真空，并将该真空度保持下列时间之一：3、5、8、10min等。所调节的真空度和真空度保持时间根据试样的特性（如所用包装材料、密封情况等）或有关产品标准规定确定。但不得因试样的内外压差过大而使试样破裂或封口处开裂。然后打开进气管阀门，迅速将真空室内气压恢复至常压，同时观察试样形状是否恢复到原来形状。迅速恢复真空室内压力时，若试样能恢复到原来形状的，则该试样合格，否则为不合格。

（3）泄漏常见原因及解决方法

①薄膜原因：薄膜太厚，抗压穿性差，爽滑剂太多或有异物，薄膜本身有漏点。解决办法：清洁，调换所用薄膜。

②热封膜原因：热封模具粗糙有棱角，与袋形状大小不匹配，上下模具不平行。解决办法：修理热封模具，调整设备平行度。

③工艺原因：热封压力太大或太小，热封温度过高或过低，热封时间太长或太短。解决办法：更改相应压力、温度和速度参数。

（三）金属罐藏容器密封性的检测

罐藏食品之所以能够较长期保存，关键在于容器的密封性，保证其内容物在杀菌之后不再遭受微生物的二次污染，确保商业无菌。因此，对金属罐藏容器密封性的检查是十分重要的。检测方法主要有减压试漏法和加压试漏法。

1. 减压试漏法

（1）直接减压试漏法 原理是如将空罐内的空气抽出使罐内形成一定真空时，密封性不良的空罐，罐外的空气便通过其泄漏处进入罐内，使罐内所盛的清水产生气泡，从有机玻璃试漏板便可观察到气泡冒出的部位，密封性良好的空罐则无此现象，以此判断空罐的密封性。

（2）间接减压试漏法　原理是将两端卷封后的空罐浸没于可以密封的玻璃缸的水中，当玻璃缸内的空气被抽出并形成一定真空度时，若空罐的卷封结构不良或焊缝不良时便会有泄漏现象，在泄漏处可见到气泡逸出，以此来判断空罐的密封性。

2. 加压试漏法

加压试漏法的原理是将两端卷封的空罐浸没于水中，当空罐内通入压缩空气时，若空罐密封性不良，会从泄漏处冒出空气使水产生气泡，以此便可判断空罐的密封性。

（四）玻璃瓶封口密封性的检测

玻璃容器密封性能检验通常有两种类型：外观检测和开盖检测。不同瓶盖及封盖类型的检测方案也不同。

外观检测主要是观察是否有斜盖、翘盖、滑牙盖及压坏盖爪等现象；观察盖面是否内凹、安全钮是否下陷，以确定罐内是否有真空。

开盖检测包括目测检查、真空度测定、顶隙度测定和密封安全值的测定。目测检查是观察瓶盖上的垫圈是否牢固、平服，任何点上不得有离位、弯曲或断裂；胶圈压痕是否均匀，有无切断现象；瓶口有无缺口、裂纹，突缘是否完整。非全涂胶瓶盖还须观察内壁是否存在腐蚀现象。真空度测定是将罐头样品竖放在检验台上至室温，然后用连接真空表的穿刺针在瓶盖上进行穿刺测定。测定时用水润湿穿刺体上的橡胶圈，甩掉多余的水分，用手按着真空表，按指针指示刻度读出真空度。顶隙度测定是开盖后，将一直尺横放在瓶口，取另一直尺与之垂直，测定瓶内食品（液）表面至横尺下边的距离，即为顶隙度。密封安全值的测定是先用一支记号笔在瓶盖上和玻璃瓶上做一根垂直线。然后逆时针方向旋转瓶盖，直到刚好破坏真空时止。再把瓶盖顺时针旋上，直到盖爪和玻璃瓶口螺纹线咬紧（或直到盖子用手拧紧）。测定开盖前所做的瓶盖上和玻璃瓶上的垂线间的距离，即为密封安全值。

缺陷按性质分为严重缺陷和主要缺陷。严重缺陷包括：斜盖（≥2.4mm）、严重翘盖、滑牙盖、安全钮浮起、垫圈断裂、胶圈切断、真空度小于0.001MPa、顶隙度小于3mm、密封安全值为负数；主要缺陷包括斜盖（<2.4mm）、翘盖、压坏盖爪、拧紧位置为负值。缺陷按瓶（只）计数，每一瓶（只）的缺陷只计一个最严重的缺陷。只要发现有一个严重缺陷存在，即判定该检验批为不合格。由主要缺陷引起的不合格瓶数等于或小于对应的合格判定数时，即判定为合格；如果不合格瓶数等于或大于对应的不合格判定数时，即判定为不合格。

🔍 **思考题**

1. 食品包装材料相关的法律法规有哪些？
2. 食品包装印刷相关的法律法规有哪些？
3. 食品包装材料中的有害物质有哪些？
4. 什么是包装物质的迁移？如何减少有害物质的迁移量？
5. 影响风味吸收的因素有哪些？
6. 食品包装材料中有害物质的检测方法有哪些？
7. 复合纸包装密封性的检测方法有哪些？

参考文献

[1]Raija A.现代食品包装技术[M].崔建云,等译.北京:中国农业大学出版社,2006.

[2]Richard C,Derek M,Mark J.食品包装技术[M].蔡和平,等译.北京:中国轻工业出版社,2012.

[3]程德义.欧盟发布新版《食品包装印刷油墨指南》[J].质量探索,2012,(Z1):40.

[4]董同力嘎.食品包装学[M].北京:科学出版社,2015.

[5]任发政,郑宝东,张钦发.食品包装学[M].北京:中国农业大学出版社,2009.

[6]王健健,生吉萍.欧美和我国食品包装材料法规及标准比较分析[J].食品安全质量检测学报,2004,5(11):3548-3552.

[7]薛山,赵国华.食品包装材料中有害物质迁移的研究进展[J].食品工业科技,2012,(2):404-409.

[8]章建浩.食品包装学:第3版[M].北京:中国农业出版社,2009.

[9]章建浩.食品包装技术:第3版[M].北京:中国轻工业出版社,2015.